工程实践训练系列教材(课程思政与劳动教育版)

热加工基础与实践

主编　王伯民　刘锦涛　葛潇琛　李景伟

西北工业大学出版社

西　安

【内容简介】 本书是在西北工业大学开设的热加工实习课程内容基础上编写而成的，涵盖了大多数高等工科院校热加工实习的内容和要求。本书共5章，全面地介绍了金属热加工典型工艺内容和方法，包括铸造、锻造、焊接、热处理、陶瓷成型与烧成等内容。各章节融入了讲解、实操、课程思政、工艺缺陷与防治等内容。

本书可用作高等院校工科专业热加工实习课程的教材，也可供从事金属加工生产的技术人员和管理人员参考。

图书在版编目(CIP)数据

热加工基础与实践 / 王伯民等主编. — 西安 ：西北工业大学出版社，2022.12

ISBN 978-7-5612-8520-6

Ⅰ. ①热… Ⅱ. ①王… Ⅲ. ①热加工 Ⅳ. ①TG306

中国版本图书馆CIP数据核字(2022)第224890号

REJIAGONG JICHU YU SHIJIAN

热 加 工 基 础 与 实 践

王伯民　刘锦涛　葛潇琛　李景伟　主编

责任编辑：曹　江　　**策划编辑**：杨　军
责任校对：王玉玲　　**装帧设计**：董晓伟
出版发行：西北工业大学出版社
通信地址：西安市友谊西路127号　　邮编：710072
电　　话：(029)88491757，88493844
网　　址：www.nwpup.com
印 刷 者：陕西奇彩印务有限责任公司
开　　本：787 mm×1 092 mm　　1/16
印　　张：12.5
字　　数：328千字
版　　次：2022年12月第1版　　2022年12月第1次印刷
书　　号：ISBN 978-7-5612-8520-6
定　　价：49.00元

如有印装问题请与出版社联系调换

“工程实践训练系列教材（课程思政与劳动教育版）”编委会

前　言

热加工实习课程是高等工科院校的基础课程，也是工程实践训练体系的重要组成部分。随着高等教育的不断发展，各校近年来开展的热加工实习课程在内容和课程设计上各有特点。同时，工程实践训练在大学生人才培养过程中又被赋予了更多内涵，提出了更多要求。本书既可作为大学生热加工实习课程的教材，也可作为实习指导教师的参考书。

本书吸取同类教材的优点，在传统铸造、锻造、焊接、热处理等金属材料热加工基础上，增添了西北工业大学传统陶瓷成型与烧成等内容，旨在提升材料热加工体系的完整性；同时添加了各环节的工艺发展史、缺陷分析与防治、新技术、新工艺，以及相关章节课程思政等内容。

本书由西北工业大学工程实践训练中心热加工教学部的指导教师集体编写，全书由王伯民汇总、葛潇琛整理。在2015年编写完成的《热加工实习指导书》讲义基础上，书中增添了课程思政等相关内容。刘锦涛重新编写了第2章、第5章，王伯民重新编写了第1章和第4章，杨星重新编写了第3章。在此感谢前期参与编写的钟英良、李景伟、刘晓龙。

本书参阅了相关文献资料以及近年热加工技术成果，结合西北工业大学金工实习大纲，内容精练、重点突出、取材更新，较为全面地反映了以实践为主的热加工体系相应知识。

热加工工艺与陶瓷均是中国传统文化价值的承载，其历史文化源远流长，所能承载的知识与育人体系不是一本书便能囊括和叙述完的，限于水平和时间，书中难免存在不足，敬请广大读者批评指正。

编　者

2022年8月

目　录

绪　论

热加工是在高于再结晶温度的条件下，使金属材料同时产生塑性变形和再结晶的加工方法。热加工可分为金属铸造、热轧、锻造、焊接和金属热处理等工艺。有时也将热切割、热喷涂等工艺包括在内。热加工能在成形金属零件的同时改善其组织，或者使已成形的零件通过改变结晶状态而改善机械性能。

热加工实习是机械类专业的一门综合性技术基础课程，该课程系统地介绍了常用工程材料及零件热加工工艺的基本知识。课程的内容包括铸造、锻造、焊接和金属热处理四个方面，该课程在专业教育及机械专业工作中占有举足轻重的地位。机械工程高级技术及管理人员必须具备合理选材、正确制定材料加工工艺的能力，机器零件的设计制造依赖于对各类材料的分类、牌号、性能及加工成形等相关知识的掌握，其失效分析也必然涉及对材料的正确认识。

该课程在使学生获取必要的工程材料及毛坏成形方法基本知识的基础上，使学生初步掌握常用工程材料的性能及金属热加工的常用方法并能合理安排工艺工序。学生具有了合理选择材料、选用毛坯及分析毛坯结构工艺性的能力，可以为后续相关课程和今后从事生产技术工作打下必要的基础。同时，开设该课程对学校拓宽专业面、培养复合型人才，满足市场对人才的需求，也是不可缺少的重要环节。

一、课程性质

热加工实习课程是工科专业进行岗位能力培养的一门实训课程。该课程依据专业人才培养方案要求组织教学内容，按照生产工艺过程设计教学环节，为岗位需求提供职业能力，为培养高素质技能型专门人才提供保障。

热加工实习是学生在学习专业课之前进行的重要的实践性教学环节。其目的如下：一是了解铸造、锻造、焊接、热处理的概念，掌握简单的工艺操作方法；二是了解铸件、锻件、焊件、热处理件的生产及工艺过程、仪器设备及检验方法，获得对热加工较全面的认识，为后续专业课程学习奠定一定的实践基础；三是了解热加工生产安全基础知识。

热加工教学实习是金工实习的重要组成部分，是大学生了解工程知识、掌握基本操作技能必不可少的重要教学实习环节，是建立工程意识的重要课程。

二、课程目的

1）通过热加工实习，学生可了解热加工基本知识，掌握铸造、锻造、焊接、金属热处理工艺的基本技能；了解常用工程材料及零件加工工艺知识，培养工程实践综合能力，提高分析问题、解决问题的能力，树立敢于创新、敢于创造的成才观念，为今后的工作、学习奠定必要的基础。

2)通过热加工实习,树立学生的劳动观点,建立质量和效益观念,培养理论联系实际的优良作风。

3)通过热加工实习,培养学生的安全意识。要求学生严格按照操作规程进行实习,严格执行西北工业大学工程实践训练中心制定的《学生实习手册》中各个实习工种的安全规定,确保人身安全和设备安全。

三、课程任务

课程的主要任务是让学生学习热加工方法、工艺、操作及应用,使学生掌握机械制造中铸造、锻造、焊接、热处理的基本工艺原理、工艺方法与过程、操作技能和应用范围;学习常用金属材料;了解铸造、锻造、焊接和热处理设备的操作方法及操作要点。通过本课程的学习,学生应掌握常用热加工方法、过程、设备及基本操作,熟知铸造、锻造、焊接、热处理生产的安全要求,初步具备热加工的安全知识、工艺技术、工作态度等专业素质。

1)熟悉常用工程材料的组织、性能、应用及选用原则;

2)掌握各工种主要加工方法的基本原理和工艺特点;

3)了解各工种主要加工方法和所用设备的基本工作原理以及大致结构;

4)了解与教学实习课程有关的新技术、新材料、新工艺、新设备等知识。

四、思政育人

1)目标:使实践课程与思政课程同向同行,形成协同教育,使学生在学习知识的同时自觉加强思想政治教育,提高政治觉悟,培育和引导学生形成正确的价值观,为中国特色社会主义事业培养合格建设者和可靠接班人。

2)教学内容:将家国情怀、优秀文化、劳动教育、德智体美劳全面发展以及大国工匠等融入实践教学的内容中,以动手实践为主要方式,引导学生在认识世界的基础上,学会建设世界,塑造自己,实现树德、增智、强体、育美的目的,利用新时代中国特色社会主义思想和伟大成就强化学生的政治方向和思想引领。

3)教学方法:课程采用教师讲授、演示与学生操作相结合的方法。在教学中应用更多的现代先进教学手段,如多媒体、人工智能等多项技术与传统教学方法相结合,使理论讲解有实物或者图像来辅助;采用先进设备,保证学生在实践操作环节,一方面可以掌握实习内容,另一方面可以了解现代先进设备、工艺,激发学生的探索精神。通过实操,培养学生严谨细致、精益求精、吃苦耐劳、团队合作等品质,在锻炼学生实践动手能力和良好的工作作风的基础上,引导学生拥有正确的价值取向和人生追求。

五、时间安排

热加工实习教学内容与学时安排见表1。

表1 教学内容与学时安排

序号	教学任务或项目	理论学时	实践学时
1	安全教育及理论大课	4	

续表

序号	教学任务或项目	理论学时	实践学时
2	铸造实习教学	3	12
3	锻造实习教学	3	12
4	焊接实习教学	3	12
5	热处理实习教学	3	12

注：锻造、铸造、焊接、热处理实习教学同时进行，因集中大课、综合考试、分组等因素，每批学生会在教学时间上有所不同，总学时 64 学时。

六、课程基本内容和要求

1. 铸造

(1)基本知识

1)了解铸造生产的工艺过程、特点及应用；

2)了解型砂、型芯砂等造型材料的性能和组成；

3)了解砂型铸造主要造型方法的工艺过程、特点与应用；

4)了解电阻炉的构造特点及熔化原理和浇注工具；

5)熟悉铸件常见的外观缺陷及其产生的原因；

6)熟悉铸工的安全操作规程。

(2)基本技能

1)独立完成简单件(三通、手轮等)的制芯和造型；

2)参加浇注作业(小飞机)。

2. 锻造

(1)基本知识

1)了解锻造生产的工艺过程、特点及应用；

2)了解锻造生产所用设备的构造、工艺原理和使用方法；

3)了解坯料加热的目的、方法和设备；

4)熟悉自由锻造的基本工序；

5)了解模锻及冲压的工艺过程；

6)熟悉锻造的安全操作规程。

(2)基本技能

用自由锻造的方法锻造简单锻件(长方体)。

3. 焊接

(1)基本知识

1)了解气焊与气割生产的工艺过程、特点及应用；

2)了解手工电弧焊和气焊所用设备、工作原理与使用；

3)了解焊接的种类及焊接的意义，了解电焊条的组成与作用；

4)了解气焊的化学成分，火焰的结构及性能，焊丝的分类；

5)了解焊接的常见缺陷和产生变形的原因；

6)了解一些现代先进的焊接方法（如氩弧焊、CO_2 保护焊、激光焊等）；

7)熟悉焊接的安全操作规程。

(2)基本技能

用手工电弧焊独立完成焊接工作（焊小飞机）。

4.热处理

(1)基本知识

1)了解热处理的主要设备及工作原理和使用方法；

2)了解热处理工艺和特点，以及与材料性能之间的关系；

3)了解热处理的作用及钢铁常用的热处理方法；

4)初步熟悉常用钢铁材料的火花鉴别方法；

5)了解钢铁材料的种类、牌号、性能及选用；

6)了解布氏、洛氏、维氏硬度的原理及标注方法，掌握洛氏硬度计的测试操作方法；

7)了解金相分析的作用，了解 45 钢金相试样磨制和侵蚀方法；

8)熟悉热处理的安全操作规程。

(2)基本技能

1)掌握常用钢材的普通热处理工艺操作方法；

2)对 45 钢或合金钢进行不同的热处理工艺操作，并做硬度测试，制作不同工艺的 45 钢金相试样，并在金相显微镜下观察金相组织。

5.陶瓷

传统热加工实习是按照金属冶金的典型工艺，也就是锻造、铸造、焊接及热处理工艺展开的，随着材料工程与实践的进一步发展，实践教学本身要求学生具备创新设计及学科交叉的思维，陶瓷材料作为一种典型的无机非金属材料，本身蕴涵着丰富的教学元素，包括设计、制作，并涵盖了材料学、化学、产品设计等诸多学科内容，对提升学生的综合创新设计能力提供了实践教学内容，笔者在讲义的基础上，整合了传统陶瓷制作的实践内容，增添了陶瓷相关的基本理论知识。

六、教学实习的方式和方法

1)热加工教学实习以学生独立操作为主，教师讲解为辅。采用理论教学与实践训练相结合的教学方法，丰富和拓展学生的知识面；

2)在热加工教学实习过程中，教师应引导、启发学生实习的主观能动性和积极性，发挥学生的创新、创造和想象力；

3)一些先进的技术、工艺由指导教师进行演示，为满足教学要求，热加工教学实习应尽量与产品生产相结合；

4)学生必须独立完成实习作业和实习报告。

七、教学实习成绩评定

1)基本技能成绩占总成绩的70%,由教学专职检验教师根据学生实习工件完成质量进行考查,并根据学生实习纪律、劳动态度以及动手能力等综合评定;

2)实习报告占总成绩的10%;

3)作品质量检验占总成绩的20%;

4)实习期间无故旷工半天以上者,或因故缺实习时间1/3以上者,实习成绩按不及格记;

5)实习期间学生因不听从教师指导,不按操作规程进行操作,导致重大事故(人身或设备)者,实习成绩按“0”分记;

6)实习期间无故迟到或早退两次以上者,实习成绩按不及格记;

7)未能完成实习环节,实习成绩不及格者,是否予以补实习,按教学规定办理;

8)各项成绩均按百分制打分。

八、实习安全事项

1)热加工是有一定风险的实习项目,实习前学生必须接受教师的安全教育;

2)按照要求穿戴棉质长衣长裤,佩戴帽子,女生发髻需扎起裹入帽内,不得穿凉鞋、拖鞋;

3)操作高温设备、弧焊设备、气锤、激光等设备时,必须严格按照操作规程或在教师指导下操作,严禁私自操作;

4)部分工种需团队协同、多工艺同时操作,如热处理、锻造操作,团队成员间需相互保护和提醒;

5)操作时必须佩戴专用手套和护具,不得用手和皮肤直接触碰零件和夹具。

第1章 铸　造

1.1 铸造概述

1.1.1 铸造的概念

铸造是将液态金属注入型腔后凝固成形获得金属铸件的技术，广泛用于航空、航天、汽车、石化、冶金、电力、造船、纺织等支柱产业，是获得机械产品毛坯和零部件的主要方法之一。

铸件在航空发动机、火箭发动机、燃气轮机、汽车发动机、轨道交通等各类装备中占有相当大的比例，对提高装备主机性能至关重要，铸造成形是机械行业基础制造工艺。

1.1.2 铸造的历史

铸造是人类比较早掌握的一种金属热加工工艺，已有约 6 000 年的历史。我国在公元前1700—前 1000 年之间就已进入青铜铸件的全盛期，工艺上已达到相当高的水平。图 1-1 所示为我国商朝的重 875 kg 的司母戊方鼎、西汉的透光镜，以及距今 4 800～3 000 年的三星堆青铜面具，都是古代铸造生产的代表产品。

早期的铸件大多是农业生产、宗教、生活等方面的工具或用具，艺术色彩浓厚。那时的铸造工艺是与制陶工艺并行发展的，受陶器的影响很大。

(a)

(b)

(c)

图 1-1　我国古代青铜铸件

(a)司母戊方鼎；(b)透光镜；(c)三星堆青铜面具

我国在公元前 513 年，铸出了世界上最早见于文字记载的铸铁件——晋国铸型鼎，重约 270 kg。欧洲在公元 8 世纪前后也开始生产铸铁件。铸铁件的出现，扩大了铸件的应用范围。例如在 15—17 世纪，德、法等国先后敷设了不少向居民供饮用水的铸铁管道。18 世纪工业革命以后，蒸汽机、纺织机和铁路等工业兴起，铸件进入为大工业服务的新时期，铸造技术开始有了大的发展。

进入20世纪,铸造的发展速度很快,其重要因素之一是产品技术的进步,要求铸件具有各种更好的机械物理性能,同时仍具有良好的机械加工性能。另一个因素是机械工业本身和其他工业如化工、仪表等的发展,给铸造业创造了有利的物质条件。例如,检测手段的发展,保证了铸件质量的提高和稳定,并为铸造理论的发展提供了条件;电子显微镜等的发明,帮助人们深入金属的微观世界,探查金属结晶的奥秘,研究金属凝固的理论,指导铸造生产。

在这一时期内开发出大量性能优越、品种丰富的新铸造金属材料,如球墨铸铁,能焊接的可锻铸铁,超低碳不锈钢,铝铜、铝硅、铝镁合金,钛基、镍基合金,等等,并发明了对灰铸铁进行孕育处理的新工艺,使铸件的适应性更为广泛。

20世纪50年代以后,出现了湿砂高压造型、化学硬化砂造型和造芯、负压造型,以及其他特种铸造、抛丸清理等新工艺,使铸件具有很高的形状和尺寸精度以及良好的表面光洁度,铸造车间的劳动条件和环境卫生条件也大为改善。

20世纪以来铸造业的重大进展中,灰铸铁的孕育处理和化学硬化砂造型这两项工艺有着特殊的意义。这两项工艺发明,突破了延续几千年的传统方法,给铸造工艺开辟了新的领域,对提高铸件的竞争能力产生了重大的影响。

1.1.3　铸造的分类

图1-2为铸造的分类,以下将对这10类铸造方法进行详细介绍。

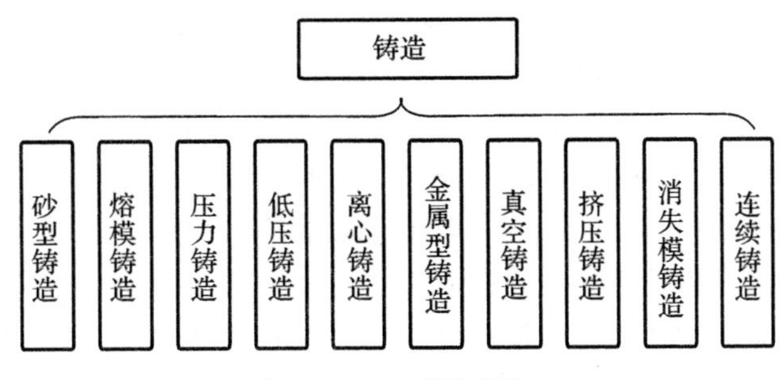

图1-2　铸造的分类

1)砂型铸造(sand casting)。在砂型中生产铸件的铸造方法,即砂型铸造,钢、铁和大多数有色合金铸件都可用砂型铸造方法获得。砂型铸造工艺流程技术特点:①适合于制成形状复杂,特别是具有复杂内腔的毛坯;②适应性广,成本低;③对于某些塑性很差的材料,如铸铁等,砂型铸造是其零件或毛坯的唯一的成形工艺。砂型铸造的应用包括汽车的发动机气缸体、气缸盖、曲轴等铸件。

2)熔模铸造(investment casting)。熔模铸造通常是指用易熔材料制成模样,在模样表面包覆若干层耐火材料制成型壳,再将模样熔化排出型壳,从而获得无分型面的铸型,经高温焙烧后即可填砂浇注的铸造方案,常称为“失蜡铸造”。熔模铸造优点:①尺寸精度和几何精度高;②表面粗糙度高;③能够铸造外型复杂的铸件,且铸造的合金不受限制。缺点:①工序繁杂,费用较高应用;②适用于生产形状复杂、精度要求高或很难进行其他加工的小型零件,如涡轮发动机的叶片等。

3)压力铸造(die casting)。压力铸造是利用高压将金属液高速压入精密金属模具型腔内,金属液在压力作用下冷却凝固而形成铸件。优点：①压铸时金属液体承受压力高，流速快；②产品质量好，尺寸稳定，互换性好；③生产效率高，压铸模使用次数多；④适合大批量生产，经济效益好。缺点：①铸件容易产生细小的气孔和缩松；②压铸件塑性低，不宜在冲击载荷及有震动的情况下工作；③高熔点合金压铸时，铸型寿命低，影响压铸生产的扩大。应用：压铸件最先应用于汽车工业和仪表工业，后来逐步扩大到多个行业，如农业机械、机床工业、电子工业、国防工业、计算机、医疗器械、钟表、照相机和日用五金等。

4)低压铸造(low pressure casting)。低压铸造是指使液体金属在较低压力(0.02～0.06 MPa)作用下充填铸型，并在压力下结晶以形成铸件的方法。优点：①浇注时的压力和速度可以调节，故可适用于各种不同铸型(如金属型、砂型等)，铸造各种合金及各种大小的铸件；②采用底注式充型，金属液充型平稳，无飞溅现象，可避免卷入气体及对型壁和型芯的冲刷，提高了铸件的合格率；③铸件在压力下结晶，铸件组织致密、轮廓清晰、表面光洁，力学性能较好，对于大薄壁件的铸造尤为有利；④省去补缩冒口，金属利用率提高到 90%～98%；⑤劳动强度低，劳动条件好，设备简易，易实现机械化和自动化。应用：以传统产品(气缸头、轮毂、气缸架等)为主。

5)离心铸造(centrifugal casting)。离心铸造是将金属液浇入旋转的铸型中，在离心力作用下填充铸型而凝固成形的一种铸造方法。优点：①几乎不存在浇注系统和冒口系统的金属消耗，工艺出品率高；②生产中空铸件时可不用型芯，故在生产长管形铸件时可大幅度地改善金属充型能力；③铸件致密度高，气孔、夹渣等缺陷少，力学性能好；④便于制造筒、套类复合金属铸件。缺点：①用于生产异形铸件时有一定的局限性；②铸件内孔直径不准确，内孔表面比较粗糙，质量较差，加工余量大；③铸件易产生比重偏析。应用：离心铸造最早用于生产铸管，国内外在冶金、矿山、交通、排灌机械、航空、国防、汽车等行业中均采用离心铸造工艺来生产钢、铁及非铁碳合金铸件。其中尤以离心铸铁管、内燃机缸套和轴套等铸件的生产最为普遍。

6)金属型铸造(gravity die casting)。金属型铸造指液态金属在重力作用下充填于金属铸型并在型中冷却凝固而获得铸件的一种成形方法。优点：①金属型的热导率和热容量大，冷却速度快，铸件组织致密，力学性能比砂型铸件高 15%左右；②能获得较高尺寸精度和较低表面粗糙度值的铸件，并且质量稳定性好；③因不用和很少用砂芯，可以改善环境、减少粉尘和有害气体、降低劳动强度。缺点：①金属型本身无透气性，必须采用一定的措施导出型腔中的空气和砂芯所产生的气体；②金属型无退让性，铸件凝固时容易产生裂纹；③金属型制造周期较长，成本较高，只有在大量成批生产时，才能显示出好的经济效果。应用：金属型铸造既适用于大批量生产形状复杂的铝合金、镁合金等非铁合金铸件，也适合于生产钢铁金属的铸件、铸锭等。

7)真空压铸(vacuumdie casting)。真空铸造是通过在压铸过程中抽除压铸模具型腔内的气体而消除或显著减少压铸件内的气孔和溶解气体，从而提高压铸件力学性能和表面质量的先进压铸工艺。优点：①消除或减少压铸件内部的气孔，提高压铸件的机械性能和表面质量，改善镀覆性能；②减少型腔的反压力，可使用较低的比压及铸造性能较差的合金，有可能用小机器压铸较大的铸件；③改善了充填条件，可压铸较薄的铸件。缺点：①模具密封结构复杂，制造及安装较困难，因而成本较高；②真空压铸法如控制不当，效果就不是很显著。

8)挤压铸造(squeezing die casting)。挤压铸造是将液态或半固态金属在高压下凝固、流动成形，直接获得制件或毛坯的方法。它具有液态金属利用率高、工序简化和质量稳定等优点，是一种节能型的、具有潜在应用前景的金属成形技术。直接挤压铸造的工艺流程有喷涂料、浇合金、合模、加压、保压、泄压，分模、毛坯脱模、复位；间接挤压铸造的工艺流程有喷涂料、合模、给料、充型、加压、保压、泄压，分模、毛坯脱模、复位。优点：①可消除内部的气孔、缩孔和缩松等缺陷；②表面粗糙度低，尺寸精度高；③可防止铸造裂纹的产生；④便于实现机械化、自动化。应用：可用于生产各种类型的合金，如铝合金、锌合金、铜合金、球墨铸铁等。

9)消失模铸造(lost foam casting)。消失模铸造(又称实型铸造)是将与铸件尺寸形状相似的石蜡或泡沫模型黏结组合成模型簇，刷涂耐火涂料并烘干后，埋在干石英砂中振动造型，在负压下浇注，使模型气化，液体金属占据模型位置，凝固冷却后形成铸件的新型铸造方法。工艺流程包括预发泡→发泡成型→浸涂料→烘干→造型→浇注→落砂→清理。优点：①铸件精度高，无砂芯，减少了加工时间；②无分型面，设计灵活，自由度高；③清洁生产，无污染；④降低投资和生产成本。应用：适合生产结构复杂的各种大小的较精密铸件，合金种类不限，生产批量不限，如灰铸铁发动机箱体、高锰钢弯管等。

10)连续铸造(continual casting)。连续铸造是一种先进的铸造方法，其原理是将熔融的金属不断浇入一种叫作结晶器的特殊金属型中，凝固(结壳)了的铸件连续不断地从结晶器的另一端出来，可获得任意或特定长度的铸件。优点：①金属被迅速冷却，结晶致密，组织均匀，机械性能较好；②节约金属，提高收得率；③简化了工序，免除造型及其他工序，因而减轻了劳动强度，所需生产面积也大为减少；④连续铸造生产易于实现机械化和自动化，提高生产效率。应用：用连续铸造法可以浇注钢、铁、铜合金、铝合金、镁合金等断面形状不变的长铸件，如铸锭、板坯、棒坯、管子等。

近年来，3D打印技术的迅速发展，使传统的生产方式和生活方式快速改变。作为新兴制造技术的典型代表，早期应用于航空航天领域的金属3D打印技术更多地转向了工业、汽车、医疗、模具、教育以及珠宝等市场。

当前，主流的金属3D打印技术有五种：激光选区烧结、纳米颗粒喷射金属成形、激光选区熔化、激光近净成形和电子束选区熔化技术。

另外，3D打印技术是基于数字模型，运用金属粉末或可溶解的蜡模或树脂材料，通过逐层打印的方式构造模样和铸型的技术，3D打印技术和3维扫描仪、数字成形软件的综合应用，结合传统熔膜铸造工艺正在改变传统砂型铸造的工艺过程。3D打印等数字模型技术在精密铸造领域的应用越来越广泛和深入。

图1-3为发动机进气管采用3D打印及熔膜铸造的过程。

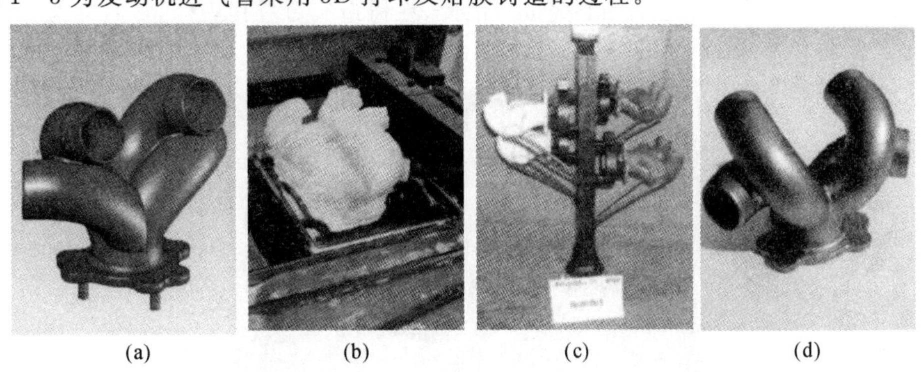

(a)　(b)　(c)　(d)

图1-3　发动机进气管采用3D打印及熔模铸造的过程

(a)CAD建模；(b) 打印模样；(c)组合模具；(d)金属铸件

1.1.4 铸造流程

铸造的流程一般为金属熔炼、铸型制造、浇注，以下分别对其进行详细介绍。

(1)金属熔炼

金属熔炼不仅仅是单纯的熔化，还包括冶炼过程，使浇进铸型的金属，在温度、化学成分和纯净度方面都符合预期要求。为此，在熔炼过程中要进行以控制质量为目的的各种检查测试，液态金属在达到各项规定指标后方允许浇注。有时为了达到更高要求，金属液在出炉后还要经炉外处理，如脱硫、真空脱气、炉外精炼、孕育或变质处理等。熔炼金属常用的设备有冲天炉、电弧炉、感应炉、电阻炉、反射炉等。

(2)铸型制造

不同的铸造方法有不同的铸型准备内容。以应用最广泛的砂型铸造为例，铸型准备包括造型材料准备和造型造芯两项工作。砂型铸造中用来造型造芯的各种原材料，如铸造砂、型砂黏结剂和其他辅料，以及由其配制成的型砂、芯砂、涂料等，统称为造型材料。造型材料准备的过程是，按照铸件的要求、金属的性质来选择合适的原砂、黏结剂和辅料，然后按一定的比例把它们混合成具有一定性能的型砂和芯砂。常用的混砂设备有碾轮式混砂机、逆流式混砂机和叶片沟槽式混砂机。后者是专为混合化学自硬砂设计的，可连续混合，速度快。

造型造芯是根据铸造工艺要求，在确定好造型方法，准备好造型材料的基础上进行的。铸件的精度和全部生产过程的经济效果主要取决于这道工序。在很多现代化的铸造车间里，造型造芯都实现了机械化或自动化。常用的砂型造型造芯设备有高、中、低压造型机、抛砂机、无箱射压造型机、射芯机、冷芯盒机和热芯盒机等。

(3)浇注

铸件自浇注冷却的铸型中取出后，有浇口、冒口及金属毛刺披缝，砂型铸造的铸件还黏附着砂子，因此必须经过清理工序。执行这项工作的设备有抛丸机、浇口冒口切割机等。砂型铸件落砂清理是劳动条件较差的一道工序，所以在选择造型方法时，应尽量考虑到为落砂清理创造条件。有些铸件因特殊要求，还要经铸件后处理，如热处理、整形、防锈处理、粗加工等。

现如今铸造工艺在产业应用中也在不断发展与突破，"中国铸造大工匠"航空工业安吉精铸工程师卢阳就如何提升浇注质量进行深入研究，通过优化真空熔炼浇注工序，实现了多项高温合金产品工艺定型，完成了从离心浇注转型到重力浇注的生产试验，并固化了高温合金铸件生产过程的典型工艺。在工艺进步的基础上，浇注设备配置也在不断改进，图 1-4 所示为全新浇注设备。2013—2019 年卢阳多次承接国家级大型浇注工作，在生产中不断调节工艺参数，改进步骤方法，确保了任务的顺利完成。因此，在铸造实习过程中，同学们应勇于尝试，探索新的工艺步骤和方法。

图 1-4 全新重力浇注设备

1.1.5 铸造的优点

铸造是比较经济的毛坯成形方法，对于形状复杂的零件，如汽车发动机的缸体和缸盖，船舶螺旋桨以及精致的艺术品等，更能显示出铸造的经济性。有些难以切削的零件，如燃汽轮机的镍基合金零件，不用铸造方法无法成形。

另外，铸造的零件尺寸和质量的适应范围很宽，几乎不受金属种类限制。零件在具有一般机械性能的同时，还具有耐磨、耐腐蚀、吸震等综合性能，是其他金属成形方法如锻、轧、焊、冲等做不到的。因此在机器制造业中用铸造方法生产的毛坯零件，在数量和质量上迄今仍是最多的。

铸造生产经常要用的材料有各种金属、焦炭、木材、塑料、气体和液体燃料、造型材料等。所需设备有冶炼金属用的各种炉子，有混砂用的各种混砂机，有造型造芯用的各种造型机、造芯机，有清理铸件用的落砂机、抛丸机等，还有供特种铸造用的机器和设备以及许多运输和物料处理的设备。

1.1.6 铸造的缺点

铸造生产有与其他工艺不同的特点，主要是适应性广、需用材料和设备多、污染环境。铸造生产会产生粉尘、有害气体、噪声以及废渣等污染物。其污染环境比其他机械制造工艺更为严重，需要采取措施进行控制。

1.1.7 铸造发展的趋势

近三十多年，世界铸造技术发生了很大的变化，随着机械化、自动化、数字化、智能化技术不断发展及融合。人类对可持续发展的要求越来越高，这些因素促进了世界铸造技术的进步。未来15年是我国铸造产业发展的结构调整期和战略机遇期，发展“优质、高效、智能、绿色”铸造技术已成行业共识。当前我国铸造技术的发展目标是：大幅度提升我国装备制造业发展所需高端铸件自主设计和制造的创新能力，在先进铸造技术、重大工程特大型及关键零部件的铸造成形技术、数字化智能化铸造技术、绿色铸造技术等方面取得一批世界一流的创新成果，为我国国民经济重要部门的装备制造提供强有力的技术支持，使我国从铸造大国发展成为铸造强国。

1.1.8 我国铸造发展现状

铸造技术主要包括铸造材料、铸造成形方法、铸造装备与检测以及环保与安全等内容，铸造技术的发展与国民经济发展态势和全球经济发展的大环境紧密关联，我国铸造产业在经过多年持续快速发展之后，近几年受全球制造业大环境影响，增速放缓，目前处于结构调整升级的关键时期。

多年来，经过各级政府科技项目支持、产学研用合作发展，国内铸造技术与国外铸造技术发展差距逐步缩小，表现在行业结构调整中技术升级和准入审核取得进展、与主机装备制造配套能力有所突破、优秀铸造企业国际竞争力不断增强等诸多方面。例如：轻合金和高温合金精密铸造成形技术的发展满足了我国多种先进国防装备的生产需求；大型耐热耐蚀承压不锈钢材料和铸造成形技术的发展满足了我国发电设备部件制造需求；大型钢锭宏观偏析和缩松控制技术的发展提高了我国机械设备大型锻件用坯的内部质量；新型含 Nb 高温钛合金研发取得突破；汽车用铸件铸造技术的发展不仅带动了我国铸造企业大批量铸件生产机械化、自动化、数字化和先进铸造技术应用水平的不断提高，也为我国汽车产业发展作出了巨大贡献；铸造过程数值模拟技术的研发和应用提高了我国铸造企业的铸造工艺设计水平，先进的数字化铸造技术在个别优秀铸造企业中得到有效运用。

3D 打印技术、大容量射芯技术、数字化铸造等无疑代表着当今铸造行业的技术发展趋势和潮流，更代表着行业技术高端水平。四川共享铸造在雁江投资打造共享铸造"数字化铸造工厂示范工程"项目，运用先进制造理念，实现铸造数字化样板工程。引进先进铸造技术（3D 打印技术、大容量射芯技术等），实现柔性制造；借助虚拟设计平台及虚拟制造技术，实现虚拟制造；通过在车间各工序使用智能制造装备并集成，实现智能制造；采用绿色设计、烟尘综合治理、余热综合利用、"零排放"等措施，实现绿色制造。

图 1－5 是 3D 砂芯打印机首次打印内燃机发动机的气缸盖。发动机气缸盖是全球铸铁领域最有代表性且工艺最复杂的产品。

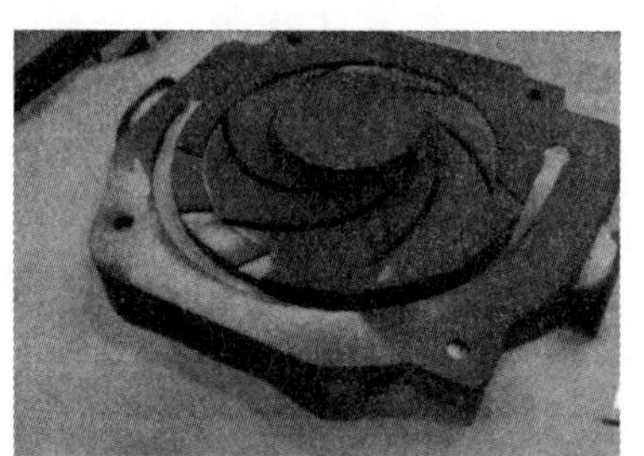

图 1－5　3D 打印气缸盖

作为全球第一制造大国，中国有 26 000 多家铸造企业，总产量几乎占全球的一半。高能耗、高污染、重体力劳动的制造方式，也在不断提醒这个行业，急需一次颠覆性变革。

图 1－6 为中国自主研发的第 1 台 3D 砂芯打印机，也是目前全球最大的 3D 砂芯打印机。它的体积比目前国外最大的机型还要大两倍，让制造出更大、精度更高的铸件成为可能。像火车内燃发动机那样的大型铸件，不再需要长周期、高成本的模具，之前需要打印十几块砂芯才能组装完成，现在可以一次打印成形。徐云龙和所有工作人员用了 7 年时间研发这台装备，目的是要彻底避免传统砂芯制造时的扬尘对工人身体的损害。作为国家重点研发项目，大尺寸国产 3D 砂芯打印机的研发负责人徐云龙，肩负着将增材制造这种最新的制造方式引入传统制造业的使命。3D 砂芯打印机加快了我国铸造业转型升级进度，使得铸造行业再也不是"傻、大、黑、粗"的行业，改变了国外高端铸造 3D 打印设备的垄断地位。世界各国高度重视增材制

造发展,将其作为实现智能制造、推动生产方式变革、抢占先进制造业竞争制高点的重要内容。

图 1－6　中国自主研发 3D 砂芯打印机

尽管近 30 年我国铸造技术取得了显著进步,并且在国民经济和国防建设发展过程中发挥了重要作用;但是应该清醒地看到,当前我国铸造产业大而不强的局面并未发生根本改变,铸造领域不同的技术方向仍与国外发达国家存在差距,产生差距的原因也各不相同。

虽然铸造工艺已得到很大程度的发展,但还存在如下问题 。

1)铸造技术创新能力薄弱。我国铸造产业大而不强的根本原因是创新能力不足、研发基础薄弱、原创技术少,仿制和跟踪仍然是铸造技术的主要来源,铸造共性技术和铸造工程应用基础技术缺乏支撑,铸造新产品研发周期长,大批量中小铸造企业无序竞争严重,一些乡镇铸造企业处于半工半农状态,发展后劲严重不足。

2)先进铸造工艺应用基础需突破。高端装备所需精密铸件铸造技术不稳定、不可靠,更深层次的原因是合金材料铸造成形的工艺应用基础技术不过关,铸造材料特性和铸造工艺性研究不系统不完善,未完全掌握铸件成形规律性。铸造材料及铸件成形的理论基础研究与工程应用基础研究并重和协作是铸件生产稳定可靠的前提条件。

3)与上下游行业发展不协调。铸造产品设计和制造与高端主机发展不协调,某些高端铸件需进口,全流程和全生命周期设计还处于探索阶段。铸造装备发展与先进铸造工艺需求不协调,某些高端铸件产品需要的高性能铸造装备也需从国外进口,部分先进设备仍受西方发达国家技术封锁,实施智能化铸造工厂计划的基础不系统、不完善。铸造废弃物处理与环保产业发展不协调,很多小企业废砂、废渣、废耐火材料直接排放,造成环境污染。

4)节能减排任务艰巨。铸造企业技术和装备水平及管理水平参差不齐。工业和信息化部在 2013 年、2014 年和 2016 年先后公布了三批共 1 729 家通过铸造行业准入条件审核的铸造企业,约占全国全部铸造企业的 6.6%。为数众多的小型铸造企业管理水平和生产工艺落后,节能环保装备及安全设施投入不足,全行业高能耗、高污染态势仍未发生根本改变。

铸造技术的终极目标是要求铸件有更好的综合性能、更高的精度、更少的余量和更光洁的表面。此外,节能的要求和社会对保护自然环境的呼声也越来越高。为适应这些要求,新的铸造合金须得到开发,冶炼新工艺和新设备将相应出现。

1.1.9　机遇与挑战

1)政策环境良好。《中国制造 2025》《工业强基工程实施指南(2016—2020 年)》等相关战略规划、法规和标准的发布和实施为铸造产业和铸造技术的发展营造了非常有利的政策环境。

2)未来高端市场需求旺盛。我国战略性新兴产业正在蓬勃发展,工业化信息化不断融合,装备制造业由大变强,产业国际化快速推进,生态文明建设纳入基本国策,这形成了强劲的铸造技术发展的市场推动力。

3)先进铸造技术发展需求迫切。先进主机装备向高性能、高效率、集成化、高可靠、长寿命、轻量化、多样化方向发展,推动我国铸造技术和装备继续向优质、高效、智能等方向发展。我国面临的环境污染压力推动着我国铸造技术和装备向绿色环保、可循环、可持续方向发展。

未来 15 年我国铸造技术发展存在机遇的同时,也面临着严峻挑战:

1)先进主机装备发展和苛刻工况条件对高端铸件综合性能和铸造工艺水平的要求不断提高。

2)能源消耗、大气环境保护、固体废弃物排放等法律法规的不断推出和实施使铸造行业准入条件越来越严格。

3)在向高端铸件铸造市场迈进的同时,国际高水平同行的资金、技术、人才的竞争将日趋激烈。

4)铸造技术在发展的同时还面临着其他先进成形技术和先进材料技术,如金属增材制造技术、先进连接和锻造成形技术及先进复合材料技术等的激烈竞争。

5)铸造行业对系统完备的铸件成形理论和工程应用基础、新型/环保的铸造材料、高性能/绿色的铸造工艺和装备的依托和应用日趋成熟。

1.2 砂型铸造工艺过程

1.2.1 砂型铸造

砂型铸造是用型砂紧实以制成铸型生产铸件的铸造方法,是应用最广泛的铸造工艺。

1.2.1.1 砂型铸造的生产过程

砂型铸造的生产过程如图 1-7 所示,其中制作铸型和熔炼金属是核心环节。大型铸件的铸型和型芯在合箱前还要进行烘干。图 1-8 为砂型铸造生产工艺流程。

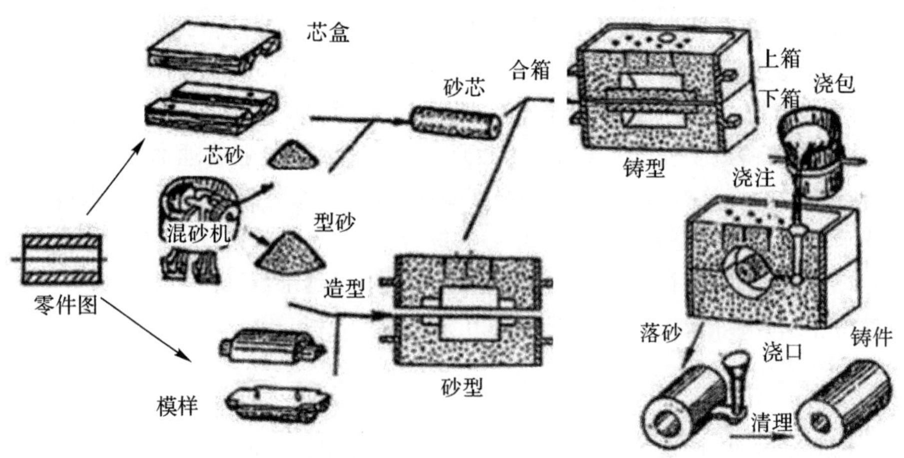

图 1-7 砂型铸造的生产过程

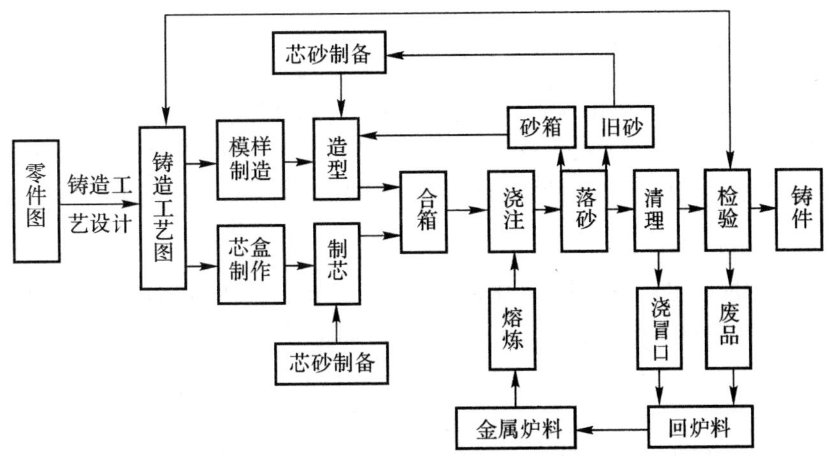

图1-8　砂型铸造生产工艺流程

1.2.1.2　砂型的制造

(1)型砂的制备

制造砂型的材料称为造型材料，用于制造砂型的材料习惯上称为型砂，用于制造砂芯的造型材料称为芯砂。通常型砂是砂子、黏土和水按一定比例混合而成的，有时还加入少量附加物(如煤粉、植物油、木屑等)以提高型砂和芯砂的性能。紧实后的型砂结构如图1-9所示。

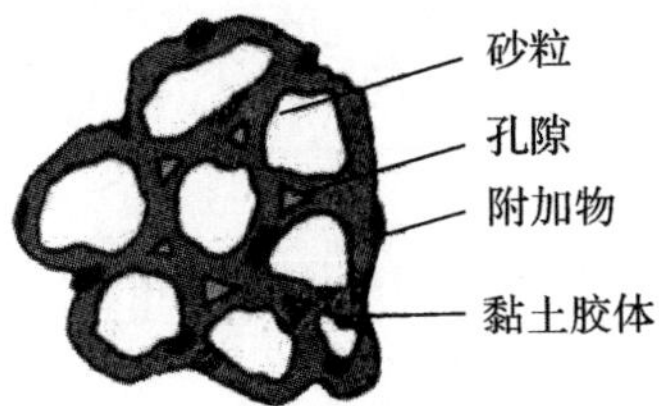

图1-9　紧实后的型砂结构

(2)型砂的性能要求和组成

型砂是按一定比例配成的造型材料，是制作铸型(砂型铸造)的主要材料之一。

1.对型砂的性能要求

型砂和芯砂的质量直接影响铸件的质量，型砂质量不好会使铸件产生气孔、砂眼、黏砂、夹砂等缺陷。良好的型砂应具备下列性能。

1)透气性：高温金属液浇入铸型后，型内充满大量气体，这些气体必须从铸型内顺利排出去，这种能让气体透过的性能称为透气性。

2)强度：型砂抵抗外力破坏的能力称为强度。型砂必须具备足够高的强度才能在造型、搬运、合箱过程中不引起塌陷，浇注时也不会破坏铸型表面。

3)耐火性：高温的金属液体浇进后对铸型产生强烈的热作用，因此型砂要具有抵抗高温热作用的能力，即耐火性。

4)可塑性：指型砂在外力作用下变形，去除外力后能完整地保持已有形状的能力。

5)退让性：铸件在冷凝时，体积发生收缩，型砂应具有一定的被压缩的能力，称为退让性。

2. 型砂的组成

为了满足型砂的性能要求，型砂由砂子、黏结剂、附加物、水按一定比例混制而成。

1)砂子：一般采自海、河或山地，但并非所有的砂子都能用于铸造。

2)黏结剂：用来黏结砂粒的材料称为黏结剂，如水玻璃、桐油、干性植物油、树脂和黏土等。

3)附加物：为改善型砂的某些性能而加入的材料称为附加物，常用的有煤粉、油、木屑等。

3. 混砂过程

型砂的组成物按一定比例配制，以保证其性能。型砂的性能不仅取决于其配比，还与配砂的工艺操作有关，如加料次序、混碾时间等。混碾时间愈长的型砂性能愈好，但时间太长会影响生产进度。

(3)铸型的组成

铸型是用金属或其他耐火材料制成的组合整体，是金属液凝固后形成铸件的地方。以两箱砂型铸造为例，典型的铸型如图 1-10 所示，它由上砂型、下砂型、浇注系统、型腔、型芯和通气孔组成。

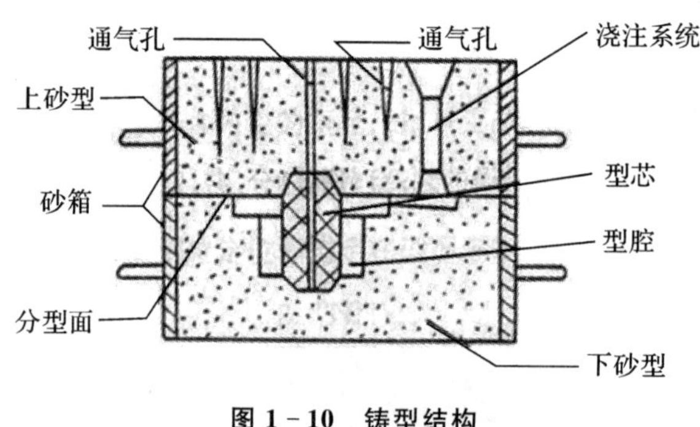

图 1-10　铸型结构

(4)模样和芯盒

模样是形成铸型型腔的模具，芯盒是用来制型芯以形成具有内腔的铸件。在设计工艺图时，要考虑下列问题。

1)分型面的选择：分型面是上、下砂型的分界面，选择分型面时必须使模样能从砂型中取出，并使造型方便并有利于保证铸件质量。

2)拔模斜度：为了易于从砂型中取出模样，凡垂直于分型面的表面，都做出 0.5°～4°的拔模斜度。

3)加工余量：铸件需要加工的表面，均需留出适当的加工余量。

4)收缩量：铸件冷却时要收缩，模样的尺寸应考虑收缩的影响。通常铸铁件要加大 1%，铸钢件加大 1.5%～2%，铝合金加大 1%～1.5%。

5)铸造圆角：铸件上各表面的转折处，都要设计过渡性圆角，以利于造型及保证铸件质量。

6)芯头：有砂芯的砂型，必须在模样上设计相应的芯头，以便砂芯稳固地安放在铸型中。

图 1-11 是压盖零件的铸造工艺图及相应的模样图。从图中可见，模样的形状和零件图往往是不完全相同的。

1.2.1.3　手工造型方法

制作砂型的方法分为手工造型和机器造型。后者制作的砂型型腔质量好，生产效率高，但只适用于成批或大批量生产。手工造型具有机动、灵活的特点，应用仍较为普遍。

手工造型是全部用手工或手动工具制作铸型的造型方法。根据铸件结构、生产批量和生产条件，可采用不同的手工造型方案。手工造型根据模样特征分为整模造型、分模造型、活块造型、挖砂造型、假箱造型和刮板造型等，手工造型根据砂箱特征分两箱造型、三箱造型等。两箱造型是铸造中最常用的一种造型方法，其特点是方便灵活、适应性强。当零件的最大截面在端部，并选它作为分型面时，采用整体模样，模样截面由大到小，放在一个砂箱内，可一次从砂箱中取出，则采用整模两箱造型方法。当铸件截面不是由大到小逐渐递减时，将模样在最大水平截面处分开，模样分成两半，使其能在不同的砂型中顺利取出，这就是分模两箱造型。

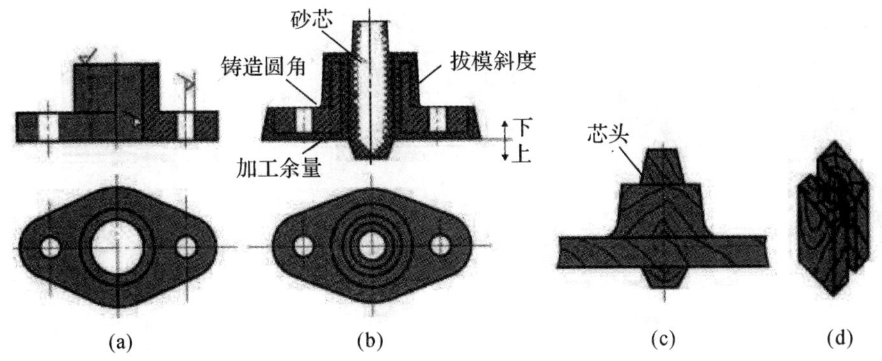

图 1-11　压盖零件的铸造工艺图及相应的模样图

(a)零件图；(b)铸造工艺图；(c)模样图；(d)芯盒

(1)整模两箱造型

当零件的最大截面在端部，并选它作为分型面时，将模样做成整体的。齿轮坯整模两箱造型步骤如图 1-12 所示。

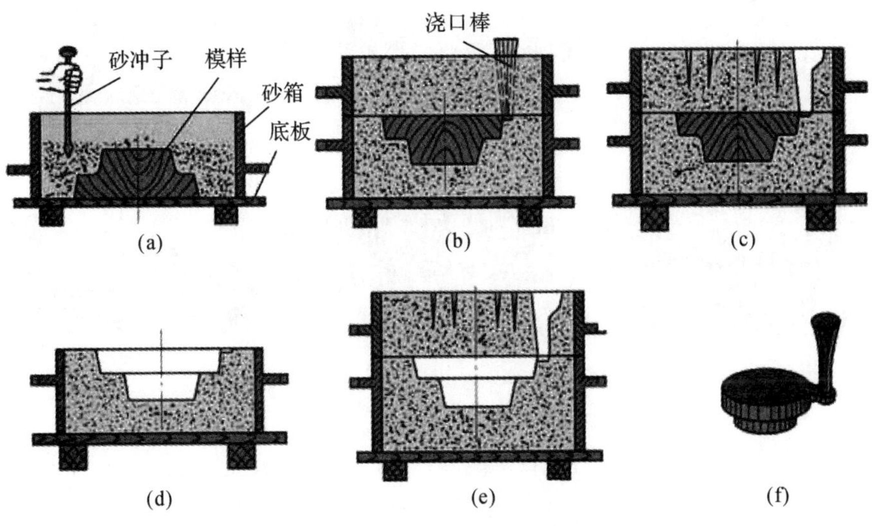

图 1-12　齿轮坯整模两箱造型

(a)造下砂型；(b)造上砂型；(c)开外绕口，扎通气孔；
(d)起出模样；(e)合型；(f)带浇口铸件

(2)分模造型

套管的分模两箱造型过程如图 1－13 所示，这种造型方法简单，应用较广。

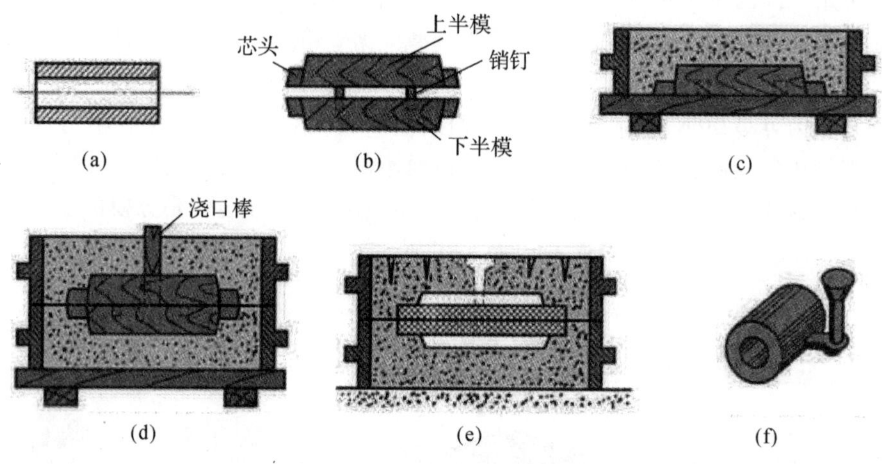

图 1－13　套管的分模两箱造型

(a)零件；(b)分模；(c)用下半模造下砂型；

(d)用上半模造上砂型；(e)起模、放砂芯、合型；(f)落砂后带浇口的铸件

(3)挖砂造型

当铸件的最大截面不在端部，且模样又不便分成两半时，常采用挖砂造型。图 1－14 所示为手轮的挖砂造型过程。

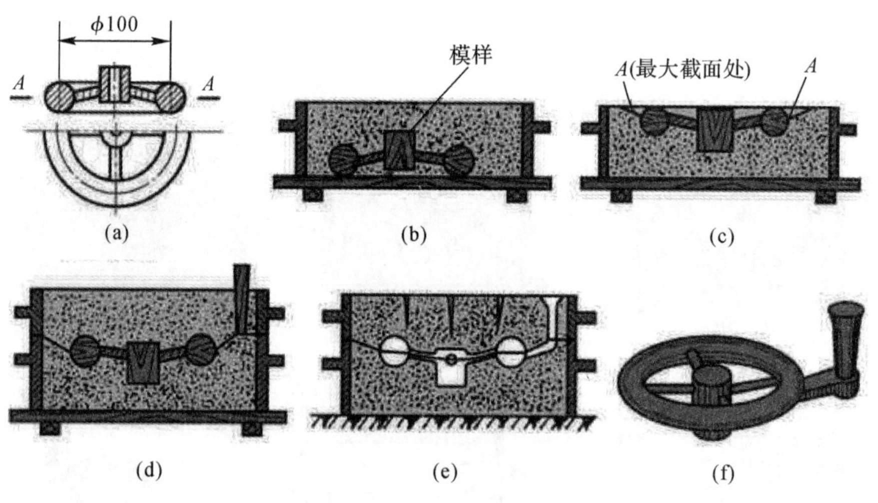

图 1－14　手轮的挖砂造型

(a)手轮零件；(b)放置模样，开始造下型；(c)反转，最大截面处挖出分型面

(d)造上型；(e)起模型；(f)落砂后带浇口的铸件

(4)活块造型

当铸件侧面有局部凸起阻碍起模时，可将此凸起部分做成能与模样本体分开的活动块。起模时，先把模样主体取出，然后再取出活块，图 1－15 所示为活块造型过程。

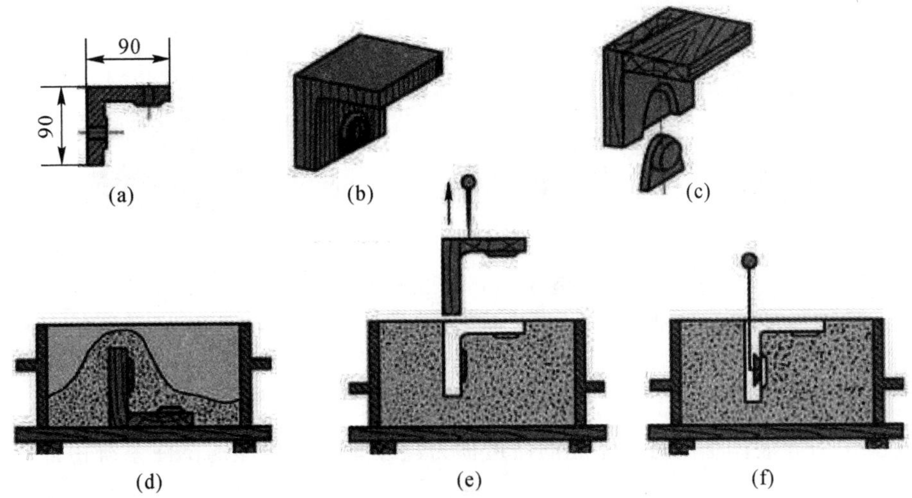

图 1-15 活块造型过程

(a)零件;(b)铸件;(c)模样;(d)造下砂型;(e)取出模样主体;(f)取出活块

1.2.1.4 制造砂芯

砂芯的作用是形成铸件的内腔。浇注时砂芯受高温液体金属的冲击和包围,要求砂芯除具有铸件内腔相应的形状外,还应具有较好的透气性、耐火性、强度、退让性等,因此要用杂质少的石英砂、植物油、水玻璃等黏结剂来配制芯砂,在砂芯内放入金属芯骨并扎通气孔,以提高强度和透气性。砂芯是用芯盒制造而成的,其工艺过程和造型过程相似,手工制造砂芯如图 1-16 所示。做好的砂芯,使用前必须烘干。

(1)造芯的工艺措施

1)放芯骨——提高砂芯的强度。

2)开通气道——提高砂芯的透气性。

3)刷涂料——提高耐高温性能,防止黏砂(提高铸件表面质量)。

4)烘干——提高强度和透气性,减少发气量。

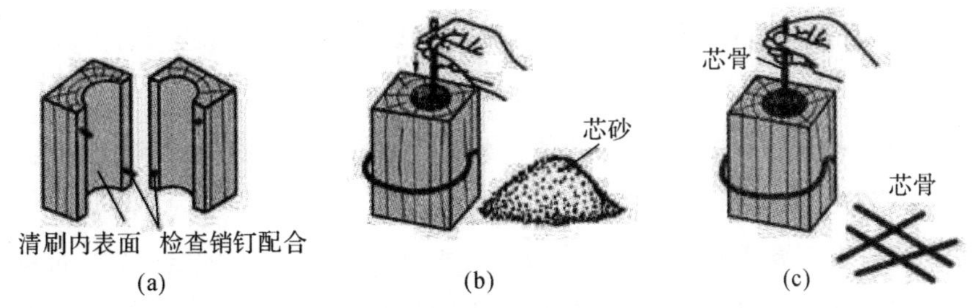

图 1-16 手工制造砂芯

(a)检查芯盒是否配对通气针;(b)夹紧两半芯盒,分次加入芯砂,分层捣紧;

(c)插入刷有泥浆水的芯骨,其位置要适中;

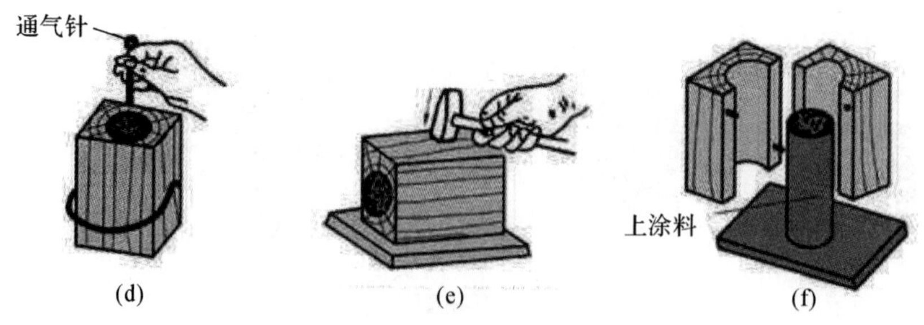

续图 1-16 手工制造砂芯

(d)继续填砂捣紧，刮平，用通气针孔出通气孔；(e)松开夹子，轻敲芯盒，使砂芯从芯盒内壁松开；(f)取出砂芯，上涂料

1.2.1.5 浇注系统

在铸型中引导液体金属进入型腔的通道称为浇注系统。典型的浇注系统由外浇口、直浇道、横浇道和内浇道组成，如图 1-17 所示。图中的冒口是为了保证铸件质量而增设的，其作用是排气、浮渣和补缩。对厚薄相差大的铸件，要在厚、大部位的上方适当开设冒口。

浇注系统的作用是：

1)引导液体金属平稳地充满型腔，避免冲坏型壁和型芯。

2)挡住熔渣进入型腔。

3)调节铸件的凝固顺序。

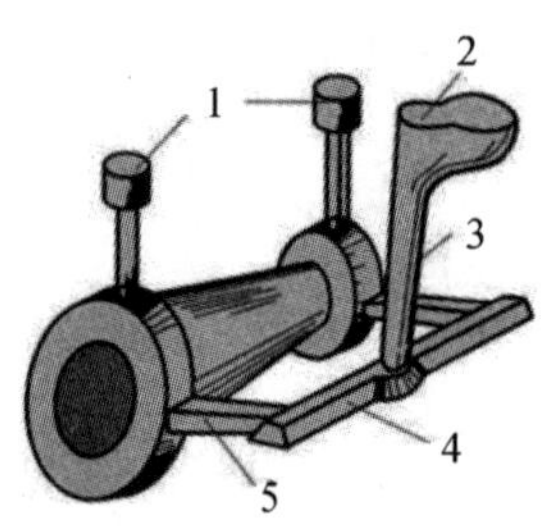

图 1-17 浇注系统示意图

1—冒口；2—外浇口；3—直浇；4—横浇道；5—内浇道

1.2.1.6 合型

将已制作好的砂型和砂芯按照图样工艺要求装配成铸型的工艺过程叫合型。合型步骤包括：

1)清洁型腔和下芯。吹净型腔，将型芯装入型腔，并使之稳固，使型芯通气道与砂型通气道相连接，使气体能从砂型中引出。

2)合型。合型时上型要垂直抬起，找正位置后垂直下落，按原有的定位方法准确合型。

3)铸型的紧固。在浇注时，由于金属液具有很大的浮力(又称抬型力)，会把上砂型抬起而出现金属液泄漏现象。小型铸件的抬型力不大，可使用压铁压紧。中、大型铸件的抬型力较大，可用螺栓或箱卡固定，如图 1-18 所示。

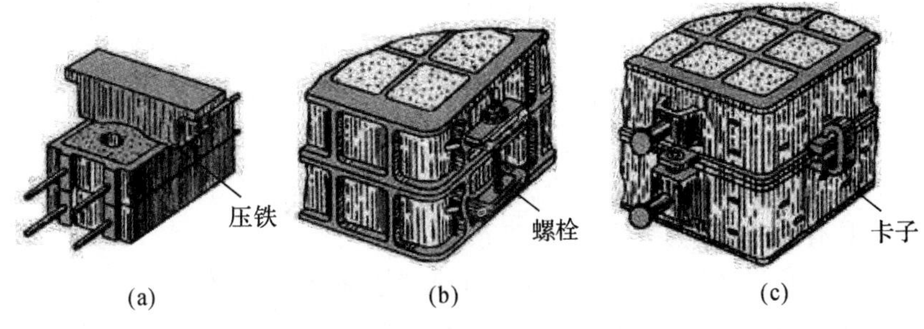

图1-18 铸型的紧固

(a)压铁紧固;(b)螺栓紧固;(c)卡子紧固

1.2.1.7 铝合金的熔炼

(1)熔炼金属

在浇注之前要熔炼金属,应根据不同的金属材料采用不同的熔炼设备。对于铸铁件,常采用冲天炉进行熔炼;对于一些合金铸铁则采用工频炉或中频炉熔炼;对于铸钢,一般采用三相电弧炉进行熔炼,在一些中小型工厂,近年来也采用工频炉或中频炉进行熔炼。对于铜、铝等有色金属,一般采用坩埚炉或中频感应炉进行熔炼。在铸造实习时,熔化铝合金就是采用中频感应炉。不管采用什么样的炉子熔炼金属材料,都要保证金属材料的化学成分和温度符合要求,这样才能获得合格的铸件。

(2)铝合金的熔炼

铸铝是工业生产中应用最广泛的铸造铝合金。由于铝合金的熔点低,熔炼时极易氧化、吸气,合金中的低沸点元素(如镁、锌等)极易蒸发烧损,因此铝合金的熔炼应在与燃料和燃气隔离的状态下进行。

(3)铝合金的熔炼工艺

1)熔剂保护:在一般熔炼温度下熔炼铝合金时,不必专门采取防氧化措施。

2)铝合金的精炼:铝合金由液态变为固态时,氢在铝中溶解度由很大一下子变得很小,凝固时气体来不及逸出,形成内部气孔。

3)铝合金的变质处理:用含硅量大于6%的铝合金(如ZL7、ZL11等)浇注厚壁铸件时,易出现针状粗晶粒组织,使铝合金的力学性能下降。

1.2.1.8 冲天炉及其合金的熔炼、浇注、落砂、清理

(1)冲天炉的结构

冲天炉是熔炼铸铁的设备,炉身是用钢板弯成的圆筒形,内砌以耐火砖炉衬。炉身上部有加料口、烟囱、火花罩,中部有热风胆,下部有热风带,热风带通过风口与炉内相通。从鼓风机送来的空气,通过热风胆加热后经热风带进入炉内,供燃烧用。风口以下为炉缸,熔化的铁液及炉渣从炉缸底部流入前炉。

(2)冲天炉炉料及其作用

1)金属料:金属料包括生铁、回炉铁、废钢和铁合金等。

2)燃料:冲天炉熔炼多用焦炭作燃料,通常焦炭的加入量一般为金属料的1/8～1/12,这一数值称为焦铁比。

3)熔剂:熔剂主要起稀释熔渣的作用。在炉料中加入石灰石($CaCO_3$)和萤石(CaF_2)等矿石,会使熔渣与铁液容易分离,便于把熔渣清除。熔剂的加入量为焦炭的25%～30%。

(3)合金的浇注

在获得合格的金属液之后就可以进行浇注了。将熔融金属从浇包浇入铸型的过程称为浇注。浇注时应注意浇注温度、浇注速度,估计好金属液的质量、挡渣以及引气。

浇注常用工具有浇包、挡渣钩等,浇注工艺如下:

1)浇注温度。浇注温度过高,铁液在铸型中收缩量增大,易产生缩孔、裂纹及黏砂等缺陷;温度过低则铁液流动性差,又容易出现浇不足、冷隔和气孔等缺陷。合适的浇注温度应根据合金种类、铸件的大小、形状及壁厚来确定。

2)浇注速度。浇注速度太慢,金属液冷却快,易产生浇不足、冷隔以及夹渣等缺陷;浇注速度太快,则会使铸型中的气体来不及排出而产生气孔。

3)浇注的操作。浇注前应估算好每个铸型需要的铁液量,安排好浇注路线,浇注时应注意挡渣,浇注过程中应保持外浇口始终充满。

(4)落砂及清理

浇注后经过一段时间的冷却,将铸件从砂箱中取出称为落砂。从铸件上清除表面黏砂和多余的金属(包括浇冒口、飞边、毛刺、氧化皮等)的过程称为清理。

1)浇冒口的去除。对于铸铁等脆性材料用敲击法去除浇冒口;对于铝、铜铸件常采用锯割来切除浇冒口;对于铸钢件常采用氧气切割、电弧切割、等离子体切割切除浇冒口。

2)型芯的清除。可采用手工清除,用风铲、钢凿等工具进行铲削,也可采用气动落芯机、水力清砂等方法清除。铸件表面可采用风铲、滚筒、抛光机等进行清理。

(5)检验及铸件缺陷分析

对清理好的铸件要进行检验,主要检验:

1)表面质量;

2)化学成分;

3)力学性能;

4)内部质量,采用超声波、磁粉探场、打压检查。

在铸造生产中,影响铸件质量的因素很多,常见的铸件缺陷见表1-1。

表1-1　常见的铸件缺陷

铸件缺陷名称	铸件缺陷图示	特　征	产生的主要原因
气孔	气孔	铸件内部或表面有大小不等的光滑孔洞	型砂含水过多,透气性差;起模和修型时刷水过多;砂芯烘干不良或砂芯通气孔堵塞;浇注温度过低或浇注速度太快;等等
缩孔	缩孔 补缩冒口	缩孔多分布在铸件厚断面处,形状不规则,孔内粗糙	铸件结构不合理,壁厚相差大,局部金属积聚;浇注系统和冒口位置不对,冒口过小;浇注温度太高,或金属化学成分不合格,收缩过大

续表

铸件缺陷名称	铸件缺陷图示	特　征	产生的主要原因
砂眼	砂眼	在铸件内部或表面有充塞砂粒的孔眼	型砂和芯砂的强度不够;砂型和砂芯的紧实度不够;合箱时铸型局部损坏;浇注系统不合理,冲坏了铸型
黏砂	黏砂	铸件表面粗糙,黏有砂粒	型砂和芯砂的耐火性不够;浇注温度太高;未刷涂料或涂料太薄
错箱	错箱	铸件在分型面处有错移	模样的上半模和下半模未对准;合箱时,上、下砂箱未对准
冷隔	冷隔	铸件上有未完全融合的缝隙或洼坑,其交接处是圆滑的。	浇注温度太低;浇注速度太慢或浇注过程曾有中断;浇注系统位置开设不当或浇道太小
浇不足	浇不足	铸件不完整	浇注时金属量不够;浇注时液体金属从分型面流出;铸件太薄;浇注温度太低;浇注速度太慢
裂缝	裂缝	铸件开裂,开裂处金属表面氧化	铸件结构不合理,壁厚相差太大;砂型和砂芯的退让性差;落砂过早

1.2.2　砂型铸造的特点

1)优点:①铸造生产的适应性强;②铸造生产的成本低廉。

2)缺点:①铸件的力学性能及精度较差,使铸造在生产中受到一定的限制;②铸造生产的工序繁多,铸件质量难以控制,废品率较高;③砂型铸造生产的铸件表面质量不太高,劳动条件差,环境污染较严重。

1.2.3　造型操作范例

以轴瓦座的模样为例,造型操作的一般顺序如下:

1)造型准备:清理工作场地,备好型砂,备好模样、芯盒、所需工具及砂箱。

2)安放造型用底板、模样和砂箱。

3)填砂和紧实:填砂时必须将型砂分次加入。先在模样表面撒上一层面砂,将模样盖住,然后加入一层背砂。

4)翻型:用刮板刮去多余型砂,使砂箱表面和砂箱边缘平齐。如果是上砂型,就在砂型上用通气孔针扎出通气孔。将已造好的下砂箱翻转180°后,用刮刀将模样四周砂型表面(分型面)压平,撒上一层分型砂。

5)放置上砂箱、浇冒口模样并填砂紧实。

6)修整上砂型型面,开箱,修整分型面:用刮板刮去多余的型砂,用刮刀修光浇冒口处型砂。用通气孔针扎出通气孔,取出浇口棒并在直浇口上部挖一个漏斗形作为外浇口。没有定位销的砂箱要用泥打上泥号,以防合箱时偏箱,泥号应位于砂箱壁上两直角边最远处,以保证X、Y方向均能准确定位。将上型翻转180°放在底板上。扫除分型砂,用水笔蘸些水,刷在模样周围的型砂上,以增加这部分型砂的强度,防止起模时损坏砂型。刷水时不要使水停留在某一处,以免浇注时因水多而产生大量水蒸气,使铸件产生气孔。

7)起模:起模针位置尽量与模样的重心铅垂线重合。

8)修型:起模后,型腔如有损坏,可使用各种修型工具将型腔修好。

9)开设内浇道(口):内浇道(口)是将浇注的金属液引入型腔的通道。内浇道(口)将影响铸件的质量。

10)合箱紧固:合箱时应注意使砂箱保持水平下降,并且应对准合箱线,防止错箱。浇注时如果金属液浮力将上箱顶起就会造成跑火,因此要确保上、下型箱紧固。

1.2.4 特种铸造

特种铸造有多种类型,本节介绍压力铸造和熔膜铸造。

(1)压力铸造

压力铸造是在高压作用下,将金属液以较高的速度压入高精度的型腔内,力求在压力下快速凝固,以获得优质铸件的高效率铸造方法。它的基本特点是高压(5～150 MPa)和高速(5～100 m/s)。

压力铸造的基本设备是压铸机。压铸机可分为热室压铸机和冷室压铸机两大类,冷室压铸机又可分为立式和卧式等类型,但它们的工作原理基本相似。图1-19为卧式冷室压铸机,用高压油驱动,合型力大,充型速度快,生产率高,应用广泛。

图1-19 卧式冷室压铸机

压铸型是压力铸造生产铸件的模具,主要由动型部分和定型部分组成。定型固定在压铸机的定型座板上,由浇道将压铸机压室与型腔连通。动型随压铸机的动型座板移动,完成开合型动作。完整的压铸型组成中包括型体部分、导向装置、抽芯机构、顶出铸件机构、浇注系统、排气和冷却系统等部分。图 1－20 是压铸型总体结构示意图。

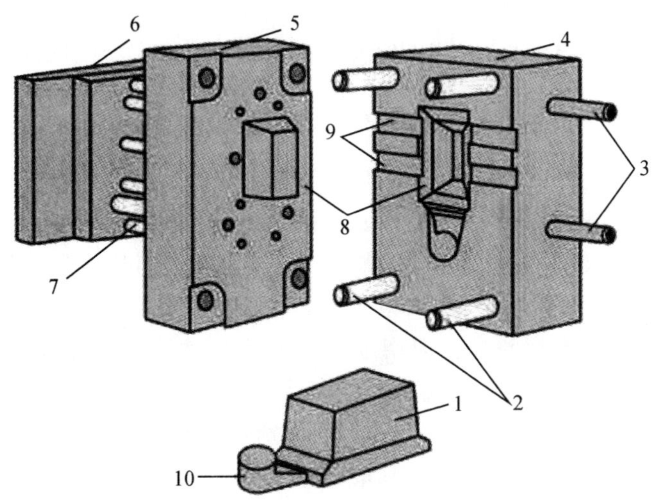

图 1－20 压铸型总体结构示意图

1—铸件；2—导柱；3—冷却水管；4—定型；5—动型；
6—顶杆板；7—顶杆；8—型腔；9—排气槽；10—浇注系统

1)型体部分。型体部分包括定型和动型，在其闭合后构成型腔(有时还要和型芯共同构成型腔)。

2)导向装置。导向装置包括导柱和导套，其作用是使动型按一定方向移动，保证动型和定型在安装及合型时的正确位置。

3)抽芯机构。凡是阻碍铸件从压铸型内取出的成形部分，都必须做成活动的型芯或型块，在开型前或开型后自铸件中取出。抽出活动型芯的机构称为抽芯机构。

4)顶出铸件机构。顶出机构的作用是在开型过程中将铸件顶出铸型，以便取出铸件。

卧式冷室压铸机的压铸过程如图 1－21 所示。合型后，液态金属浇入压室 2，压射冲头 1 向前推进，将液态金属经浇道 7 压入型腔 6。开型时，借助压射冲头前伸的动作(此时尚未卸压)，使余料 8 离开压室，然后连同铸件一起取出，完成压铸循环。

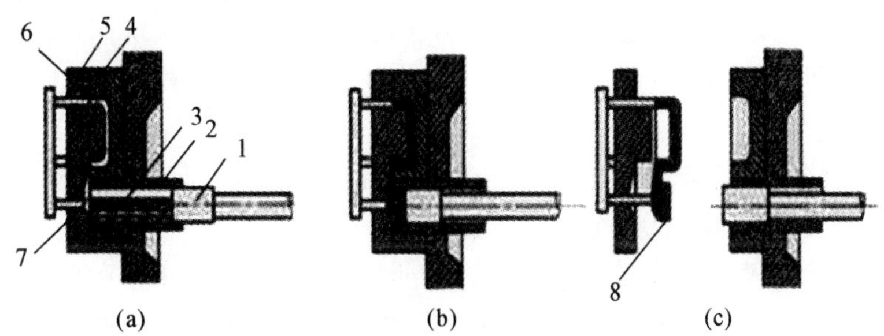

图 1－21 卧式冷室压铸机工作示意图

(a)合型；(b)压铸；(c)开型

1—压射冲头；2—压室；3—液态金属；4—定型；5—动型；6—型腔；7—浇道；8—余料

压铸是目前铸造生产中先进的加工工艺之一。它的主要特点是生产率高，平均每小时可压铸 50～500 次，可进行半自动化或自动化的连续生产，产品质量好，尺寸精度高于金属型铸造，强度比砂型铸造高 20%～40%。但压铸设备投资大，制造压铸模费用高、周期长，只宜于大批量生产。生产中多用于压铸铝、镁及锌合金。

压力铸造发展的主要趋向是：压铸机的系列化与自动化，并向大型化发展；提高模具寿命，降低成本；采用新工艺（如真空压铸、加氧压铸等）来提高铸件质量。

(2)熔模铸造

后处理等熔模铸造又称失蜡铸造，包括压蜡、修蜡、组树、沾浆、熔蜡、浇铸金属液等工序。失蜡铸造是用蜡制作所要铸成零件的蜡模，然后在蜡模上涂以泥浆，这就是泥模。泥模晾干后，放入热水中将内部蜡模熔化。将熔化完蜡模的泥模取出再焙烧成陶模。一经焙烧，一般制泥模时就留下了浇注口，再从浇注口灌入金属熔液，冷却后，所需的零件就制成了。

我国的失蜡法起源于春秋时期。河南淅川下寺 2 号楚墓出土的春秋时代的铜禁，如图 1－22 所示，它是迄今所知的最早的失蜡法铸件。此铜禁 4 边及侧面均饰透雕云纹，四周有 12 个立雕伏兽，体下共有 10 个立雕状的兽足。透雕纹饰繁复多变，外形华丽而庄重，这反映出春秋中期我国的失蜡法已经比较成熟。战国、秦汉以后，失蜡法更为流行，尤其是隋唐至明清期间，铸造青铜器采用的多是失蜡法。

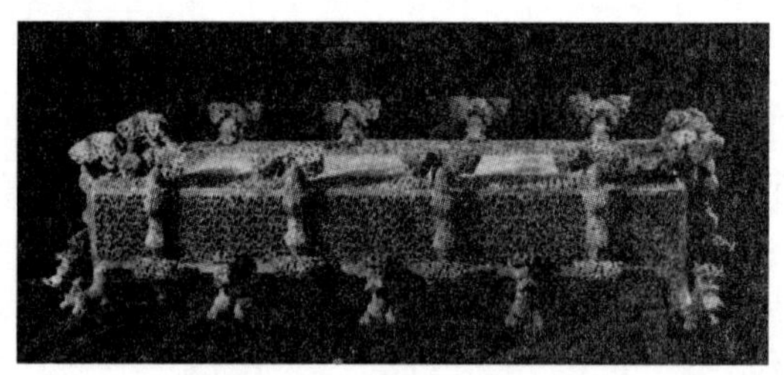

图 1－22　我国最早使用失蜡法铸造的器件——铜禁

用失蜡法铸出的铜器既无范痕，又无垫片的痕迹，用它铸造镂空的器物更佳。中国传统的熔模铸造技术对世界的冶金发展有很大的影响。现代工业的熔模精密铸造，就是从传统的失蜡法发展而来的。虽然无论在所用蜡料、制模、造型材料、工艺方法等方面，它们都有很大的不同，但是它们的工艺原理是一致的。

用蜡料制做模样时，熔模铸造又称“失蜡铸造”。熔模铸造通常是指用易熔材料制成模样，在模样表面包覆若干层耐火材料制成型壳，再将模样熔化排出型壳，从而获得无分型面的铸型，经高温焙烧后即可填砂浇注的铸造方案。由于模样广泛采用蜡质材料来制造，故常将熔模铸造称为“失蜡铸造”。

可用熔模铸造法生产的合金种类有碳素钢、合金钢、耐热合金、不锈钢、精密合金、永磁合金、轴承合金、铜合金、铝合金、钛合金和球墨铸铁等。

熔模铸件的形状一般都比较复杂，铸件上可铸出孔的最小直径可达 0.5 mm，铸件的最小壁厚为 0.3 mm。在生产中可将一些原来由几个零件组合而成的部件，通过改变零件的结构，设计成为整体零件而直接由熔模铸造铸出，以节省加工工时和金属材料的消耗，使零件结构更为合理。

熔模铸件的质量为几克到十几千克，一般不超过 25 kg，太重的铸件用熔模铸造法生产较为麻烦。

熔模铸造工艺过程较复杂，且不易控制，使用和消耗的材料较贵，故它适用于生产形状复杂、精度要求高或很难进行其他加工的小型零件，如涡轮发动机的叶片等。

熔模铸件尺寸精度较高，一般可达CT4～CT6(砂型铸造为CT10～CT13，压铸为CT5～CT7)，由于熔模铸造的工艺过程复杂，影响铸件尺寸精度的因素较多，例如模料的收缩、熔模的变形、型壳在加热和冷却过程中的线量变化、合金的收缩率以及在凝固过程中铸件的变形等，所以普通熔模铸件的尺寸精度虽然较高，但其一致性仍需提高(采用中、高温蜡料的铸件尺寸一致性要提高很多)。压制熔模时，采用型腔表面光洁度高的压型，因此，熔模的表面光洁度也比较高。此外，型壳由耐高温的特殊黏结剂和耐火材料配制成的耐火涂料涂挂在熔模上而制成，与熔融金属直接接触的型腔内表面光洁度高。因此，熔模铸件的表面光洁度比一般铸造件的高，可达 $Ra1.6$～$3.2\ \mu m$。

熔模铸造最大的优点是，由于熔模铸件有很高的尺寸精度和表面光洁度，因此可减少机械加工工作，只是在零件上要求较高的部位留少许加工余量即可，甚至某些铸件只留打磨、抛光余量，不必进行机械加工即可使用。由此可见，采用熔模铸造方法可大量节省机床设备和加工工时，大幅度节约金属原材料。

熔模铸造方法的另一优点是，它可以铸造各种合金的复杂铸件，尤其是可以铸造高温合金铸件。如喷气式发动机的叶片，其流线型外廓与冷却用内腔，用机械加工工艺几乎无法形成。用熔模铸造工艺生产不仅可以做到批量生产，保证了铸件的一致性，而且避免了机械加工后残留刀纹的应力集中。

制模。熔模铸造生产的第一个工序就是制造熔模，熔模是用来形成耐火型壳中型腔的模型，所以要获得尺寸精度和表面光洁度高的铸件，熔模本身就应该具有高的尺寸精度和表面光洁度。此外，熔模的性能还应尽可能使随后的制型壳等工序简单易行。为得到上述高质量要求的熔模，除了应有好的压型(压制熔模的模具)外，还必须选择合适的制模材料(简称“模料”)和合理的制模工艺。

模料。制模材料的性能不单应保证方便地制得尺寸精确和表面光洁度高、强度好、质量轻的熔模，还应为型壳的制造和获得良好铸件创造条件。模料一般用蜡料、天然树脂和塑料(合成树脂)配制。凡主要用蜡料配制的模料称为蜡基模料，它们的熔点较低，为60～70℃，凡主要用天然树脂配制的模料称为树脂基模料，熔点稍高，约70～120℃。

模料的配制。配制模料的目的是将组成模料的各种原材料混合成均匀的一体，并使模料的状态符合压制熔模的要求。配制时主要用加热的方法使各种原材料熔化混合成一体，然后在冷却情况下，将模料剧烈搅拌，使模料成为糊膏状态供压制熔模用，也有将模料熔化为液体直接浇注熔模的情况。

模料的回收。使用树脂基模料时，由于对熔模的质量要求高，因此大多用新材料配制模料压制铸件的熔模。脱模后回收的模料，在重熔过滤后用来制作浇冒口系统的熔模。

使用蜡基模料时，脱模后所得的模料可以回收，再用来制造新的熔模，但是在循环使用时，模料的性能会变差，脆性增大，灰分增多，流动性下降，收缩率增加，颜色由白变褐，这些主要与模料中硬脂酸的变质有关。因此，为了尽可能地恢复旧模料的原有性能，就要从旧模料中除去皂盐，常用的方法有盐酸(硫酸)处理法、活性白土处理法和电解回收法。

熔模的制造。生产中大多采用通过压力把糊状模料压入压型的方法制造熔模。压制熔模之前，需先在压型表面涂薄层分型剂，以便从压型中取出熔模。压制蜡基模料时，分型剂可为机油、松节油等；压制树脂基模料时，常用麻油和酒精的混合液或硅油作分型剂。分型剂层越薄越好，以使熔模能更好地复制压型的表面，提高熔模的表面光洁度。压制熔模的方法有三种——柱塞加压法、气压法和活塞加压法。

熔模的组装。熔模的组装是把形成铸件的熔模和形成浇冒口系统的熔模组合在一起，主要有两种方法。

1)焊接法。用薄片状的烙铁，将熔模的连接部位熔化，使熔模焊在一起，此法较普遍。

2)机械组装法。在大量生产小型熔模铸件时，国外已广泛采用机械组装法组合模组，采用此种模组可使模组组合效率大大提高，工作条件也得到了改善。

型壳制造。熔模铸造的铸型可分为实体型壳和多层型壳两种。

将模组浸涂耐火涂料后，撒上料状耐火材料，再经干燥、硬化，如此反复多次，使耐火涂挂层达到需要的厚度为止，这样便在模组上形成了多层型壳，通常将其停放一段时间，使其充分硬化，然后熔失模组，便得到多层型壳。

多层型壳有的需要装箱填砂，有的则不需要，经过焙烧后就可直接进行浇注。

在熔失熔模时，型壳会受到体积正在增大的熔融模料的压力；在焙烧和浇注时，型壳各部分会产生相互牵制而又不均的膨胀或收缩，金属还可能与型壳材料发生高温化学反应，因此对型壳有一定的性能要求，如：小的膨胀率和收缩率；高的机械强度、抗热震性、耐火度和高温下的化学稳定性；一定的透气性，以便浇注时型壳内的气体能顺利外逸。这些都与制造型壳时所采用的耐火材料、黏结剂以及工艺有关。

壳型材料。制造型壳用的材料可分为两种类型，一种是用来直接形成型壳的，如耐火材料、黏结剂等；另一类是为了获得优质的型壳，简化操作、改善工艺用的材料，如熔剂、硬化剂、表面活性剂等。

耐火材料。熔模铸造中所用的耐火材料主要为石英和刚玉，以及硅酸铝耐火材料，如耐火黏土、铝钒土、焦宝石等，有时也用锆英石、镁砂(MgO)等。

黏结剂。在熔模铸造中用得最普遍的黏结剂是硅酸胶体溶液(简称硅酸溶胶)，如硅酸乙酯水解液、水玻璃和硅溶胶等。组成它们的物质主要为硅酸(H_2SiO_3)和溶剂，有时也有稳定剂，如硅溶胶中的 NaOH。

硅酸乙酯水解液是硅酸乙酯经水解后所得的硅酸溶胶，是熔模铸造中用得最早、最普遍的黏结剂；水玻璃壳型易变形、开裂，用它浇注的铸件尺寸精度和表面光洁度都较差。但在我国，水玻璃仍被广泛应用于生产精度要求较高的碳素钢铸件和熔点较低的有色合金铸件。硅溶胶的稳定性好，可长期存放，制型壳时不需专门的硬化剂，但硅溶胶对熔模的润湿稍差，型壳硬化过程是一个干燥过程，需时较长。

制壳工艺。制壳过程中的主要工序和工艺如下：

1)模组的除油和脱脂。在采用蜡基模料制熔模时，为了提高涂料润湿模组表面的能力，需将模组表面的油污去除掉。

2)在模组上涂挂涂料和撒砂。涂挂涂料以前，应先把涂料搅拌均匀，尽可能减少涂料桶中耐火材料的沉淀，调整好涂料的黏度或比例，以使涂料能很好地充填和润湿熔模，挂涂料时，把模组浸泡在涂料中，左右上下晃动，使涂料能很好地润湿熔模，均匀覆盖模组表面。涂好涂料后，即可进行撒砂。

3)型壳干燥和硬化。每涂覆好一层型壳以后，就要对它进行干燥和硬化，使涂料中的黏结剂由溶胶向冻胶、凝胶转变，从而把耐火材料连在一起。

4)自型壳中熔失熔模。型壳完全硬化后,需从型壳中熔去模组,模组常用蜡基模料制成,所以也把此工序称为脱蜡。根据加热方法的不同,有很多脱蜡方法,用得较多的是热水法和同压蒸汽法。

5)焙烧型壳。如需造型(填砂)浇注,在焙烧之前,先将脱模后的型壳埋入箱内的砂粒之中,再装炉焙烧。如型壳高温强度大,不需造型浇注,则可把脱模后的型壳直接送入炉内焙烧。焙烧时逐步增加炉温,将型壳加热至 800～1 000℃,保温一段时间,即可进行浇注。

浇注。熔模铸造时常用的浇注方法有以下几种。

1)热型重力浇注方法。这是应用最广泛的一种浇注形式,即型壳从焙烧炉中取出后,在高温下进行浇注。此时金属在型壳中冷却较慢,能在流动性较好的情况下充填铸型,故铸件能很好地复制型腔的形状,其精度得以提高。但铸件在热型中缓慢冷却,会使晶粒粗大,这就降低了铸件的机械性能。在浇注碳钢铸件时,冷却较慢的铸件表面还易氧化和脱碳,从而降低了铸件的表面硬度、光洁度和尺寸精度。

2)真空吸气浇注。将型壳放在真空浇注箱中,型壳中的微小孔隙吸走型腔中的气体,使液态金属能更好地充填型腔,复制型腔的形状,提高铸件精度,防止气孔、浇不足等缺陷。该法已在国外应用。

3)压力下结晶。将型壳放在压力罐内进行浇注,结束后,立即封闭压力罐,向罐内通入高压空气或惰性气体,使铸件在压力下凝固,以增大铸件的致密度。在国外,使用该法的最大压力已达 150 个大气压。

4)定向结晶(定向凝固)。一些熔模铸件如涡轮机叶片、磁钢等,如果它们的结晶组织是按一定方向排列的柱状晶,其工作性能便可提高很多,因此熔模铸造定向结晶技术正迅速地得到发展。

熔模铸件清理的内容主要为:①从铸件上清除型壳;②自浇冒系统上取下铸件;③去除铸件上所黏附的型壳耐火材料;④铸件热处理后的清理,如除氧化皮、尽边和切割浇口残余等。

熔模铸造工艺设计的任务为:①分析铸件结构的工艺性;②选择合理的工艺方案,确定有关的铸造工艺参数;③设计浇冒系统,确定模组结构。

要注意的是,在考虑上述三方面问题时,主要的依据仍旧是一般铸造过程的基本原则,尤其是在确定工艺方案、工艺参数时(如铸造圆角、加工余量、工艺筋等),除了具体数据由于熔模铸造的工艺特点稍有不同之外,设计原则与砂型铸造完全相同。

熔模铸造是一种少切削或无切削的铸造工艺,在以前也被称为失蜡法铸造。采用熔模铸造工艺生产的铸件在尺寸精度、表面质量方面均比其他铸造方法生产的铸件要高;此外,熔模铸造法可完成一些复杂度高、不易加工的铸件生产,因此深受企业的喜爱。

在整个熔模铸造流程中,熔模铸造工艺设计是至关重要的环节之一,该环节技术难度系数大,对于整个熔模铸造工序具有非常重要的意义。

1.3 铸造设备、造型及辅助工具

1.3.1 铸造常用设备

铸造常用设备包括中频感应熔炼炉、冲天炉、混砂机等设备(辗轮式混砂机、筛沙机)。

(1)中频感应熔炼炉(铝合金熔炼设备)

感应炉是利用一定频率的交流电通过感应线圈,使炉内的金属炉料产生感应电动势,并形成蜗流,产生热量而使金属炉料熔化。根据所用电源频率不同,感应炉分为高频感应炉(10 000 Hz以上)、中频感应炉(1 000～2 500 Hz)和工频感应炉(50 Hz)几种。

1)中频感应炉的结构。图1-23是感应炉的结构示意图及小型中频感应炉成套设备,它由坩埚和围绕其外的感应线圈组成。小型的中频感应炉成套设备通过感应电源控制,不但可用于铝、锌、铜等合金的熔炼,而且常用于钢的熔炼。

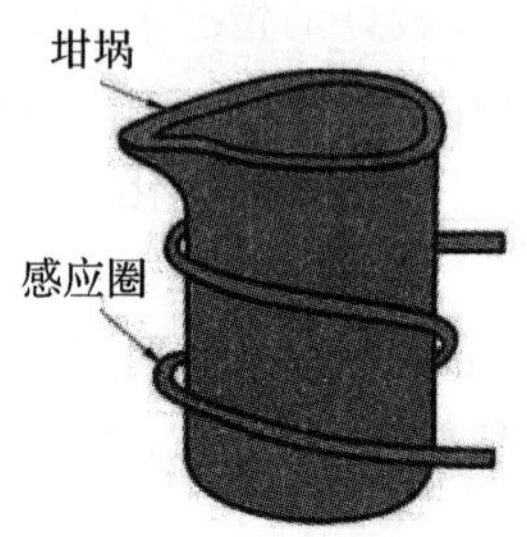

图1-23　感应炉结构示意图及小型中频感应炉成套设备

2)中频感应熔炼炉使用操作步骤:①开机,检查电源电压是否正常;②开启水泵检查冷却水路是否畅通无阻,有无漏水现象;③先调节功率电位器,推上“控制回路”开关,按闭合主电路开关,启动停机开关,打到开机位置,微微调节功率电位器,这时调节功率到所需范围即可正常使用;④停机时,启动停机开关,打到停机位置,再按主电路分开关;⑤做好各仪器的记录,发现异常应立即停机,检查后方可重新开机。

(2)冲天炉

铸造生产中,用得最多的合金是铸铁,铸铁通常用冲天炉来熔炼。

冲天炉的构造如图1-24所示,在冲天炉熔炼过程中,炉料从加料口加入,自上而下运动,被上升的高温炉气预热,温度升高,鼓风机鼓入炉内的空气使底焦燃烧,产生大量的热。当炉料下落到底焦顶面时,开始熔化。冲天炉内铸铁熔炼的过程并不是金属炉料简单重熔的过程,而是一系列物理、化学变化的复杂过程。

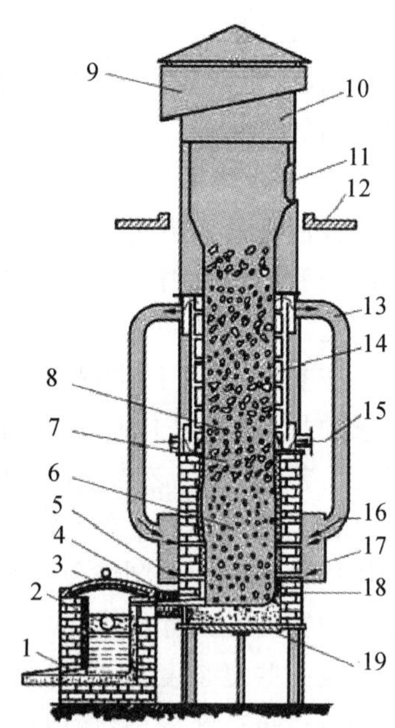

图1-24　冲天炉的构造

1—出铁口;2—出渣口;3—前炉;4—过桥;5—风口;6—底焦;7—金属料;8—层焦;9—火花罩;10—烟囱;11—加料口;12—加料台;13—热风管;14—热风胆;15—进风口;16—热风;17—风带;18—炉缸;19—炉底门

1.3.2 手工造型工具及辅助工具

砂型铸造的造型工具、修型工具如图1-25所示。

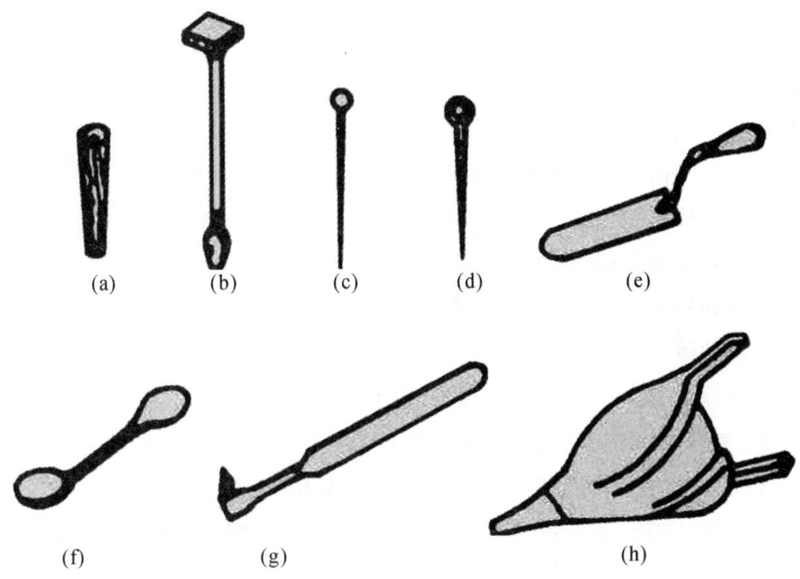

图1-25 造型工具、修型工具

(a)直浇道棒;(b)捣砂锤;(c)通气针;(d)起模针;(e)墁刀——修平面及挖沟槽;(f)秋叶——修凹的曲面;(g)砂勾——修深的底部或侧面及钩出砂型中散砂用;(h)皮老虎

此外,还有砂箱、底板、浇注工具(手提浇包、抬包、浇包)。图1-26所示是浇注工具。

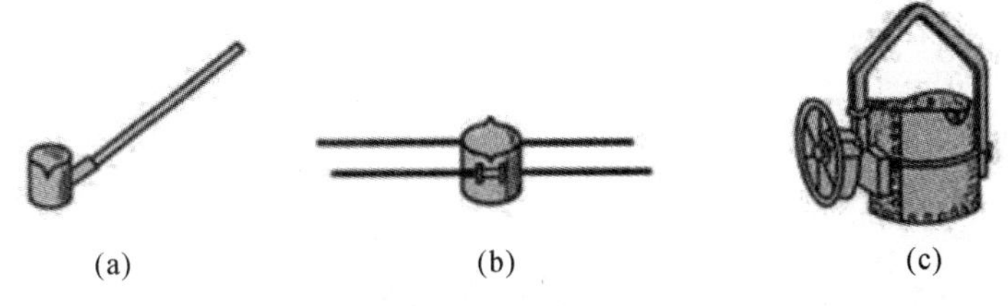

图1-31 浇注工具

(a)手提浇包;(b)抬包;(c)吊包

1.4 实习纲要

1.4.1 实习内容

1)铸造生产的基本概念、铸造特点、铸造方法及其应用。
2)砂型铸造的工艺过程。
3)模型结构特点及造型材料的主要成分、性能和组成。

4)铸造相关设备的操作方法；

5)熟悉铸工的安全操作规程；

6)练习简单件(三通、手轮等)的制芯和造型，完成浇注作业(小飞机)。

1.4.2 实习目的与要求

1)了解砂型铸造生产过程、特点和应用。

2)了解型(芯)砂的主要性能、组成。

3)了解模样、铸件和零件三者之间的关系。

4)了解铝合金的熔炼、浇注工艺。

5)了解中频感应熔炼炉的结构、工作原理。

6)了解冲天炉的构造、炉料的组成及其主要作用。

7)了解常见特种铸造的特点和应用。

8)了解新材料、新工艺、新技术在铸造方面的应用。

9)熟悉造型、制芯的方法，能正确选择、使用造型工装、工具与辅具，掌握手工两箱造型(如整模造型、分模造型、挖砂造型等)的特点及操作技能。

10)熟悉分型面的选择，浇注系统的组成、作用和开设原则，具备对结构简单的小型铸件进行简单经济分析、工艺分析和选择造型方法的能力。

11)独立完成简单件(三通、手轮等)的制芯和造型。

12)独立完成结构简单的小型铸件(如飞机模型)的造型、浇注、清理等操作。

1.4.3 实习材料、设备及工具

1)模型：手轮模型、皮带轮模型、轮模型、飞机模型。

2)工具：修型工具、锯弓、锉刀、砂纸、挂图。

3)黏土砂。

1.4.4 实习安排

实习安排列于铸工实习教学指导过程卡片，见表1-2。

1.4.5 安全操作规程

1)操作前必须穿戴好规定的劳保用品。

2)砂型排放整齐，并拧紧砂型的卡箱螺栓或用压铁压箱，以防浇注时跑火伤人。工具及剩余砂箱归放原处。

3)爱护模样，严禁踩、踏、乱放，工作完毕后统一保管。

4)未经许可不得动用车间一切水电及其他设备。

5)浇注前检查浇包是否完好，浇注系统是否畅通；浇注时通道不应有杂物挡道，更不能有积水。

6)停炉后不得立即关闭冷却水。

表1-2 铸工实习教学指导过程卡片

西北工业大学 工程实践训练中心			铸工实习教学指导过程卡片	共2页	第1页	训练类别：8周
				教学时间		2天
序号		教学形式	教学内容	教具设备	教学目的	课时/min
第一天上午	1	讲授示范	1）概述； 2）铸造特点、方法及应用； 3）模型结构特点及造型材料的主要成分、性能和组成； 4）示范挖砂造型方法及造型工艺操作程序	1）手轮模型； 2）修型工具； 3）黏结剂； 4）黏土砂； 5）挂图； 6）手轮造型示意图	1）了解铸造生产的特点及其应用； 2）了解型砂的主要成分，应具备的性能及其铸件的影响因素； 3）掌握挖砂造型的工艺方法及造型工艺程序； 4）正确使用装备、造型与修型工具； 5）安全操作规程	8:30~10:00 课间休息10 min
	2	学生练习	1）挖砂造型的特点及其应用； 2）分型面选择的基本原则		1）了解挖砂造型的特点及其应用； 2）会选择合理的挖砂和分型面	10:10~11:50 课间休息10 min
	3	工作收尾	收工具，整理场地，打扫地面卫生		养成良好的工作习惯	11:50~12:10
中午休息						12:10~14:00
第一天下午	1	学生练习	1）活砂造型的特点及其应用； 2）活砂造型的操作步骤	1）皮带轮模型 2）修型工具； 3）黏土砂； 4）挂图、皮带轮造型示意图	1）了解活砂造型的特点及其应用； 2）掌握活砂造型的操作方法； 3）掌握活砂造型、紧砂、取模方法	14:00~16:50 课间休息10 min
	2	工作收尾	收工具，整理场地，筛砂，打扫地面卫生	清洁工具	养成良好的工作习惯	17：00~17：30
	3	工作讲评	互动交流、答疑解惑			17：30~17：40

续表

西北工业大学 工程实践训练中心			铸工实习教学指导过程卡片	共2页	第2页	训练类别：8周
				教学时间		2天
序号		教学形式	教学内容	教具设备	教学目的	课时/min
第一天上午	1	教师讲授 学生练习	1）温习前一天所学的知识技能，熟悉挖砂造型操作方法； 2）讲解做“飞机”时的注意事项； 3）做“飞机”并且浇注	1）飞机模型； 2）修型工具； 3）工具； 4）黏土砂； 5）实习报告	1）了解挖砂造型的特点及其应用； 2）会选择合理的挖砂和分型面； 3）了解铝合金的熔炼方法	8:30~10:50 课间休息10 min
	2	实习报告	学生写实习报告		了解铸造基本知识	11:10~12:10
中午休息						12:10~14:00
第一天下午	1	学生练习	落砂、整理场地	1）锯弓； 2）锉刀； 3）砂纸	了解砂型铸造完整工艺过程	14:00~15:00
	2	学生练习	打磨		了解砂型铸造完整工艺过程	15:00~17:00 课间休息10 min
	3	成绩评定	将工件送测量室检测，并根据评分标准打分	工件成品		
	4	工作收尾	收工具，打扫地面卫生	清洁工具	养成良好的工作习惯	17：00~17：30
	5	工作讲评	互动交流、答疑解惑		增强学生对铸造的兴趣	17：30~17：40

第2章 锻　造

2.1 锻造概述

人类进步的历史，是材料的发展史。两千多年前，钢铁与陶瓷两大材料的发展程度决定了文明发展的先进程度，陶瓷提供了人们生活的基本容器保障，钢铁提供了军事实力与生产实力的基本保障。可以说，控制铁中含碳量是人类最重要的材料探究成就之一。

提到锻造，很多人第一时间想到了传统的流传了数千年的"打铁"，铁匠抡着锤子击打通红的铁块，击打成所需形状后放入水中"刺啦"一声完成"神兵利器"最终的处理，中国历史上不乏"神兵利器"的传说和辉煌：纯钧湛卢，折冲伐敌；干将莫邪，惊天动地；邓师宛冯，陆断马牛；龙渊太阿，水击鹄雁。这些伟大的名字都是中国剑中之瑰宝。如果从工艺的角度去思考，笔者不禁要问一系列问题：青铜剑为什么比铁剑出现得要早？你听过青铜剑，听过青铜刀吗？古代没有精确的温度控制，如何确定钢铁是否达到可锻造温度？钢铁的锻造有温度范围吗？不同钢材锻造温度范围相同吗？加热到通红是合适的温度吗？如果加热温度过高或过低会造成哪些危害？反复加热锻打只是为了它的形状吗？为什么会有"百炼成钢"这个词呢？锻打完直接丢水里"刺啦"是正确的吗？现代工业中锻造的重要性和所处环节是什么呢？请读者带着上述系列问题，深入了解锻造的整个过程。

直到20世纪，科学家才对钢有深入的了解，这的确很奇怪，因为锻造这门技术已经代代相传，延续了数千年。即使在19世纪，人类对天文、物理和化学已经有了深入的理解，工业革命以来，铸铁和炼钢的生产还是全凭经验，靠的是直觉、仔细观察和大量的运气。在石器时代，金属非常罕见，因此备受珍惜。铜和金是当时仅有的金属来源，因为地壳上只有这两种金属是自然存在的(其他都必须从矿石中提炼)，而且数量不算多。地壳上也有铁，但绝大部分来自天上的陨石。

没有金、铜和陨石铁，我们石器时代的老祖先就只能用燧石、木头和兽骨制作工具。使用过这些材料的人都知道，用它们做成的工具用途相当有限。木头一敲不是碎了、裂了，就是断成两截，石头和兽骨也不例外。

金属跟这些材料不相同，金属可以锻造——加热后会流动且有可塑性。不仅如此，金属还越敲越强韧，光靠打铁就能使刀刃更硬，而且只要把金属放入火中加热，就能反转整个过程，让金属变软。

一万年前最先发现这一点的人类，终于找到一种硬如岩石又像塑料般可以随意塑形，还能无限重复使用的材质。换句话说，他们找到了最适合制作工具的材料，尤其适合制作斧头、凿子和刀之类的切割用器具。

我们的老祖先一定觉得金属这种软硬自如的能力非常神奇。金属是由金属晶体组成的，即使是我们日常生活中常见的剃须刀，每片刀刃也平均含有几十亿个晶体，晶体里的原子都按特定方式堆积，形状接近完美的立体晶格。金属键把原子固定在相应位置上，使得晶体变得强韧，而剃须刀的刀刃变钝，是因为它在反复撞击毛发后，晶体的结构改变，金属键被打断或晶体发生了滑移，致使平滑的锋刃上出现小凹洞。

金属由晶体组成，这个想法可能很怪。因为提到晶体，我们通常会想到透明的多面体矿石，例如钻石或翡翠等。金属的晶体特质从表面看不到，因为金属不透明，而且晶体构造通常小到必须用显微镜才看得见。使用电子显微镜观察金属晶体，感觉就像看到铺得毫无章法的地砖，晶体内则是杂乱的线条，称为"位错"。位错是金属晶体内部的瑕疵，表示原子偏离了原本"完美"的构造，是不该存在的原子断裂。位错听起来很糟，但其实大有用处。金属之所以能成为制作工具、切割器和刀刃的好材料，就是因为位错，因为它能让金属改变形状。

不必用到锤子就能感受到位错的力量。当拗回形针时，就是把金属晶体弄弯，要是晶体不弯，回形针就会像木棍一样碎裂折断。金属的可塑性来自位错在晶体内的移动，位错会以超声速从晶体的一侧移向另一侧。换句话说，当拗弯回形针时，里面有将近 100 万亿个位错以每秒数千米的速度移动。虽然每个位错只移动一小块晶体(相当于一个原子面)，但已经足以让晶体成为超级可塑性的物质，而非易碎的岩石了。

金属的熔点代表晶体内金属键的度，也表示位错是否容易移动。铅的熔点不高，因此位错移动容易，使得铅非常柔软。铜的熔点较高，因此也较坚硬。加热会让位错移动，重新排列组合，让金属变软。

对史前人类来说，发现金属是划时代的一刻，但金属数量不多的基本问题仍没有解决；除非是等天上掉下更多陨石来，但这么做需要很有耐心。每年约有几公斤的陨石掉落地球，但大多数都落入了海中。后来有人发现了一件事，这个发现不仅终结了石器时代，更开启一扇大门，让人类获得了一样似乎永不匮竭的物质：他们发现有一种绿色石头，只要放进热焰里燃烧，就会得到发亮的金属。我们现在知道这种绿色石头是孔雀石，而发亮的金属当然就是铜。对我们的老祖先来说，这肯定是最神奇的发现，遍布四周的不再是毫无生气的岩石，而是拥有内在生命的神秘物质。

我们的老祖先只能对孔雀石等少数几种岩石施展这种"魔法"，因为要有效地把石头转变成金属，不仅得先认出正确的岩石，还要仔细控制它的化学状态，而某些石头无论加热到多高温度都还是顽石，丝毫没有转变。

我们的老祖先肯定还是觉得这些石头藏有神奇的奥秘。他们猜得没错。加热法适用于提炼许多矿物，只是那是几千年后的事了，在人类了解其中的化学原理，知道如何控制岩石和气体在火焰中进行的化学反应之后，熔融法才真正有了新的突破。

我们锻造实践课程中使用的是 45 钢，而我们的祖先花了几千年还是不了解钢。钢是加了碳的铁，比青铜还硬，而且成分一点也不稀有。几乎每块岩石都含铁，而炭更是生火的燃料。

我们的祖先不知道钢是合金，更不知道以木炭形式出现的碳，不只是加热和锻造铁的原料，还能嵌入铁晶体里。炭在加热黄铜时不会产生这种现象，加热锡和青铜时也不会，只有对铁会如此。我们的祖先一定觉得这种现象非常神秘，我们也是在学会了量子力学后，才明白背后的道理。碳原子并未取代晶格内的铁原子，而是挤在铁原子之间，把晶体拉长。

要是铁里掺了太多碳，例如比例达到 4%而非 1%，形成的钢就会极为易碎，根本无法用来制作工具和武器。含碳量高，铁加热太久甚至液化后，晶体内就会掺入大量的碳，形成易碎的合金，因此高碳钢制成的刀剑在战斗中很容易折断。

一直到 20 世纪，人类在彻底掌握合金形成的原理后，才明白为什么有些炼钢法行得通，有些行不通。过去人们只能靠着尝试错误，找出成功的炼钢法，然后代代相传，而且这些方法往往是行内机密。但这些不外传的方法实在太过复杂，因此就算遭到窃取，成功复制的概率也非常低。某些地区的冶金技术非常闻名，可以制造出高质量的钢，当地文明也因而发达。我国汉代实行盐铁专营，西汉中晚期，铁的生产量猛增，冶炼技术发展成熟，质量也显著提高。客观地说，铁在汉朝已经是关乎国家兴衰的重要产品，铁制兵器的大量制造和使用，尤其是以块炼铁、百炼钢工艺制作的汉剑以及环首刀的大量使用，更是支撑起西汉盛世的伟大力量，所以才会有西汉大将陈汤击败匈奴后脍炙人口的“明犯强汉者，虽远必诛”！

炼钢有如谜团难以把握，许多传奇因之而起。中国古代的各种神兵利器都有属于自己的故事，干将莫邪铸剑的故事大家都耳熟能详，莫邪将指甲和头发投入火炉，甚至最后投身入炉，终成干将莫邪两把宝剑，其中不乏蕴含着科学知识——生铁含碳量高，熔点低，钢含碳量低，熔点却高，纯铁的熔点达到 1 593℃，想要炼出含碳量更低的钢就需要更高的温度。古人冶炼金属，用的是炭，这种炭不能达到融化铁的温度，所以说铁便炼不出来，提高熔炉的温度后，导致铁的炼化。与此同时，在炉内温度气氛都达到一定平衡的时候，增大炉内压强，并提供 C 元素，间接满足了渗碳工艺的基本条件。

1. 全球锻造发展现状

从全球锻造行业来看，德国、美国、俄罗斯、日本、法国、英国和韩国等发达国家，在原材料、装备水平、锻造技术和工艺等方面均处于世界领先地位，依托高端的生产设备及先进的加工工艺，能够生产出大尺寸、高精度、高性能的产品，长期占据着全球主要的高端应用市场。近年来，随着中国、印度和巴西等发展中国家经济的发展，锻造装备水平有了很大提高，锻造能力稳步提升，在某些产品领域形成与发达国家竞争并取得优势的市场格局，但我国锻造行业在原材料、热处理工艺、锻造工艺优化等方面与发达国家仍存在一定差距，例如锻造行业的工艺数据库、材料数据库及软件开发仍与国外领先技术存在一定差距，基本处于空白，制约了我国锻造行业的快速发展。

从国内市场看，我国锻造企业数量众多，竞争比较激烈，大部分锻造企业主要从事普通碳钢、合金钢、不锈钢材料等锻件的生产，对高温合金、钛合金、铝合金、镁合金等特种合金材料的加工能力整体不足，产品技术含量及附加值相对较低，工艺水平相对落后。

2. 我国锻造发展现状

我国的现代锻造技术起步晚，但发展非常迅速。

进入“十三五”之后，随着全球经济的发展，尤其是互联网、数字化和信息化技术的发展，不仅产生了广阔的市场需求，也带来了锻造企业格局的大变化，特别是我国节能环保要求的日益深入，高端装备、新能源汽车、轨道交通装备等领域轻量化、高效化发展日新月异，锻造原材料从普通钢材向高强钢发展，从黑色金属向有色金属发展，锻造工艺技术取得很大进步。

锻造技术的发展与产品结构和材料密切相关，涉及工艺、模具、设备和原材料等多方面。相关领域、产业链上下游更加协调发展，促使锻造行业逐渐由大变强。

目前我国锻造行业在政策的推动和影响下，在锻造企业人工成本的增加以及招工难的双重压力作用下，各种规模的企业都在致力于自动化、数字化和信息化方面的建设。单机设备的自动化已经初见成效，整线自动化开始起步。依托工业和信息化部“智能制造综合标准化与新模式应用”专项的实施，国内锻造行业中的部分龙头企业建设了锻造“智能”制造工厂。

由于国家的重点工程对大型及高端锻件的需求，工程化得到充分实施，不但生产出国际一流产品，而且锻炼了队伍，尤其是重点人才的培养得到加强。例如，民用核电大型锻件、我国C919大飞机的起落架、承力框、燃气轮机涡轮盘锻件、快堆支撑环锻件、核电锻造泵壳的国产化等，展示了“十三五”期间锻造行业发展的实际水平。设备大型化、自动化、数字化和信息化充分得到发展，如大型电动螺旋压力机、大型热模锻压机、大型模锻液压机、大型摩擦压力机及大型辗（轧）环机、大型自由锻液压机数量不断增加，生产线周边配套装备的自动化程度明显上升。

实施锻造产业技术创新一体化发展战略，不仅要解决锻造行业的基础薄弱问题，还要布局未来重点研发内容，实现锻造产业向上突破。依据高端材料工艺技术研究，探索最佳产品成形工艺路线、最佳参数及工艺装备，制定材料标准及工艺技术标准，为产品设计及企业应用提供依据。通过定量化控制设备主要参数和产品工艺参数，并结合热加工过程的近净成形技术和热处理技术，提高了锻件材料利用率、尺寸控制精度以及探伤和性能一次合格率，缩短了锻件热加工周期，减少了热加工能耗等。充分利用信息化技术和模拟技术，实现了大数据统计技术在锻件产品制造过程中的推广应用，以及产品阶段性能的预测，实现了材料、工艺、设备、模具等高质量的提升。

2.2 锻造的概念

2.2.1 什么是锻造

近代以来，锻造的概念早已脱离狭义的“打铁”，广义的锻造是指一种利用锻压机械对金属坯料施加压力，使其产生塑性变形以获得具有一定机械性能、一定形状和尺寸锻件的加工方法。

锻造过程属于金属的塑性变形。金属的塑性变形是利用金属材料所具有的塑性，在外力作用下使金属坯料产生塑性变形，获得具有所需尺寸、形状和机械性能的毛坯或零件的成形工艺方法。由于外力在多数情况下是以压力的形式出现的，因此也被称为金属的压力加工。

2.2.2　为什么要锻造

锻造的目的是获得具有一定机械性能、一定形状和尺寸的锻件。通过锻造，能消除金属在冶炼过程中产生的铸态疏松等缺陷，优化微观组织结构，同时由于保存了完整的金属流线，锻件的机械性能一般优于同样材料的铸件。在相关机械中负载高、工作条件严峻的重要零件，除形状较简单的可用轧制的板材、型材或焊接件外，多采用锻件。

1)获得一定的尺寸、形状。用于锻造的金属必须有良好的塑性，以便在锻造时容易产生永久变形而不破裂。钢、铜、铝及其合金大多具有良好的塑性，铸铁的塑性很差，在外力作用下极易破裂，因此不能进行锻造。

2)细化晶粒组织。图 2-1 所示为锻造细化了的金属材料晶粒，晶粒间靠晶界连结，晶界越多，金属结合得就越牢固。金属经过锻造，粗大的铸造晶粒变为较细小的锻造晶粒，增加了晶界数量，提高了金属的强度、硬度，也改善了金属的机械性能。晶粒越细，晶界面积越大，根据霍尔-佩奇公式 $\sigma_s=\sigma_0+kd^{-1/2}$，晶粒的平均直径 d 越小，材料的屈服强度 σ_s 越高。

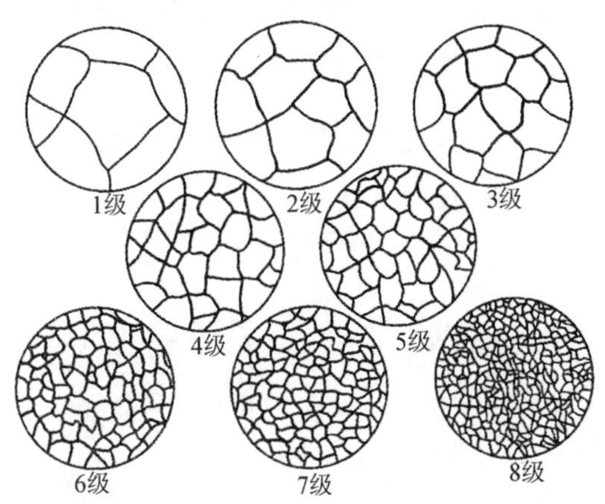

图 2-1　锻造细化了的金属材料晶粒

3)均匀组织、改善偏析。钢锭的偏析使其各部位性能不同，严重影响了金属的使用性能，通过锻造能将偏析部分或全部消除，减少偏析的区域，降低偏析对金属机械性能的影响，钢的偏析组织如图 2-2 所示。

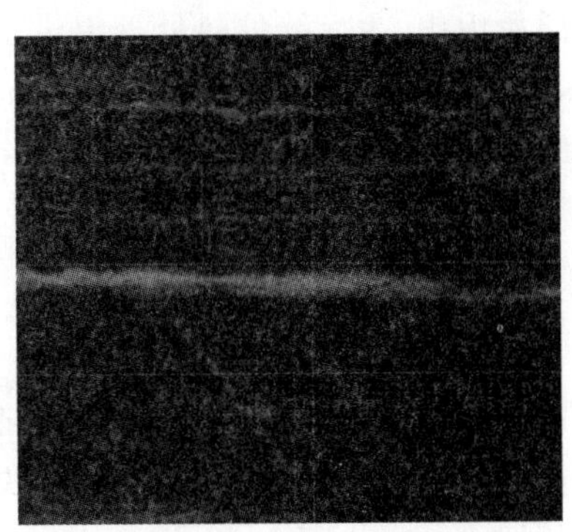

图 2-2　钢中的偏析组织

4)锻合内部缺陷。通过锻造,能将金属内部的疏松压实,将气孔锻合,提高金属的强度、硬度和韧性,延长金属的使用寿命。

5)改变夹杂形态。图 2-3 显示出钢中的夹杂形态,金属内部的夹杂被视为裂纹源,影响了金属的机械性能和使用寿命。通过锻造,能使颗粒状的夹杂变成条状或线状的,以减小内应力,从而减轻其对金属机械性能的影响。

图 2-3　钢中的夹杂形态

6)形成合理分布的金属流线。这是指在锻造时,金属的脆性杂质被打碎 ,顺着金属主要伸长方向呈碎粒状或链状分布。沿着流线方向（纵向)抗拉强度较高 ,使锻件中的流线组织连续分布,如图 2-4 所示。

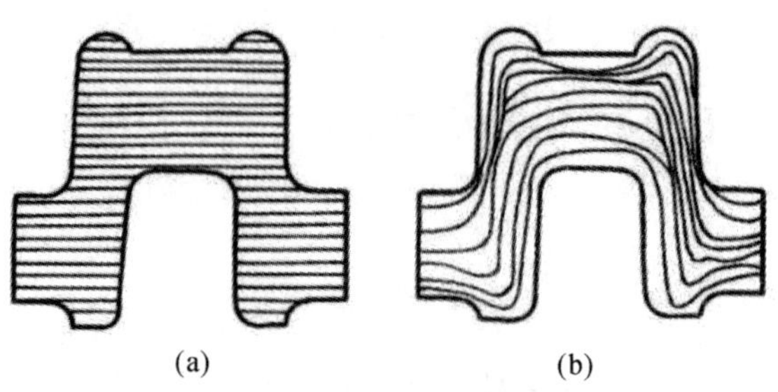

图 2-4　锻造使流线组织连续分布

(a)流线被切断;(b)流线沿曲轴外形连续分布

7)锻造为机械加工提供了原始组织,为后续的热处理提供了组织前提。毛坯件到成品须经过以下过程:毛坯件→锻造→锻后冷却→预备热处理→切削加工(机加工)→最终热处理→磨削加工(精加工)→表面处理→成品。

2.3　锻造的分类

通常我们以温度及工艺两种方式对锻造进行分类。根据锻造的温度将其分为冷锻、温锻、热锻。按照工艺方法及所用设备的不同将锻造分为自由锻、模块锻造、碾环和特种锻造(包括辊锻、楔横轧、径向锻造、液态模锻等)。

2.3.1　热锻、温锻与冷锻

钢材热锻、温锻和冷锻的比较见表 2－1。

表 2－1　钢材温锻、冷锻和热锻的比较

项　目	变形方法		
	热　锻	温　锻	冷　锻
变形温度范围/℃	850～1 200	200～850	室温
产品精度/mm	±0.5	±0.5～0.25	±0.03～0.25
产品组织	晶粒粗大	晶粒细化	晶粒细化
产品表面质量	严重氧化、脱碳	少、无氧化、脱碳	无氧化、脱碳
工序数量	少	比冷锻少	多
能量消耗	大	少	少
劳动条件	差	较好	好
塑性变形程度	大	一般	小

(1)热锻

在金属再结晶温度以上进行的锻造工艺称为热锻。热锻又称热模锻，锻造时变形金属流动剧烈，锻件与模具接触时间较长。因此要求模具材料具有高的热稳定性、高温强度和硬度、冲击韧性、耐热疲劳性和耐磨性且便于加工。较轻工作负荷的热锻模可用低合金钢来制造。

金属毛坯锻前加热的目的是提高金属塑性、降低变形抗力、使之易于流动成形并获得良好的锻后组织。故锻前加热对提高锻造生产率、保证锻件质量以及节约能源消耗等都有直接影响。按所采用的热源不同，金属毛坯的加热方法可分为火焰加热与电加热两大类。

热锻是在一定的温度范围内进行的。钢的锻造温度范围是指开始锻造温度(始锻温度)与结束锻造温度(终锻温度)之间的一段温度区间。

确定锻造温度范围的基本原则是：保证钢有较高的塑性、较低的变形抗力，以得到高质量锻件，同时锻造温度范围应尽可能宽些，以便减少加热次数，提高锻造生产率。

确定锻造温度范围的基本方法是：以钢的平衡图为基础，再参考钢的塑性图、抗力图和再结晶图，对塑性、质量和变形抗力三方面加以综合分析，从而确定出始锻温度和终锻温度。

一般，碳钢的锻造温度范围根据铁-碳平衡图便可直接确定。对于多数合金结构钢的锻造温度范围，可以参照含碳量相同的碳钢来考虑。但对塑性较低的高合金钢以及不发生相变的钢种(如奥氏体钢、纯铁体钢)，必须通过试验才能得出合理的锻造温度范围。

确定钢的始锻温度，首先必须保证钢无过烧现象。因此对碳钢来讲，始锻温度应低于铁-碳平衡图的始熔线 150～250℃，如图 2－5 所示。此外，应考虑毛坯组织、锻造方式和变形工艺等因素。

在确定终锻温度时，既要保证钢在终锻前具有足够的塑性，又要使锻件能够获得良好的组织性能。因此，钢的终锻温度应高于再结晶温度，以保证锻后再结晶完全，使锻件得到细晶粒组织。

就碳钢而言，终锻温度不能低于铁-碳平衡图的 A_1 线。否则，塑性显著降低，变形抗力增大，加工硬化现象严重，容易产生锻造裂纹。

对于亚共析钢，终锻温度应在 A_3 线以上 15～50℃，由于位于单相奥氏体区，因此组织均一而塑性良好，但是对低碳钢(含碳量小于 0.3%)，终锻温度可以降到 A_3 线以下，虽然处于 $(\gamma+\alpha)$ 双相区，但仍具有足够的塑性，变形抗力也不太高，并且还扩大了锻造温度范围。

对于过共析钢，终锻温度应在 A_{cm} 线以下，A_1 线以上 50～100℃。这是因为，若终锻温度选在 A_{cm} 线以上，则会在锻后的冷却过程中，沿着晶界析出二次网状渗碳体，使锻件的力学性能大为降低。如在 A_{cm} 线与 A_1 线之间锻造，塑性变形的机械破碎作用可使析出的二次渗碳体呈弥散状。

还须指出，钢的终锻温度与钢的组织、锻造工序和后续工序等有关。对于无相变的钢种，由于不能用热处理方法细化晶粒，因此只有依靠锻造来控制晶粒度。为了使锻件获得细小晶粒，这类钢的终锻温度一般偏低。当锻后立即进行锻件余热热处理时，终锻温度应满足余热热处理的要求。

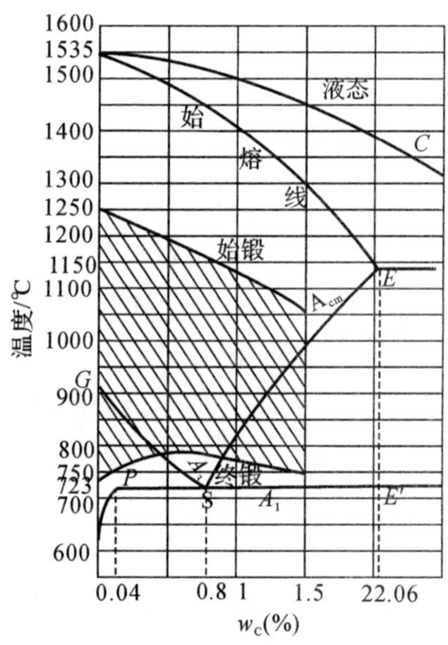

图 2-5　钢的锻造温度范围

(2)温锻

温锻是将模具加热至金属的锻造温度进行的模锻。可充分利用金属的塑性降低变形抗力，可用较小吨位的设备进行锻造，使形状复杂的工件成形。温锻多用于模锻时难变形的、变形温度范围狭窄的铝合金、钛合金及其他高温合金锻件的加工。温锻是将金属加热到回复温度或再结晶温度附近进行的锻造工艺。温锻变形时加工硬化有不同程度的降低，因而锻造变形力比冷锻低，但大于热锻。锻件的精度、表面粗糙度、表面氧化、脱碳程度和力学性能则优于热锻件，与冷锻件相近。温锻还可锻造冷锻加工难以成形的高碳钢与高合金钢材料。

一般而言，对于形状不太复杂的低碳、低合金钢小型精密模锻件，采用冷锻工艺就可以成形；对于形状复杂的中小型中碳钢精密模锻件，冷锻方法难以解决其成形问题，或单纯采用冷锻工艺成本偏高，则可采用温锻成形。

钢的再结晶温度大约为750℃，在700℃以上进行锻造时，由于变形能可得到动态释放，成形阻力急剧减小；在700～850℃锻造时，锻件氧化皮较少，表面脱碳现象较轻微，锻件尺寸变化较小；在950℃以上锻造时，虽然成形力更小，但锻件氧化皮和表面脱碳现象严重，锻件尺寸变化较大。因此，在700～850℃的范围内锻造可得到质量和精度都比较好的锻件。

温锻指对于钢质锻件，在结晶温度以下且高于常温的锻造。采用温锻工艺的目的是获得精密锻件。通过温锻可以提高锻件的精度和质量，同时又没有冷锻那样大的成形力。温锻工艺的应用与锻件材料、锻件尺寸、锻件复杂程度有密切的关系。

温锻是在冷锻基础上发展起来的一种少切削或无切削塑性成形工艺。它的变形温度通常认为是在室温以上、再结晶温度以下的范围内，黑色金属一般是200～850℃，有色金属一般是室温以上到350℃以下。

温锻成形在一定程度上兼具冷锻与热锻的优点。温锻是由于金属被加热，坯料的变形力比冷锻小，成形比冷锻容易，因此可以采用比冷锻大的变形量，从而减少工序数目、模具费用和设备质量，模具寿命也比冷锻高。与热锻相比，温锻加热温度低，氧化和脱碳减轻，锻件尺寸公差等级较高，表面粗糙度较低。

选择温锻温度时，一般应考虑以下影响因素。

1）温度对材料流动应力和塑性的影响。一般都选择流动应力较小的温度或者越过较大流动应力的温度。对有蓝脆温度区的金属，选择温锻温度时应避免该温度范围。

2）钢的强烈氧化问题。一般钢在高于800℃以上时氧化现象加剧，因此温锻温度应低于800℃，可以采用快速加热或者在毛坯表面涂固体润滑剂等措施，以防止毛坯加热时的氧化。

3）温锻温度对产品性能的影响。随温锻温度的升高，产品的韧性和塑性增加，强度下降。而在一定的温度下，随着变形程度的增加，产品的强度增加、塑性降低。在200～400℃时，温挤压产品的力学性能与同等变形程度时的冷挤压产品相近，而在400～800℃时，温挤压产品的力学性能为退火产品的1.1～1.5倍。

（3）冷锻

冷锻是冷模锻、冷挤压、冷镦等塑性加工的统称，又叫作冷体积成形，是对物料再结晶温度以下的成形加工，是在回复温度以下进行的锻造，见表2-2。冷锻工艺由材料、模具、设备三要素构成，只是冲压加工中的材料主要是板材，而冷锻加工中的材料主要为圆盘或线材。生产中习惯把不加热毛坯的锻造称为冷锻。冷锻材料大都是室温下变形抗力较小、塑性较好的铝及部分合金、铜及部分合金、低碳钢、中碳钢、低合金结构钢。冷锻件表面质量好，尺寸精度高，能代替一些切削加工。冷锻能使金属强化，提高零件的强度。

表2-2 常见金属材料最低再结晶温度

金 属	最低再结晶温度/℃	金属	最低再结晶温度/℃
铁（Fe）和铜（Cu）	360～450	锡（Sn）	0
铜（Cu）	200～270	铅（Pb）	0
铝（Al）	100～150	钨（W）	1 200

各种金属材料的可再结晶温度有所不同，通常 $T_{再}=(0.3\sim0.5)T_{熔}$。

我们耳熟能详的章丘铁锅，因《舌尖上的中国》成为了铁锅界的网红，即采用中国传统的热锻加冷锻工艺，经过 12 道工序，7 道冷锻，5 道热锻，大大小小十几种铁锤工具，1 000 ℃以上高温冶炼，30 000 多次锤锻打，具有超高密度，无涂层不易粘锅，炒菜香，炒菜时能减少油的渗入，节省油量的同时，清洗更加方便。其工艺流程如图 2-6 所示。

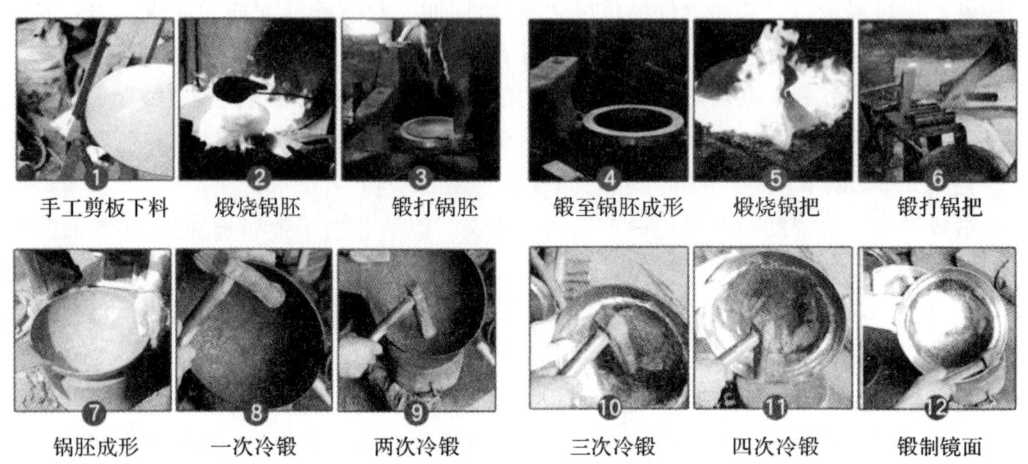

图 2-6　章丘铁锅的制作结合了热锻及冷锻

2.3.2　自由锻、模锻、碾环与特殊锻造

(1)自由锻

自由锻是利用冲击力或压力使金属在上下砧面间各个方向自由变形，不受任何限制而获得所需形状及尺寸和一定机械性能的锻件的加工方法。西北工业大学工程实践训练中心也配备了 750 kg 空气锤与水压机，如图 2-7 和图 2-8 所示。

图 2-7　空气锤

图 2-8　水压机

在金工实习中所采用的是65 kg空气锤，如图2-9所示，通常空气锤由锤身、传动部分、落下部分、操纵配气机构及砧座等几个部分构成，以其落下部分即锤头的总质量(包括工作活塞、锤杆和锤头)来表示其规格。空气锤是压缩空气做功，锻锤产生的冲击力(N)与落下部分质量(kg)在数值上的比值可达到1 000倍。

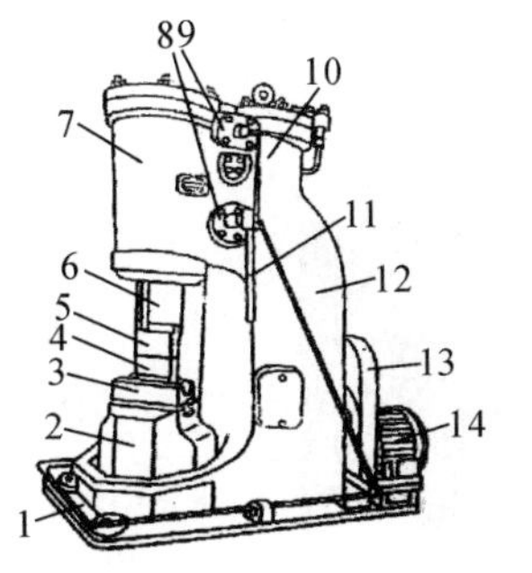

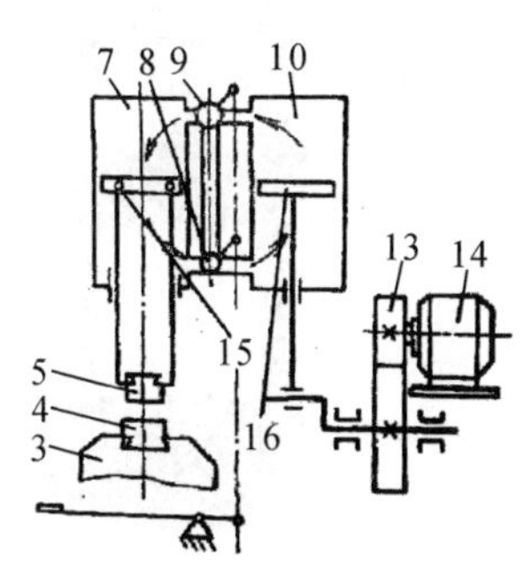

图2-9 西北工业大学工程实践训练中心65 kg空气锤及其结构

1—踏杆；2—砧座；3—砧垫；4—下砧；5—上砧；6—锤头；7—工作缸；8—下旋阀；9—上旋阀；10—压缩缸；11—手柄 12—锤身；13—减速机构；14—电动机；15—工作活塞；16—压缩活塞

落下部分质量不同，其锻造能力也不同，常见空气锤锻造能力见表2-3。

表2-3 常见空气锤锻造能力

型号		C41-65	C41-75	C41-150	C41-200	C41-250	C41-400	C41-560	C41-750
落下部分质量/kg		65	75	150	200	250	400	560	750
能锻工件尺寸/mm	方截面	65	—	130	150	—	200	270	270
	圆截面	85	85	145	170	175	220	280	300
能锻工件质量/kg	最大	2	2	4	7	8	18	30	40
	平均	0.5	0.5	1.5	2	2.5	6	9	12

水压机常用于生产大型自由锻件，根据帕斯卡液体静压，使用静压力使金属塑性变形，结构由本体和附属设备构成，如图2-10所示。

水压机的规格是以静压力的大小来表示的，常用的为800～125 000 kN。水压机的优点：①工作无振动，无需大而复杂的地基，声音小，劳动条件好；②静压力时间长，能将锻件锻透；③不会受到锻锤行程大小的影响；④锻锤打击能量大部分传到地基和地面，因此水压机效率高；⑤锻件变形速度慢，有利于金属再结晶，尤其适合高合金钢。

(2)模锻

模锻指在专用模锻设备上利用模具使毛坯成形而获得锻件的锻造方法。用此方法生产的锻件尺寸精确，加工余量较小，结构也比较复杂，生产率高。

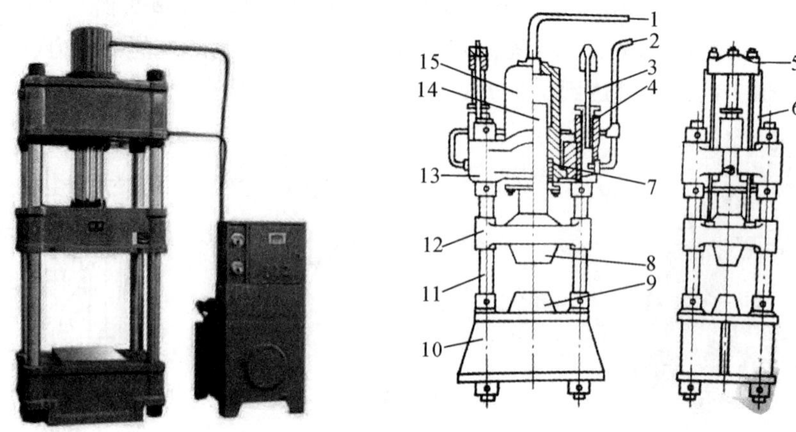

图 2-10　小型水压机及其结构

1、2—导管；3—回程柱塞；4—回程缸；5—回程横梁；6—回程拉杆；7—密封圈；
8—上砧铁；9—下砧铁；10—下横梁；11—立柱；12—活动横梁；13—上横梁；14—工作活塞；15—工作缸

设备分类：①锤上模锻（蒸汽空气模锻锤、无砧座锤）；②压力机上模锻（曲柄压力机、平锻机、摩擦压力机）。

常见的模锻锻造方法见表 2-4。

表 2-4　不同锻造方法特点对比

锻造方法	锻造力性质	设备费用	工模具特点	锻件精度	生产率	劳动条件	锻件尺寸形状特征	适用批量
锤上模锻	冲击力	较高	整体式模具，无导向及顶出装置	较高	较高	差	各种形状的中小件	大中批量
曲柄压力机上模锻	压力	高	装配式模具，有导向及顶出装置	高	高	较好	各种形状的中小件，杆类零件不能拔长滚挤	大批量
平锻机上模锻	压力	高	装配式模具，由一个凸模具和两个凹模具组成，两个分模面	高	高	较好	有头的杆件及有空件	大批量
摩擦压力机上模锻	介于冲击力与压力之间	较低	单模腔模具，下模常有顶出装置	高	较高	较好	各种形状的小锻件	中等批量

1)摩擦压力机。摩擦压力机是一种功能全面的压力加工机器,应用较为广泛,在压力加工的多个行业中都能使用。在机械制造工业中,摩擦压力机的应用更为广泛,可用来完成模锻、镦锻、弯曲、校正、精压等工作,有的无飞边锻造也用这种压力机来完成。摩擦压力机的能量是以行程终了所产生的压力来表示的。通过两个纵向摩擦盘与横向摩擦盘的选择性摩擦提供冲击力。图2-11为摩擦压力机及其结构。

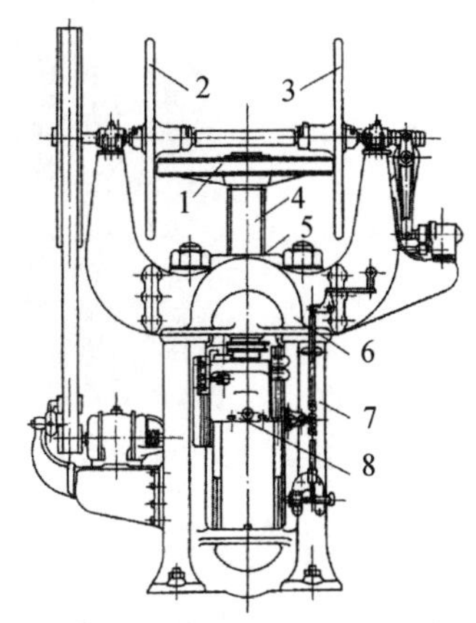

图2-11　西北工业大学300 t摩擦压力机及其结构

1—飞轮;2-摩擦盘;3—摩擦盘;4—螺杆;

5—螺母;6—上横梁;7—床身;8—滑块

西北工业大学所用的摩擦压力机在某些领域依然扮演着重要角色。图2-12所示为铜铝过渡电连接线夹,它是承担着国家重点工程供电网的电能传输重任的有色金属关键连接件,是国家电网、高铁、地铁供电系统中电能传输的必要连接锻件,从某种意义上说,攻克这一系列锻件的技术难题,确保了我国高压、特高压电路及安全传输。

图2-12　铜铝过渡电连接线夹模锻前(左上、中)、模锻后(左下)及其在高铁上的应用

正如攻克这项技术难题的任旭光先生所言:"我只不过是一位从事铁路电气化多年的研究工作者,喜欢搞一些小科研工作,真正想解决一点实际问题,我非常荣幸,能担负着国家重点工程供电网的电能传输有色金属的关键连接件生产供货。"图2-13为西北工业大学学生采用摩擦压力机制作铜铝过渡电连接线夹。

图 2－13　学生在金工实习中将实践与生产相结合

2)大型模锻压机。大型模锻压机对一个国家的工业来说，称得上是“国宝级战略装备”。大型模锻压机是指压力为 4 万吨级以上的模锻压机，它是衡量一个国家工业实力的重要标志。迄今为止，仅有中国、美国、俄罗斯、法国 4 个国家有类似设备，俄罗斯的为 7.5 万吨，而中国的达 8 万吨。

图 2－14 所示为中国第二重型机械集团公司(简称“二重”)自主设计、自主制造、自主安装的 8 万吨大型模锻压机，其将彻底改变中国大型模锻件长期依赖进口、受制于人的被动局面，对实现大型模锻产品的自主保障具有重要的意义。

大型模锻压机主要用于铝合金、钛合金、高温合金、粉末合金等难变形材料的热模锻和等温超塑性成形。其锻造特点是可通过大的压力、长的保压时间、慢的变形速度来改善变形材料的致密度，通过细化材料晶粒来提高锻件的综合性能，以提高整个锻件的变形均匀性，使难变形材料和复杂结构锻件通过等温锻造和超塑性变形来满足设计要求，可节约材料 40%，以达到机加工量少或近净成形目标。

图 2－14　我国目前最大的 8 万吨大型模锻压机

8 万吨大型模锻压机总高约 42 m，总重约 22 000 t，可在 800 MN 压力以内任意吨位无级实施锻造，最大模锻压制力可达 1 000 MN，同步精度高，抗偏载能力强，可实现无级调压、调速。

2015 年 11 月 2 日，中国大客机 C919 正式下线，未来还要研制更大的 C929 客机，而打造这些大型飞机就要靠模锻压机。在飞机起飞和降落过程中，起落架是承载冲击力最大的部件。不同于以前锻件生产的千锤百炼，整个过程 3.5 min，锻压成形只需要几秒，一个用于 C919 飞机起落架的，宽 1.2 m、高 2.8 m、重达 1.6 t 的大型重要锻件——主起外筒就诞生了，如图 2-15 所示。主起外筒再和另外锻造的 1.5 m 长、1.4 m 宽、重达 700 多千克的主起活塞杆连接，就基本构成了一个完整的 C919 起落架。

主起外筒是 C919 大飞机上最大、最复杂的关键承力锻件，二重万航研制团队始终秉承着“锻造航空精品”的核心理念，经过六年如一日的不懈努力，终于在 2018 年 8 月取得阶段性成功，同时也标志着 C919 大飞机主起落架关键锻件全部实现国产化，让大飞机拥有了中国造的强健“双脚”，如图 2-15 所示。

图 2-15 飞机的主起外筒

与大型模锻压机配套的又一大国重器——大型锻造操作机的问世，打破了国外的封锁，我国战机和军舰的建造就靠它，如图 2-16 所示。

图 2-16 我国研制出的全世界最大的锻造操作机

大型部件必须用配套操作机才能操作，如航空发动机、舰用燃气轮机、船用曲轴、大飞机起落架、机体承重框、飞机大梁、大型火箭锻环、火箭发动机锻件等。大型锻造设备的设计制造技术一直被国外封锁，虽然对于大型模锻压机，我国早些时候就已经取得了巨大进展，但是与之配套的大型锻造操作机在前不久才刚刚问世。历经 7 年的研制，2018 年，我国终于打破了国外的封锁，拥有了完善的大型锻造设备。

该操作机长、宽、高分别为 25 m、10.9 m、8.6 m，质量约 1 160 t，满负荷工作时移动质量约 1 500 t。目前国际上锻造操作机最大可夹持 250 t 重物，而该操作机可夹持 300 t 重物。

(3)碾环

辗环主要用于生产环形件。与锻造成形相比，辗环工艺有较大的经济技术优越性，主要表现在，需要的设备吨位小，由旋转模对毛坯局部连续施压成形，与模锻的整体加压成形相比，工具与工件接触面积小，变形力小，选用小吨位的设备就可以制造较大的环件，扩大了环件成形的范围。

目前辗环工艺的应用比较广泛，如火车轮毂、轴承内外套圈、齿轮圈、衬套、法兰、起重机旋转轮圈及各种加强环等。加工的零件尺寸和质量范围都比较大：直径为 400～10 000 mm，高度为 10～1 000 mm，质量为 0.2～82 000 kg，具有多种形状的截面。环件的材料通常为碳钢、合金钢、铝合金、铜合金、钛合金、钴合金、镍基合金等，常见的环件轧制产品有火车轮毂、轴承环、齿轮环、衬套、法兰、燃气轮机环、起重机旋转轮环、核反应堆容器环及各种加强环等。

(4)特种锻造

1)回转塑性成形类：辊锻、楔形模横轧、螺旋孔型斜轧、径向锻造、摆动辗压等。

2)直线加载类：等温锻造、超塑性成形、多向模锻、分模模锻、半固态成形等。

2.4 锻造的工艺过程

锻造的工艺过程一般包括下料、加热、锻造成形、冷却、检验和热处理。不同的锻造方法有不同的流程，其中以热模锻的工艺流程最长，一般顺序为锻坯下料、锻坯加热、辊锻备坯(模锻成形、切边、冲孔、矫正、中间检验(检验锻件的尺寸和表面缺陷)、锻件热处理(用以消除锻造应力，改善金属切削性能)、清理(主要是去除表面氧化皮)、矫正、检查(一般锻件要经过外观和硬度检查，重要锻件还要经过化学成分分析、机械性能、残余应力等检验和无损探伤)。

2.4.1 下料

下料是锻造前的准备工序，是根据图纸计算出来需要多少原材料后，通过锯床等分割手段，把大块的连铸坯或者钢锭分割成所需要的小块原料的一道工序。

通常的下料方法有剪切、冷折、锯切、车削、砂轮切割、剁断等。各种下料方法都有各自特点，根据材料的性质、尺寸、批量和对下料质量的要求而定，其毛坯质量、材料利用率、加工效率不同，因此要根据以上条件选择锻件产品适合的下料方法。

(1)剪切下料法

剪切下料的优点是生产效率高、操作简单，断口无金属耗损，工具简单，模具费用低，适用于成批大量生产，被普遍采用。

剪切过程是，通过上下两刀片给坯料作用以一定压力，在坯料内产生弯曲和拉伸变形，当应力超过材料的剪切强度时会发生断裂。

(2)锯切下料法

在生产加工前要对原材料进行下料。锯切能切断横断面较大的坯料，虽然生产率较低，锯口耗损大，但因为它下料精确，切口平整，特别是用在精锻工艺上，所以是一种主要的下料方法。常用的下料锯床有圆盘、带锯和弓形锯等。

1）圆盘锯的锯切厚度一般为 3～8 mm，锯耗损较大，且锯切速度较低，圆周速度为 0.5～1.0 m/s，比普通切削加工速度低，故生产率较低。锯切直径可达 750 mm。

2）带锯有立式、卧式、可斜立式等，其生产率是普通圆锯床的 1.5～2 倍，切口耗损为 2～2.2 mm，主要用于锯切直径 350 mm 以内的棒料。

3）弓形锯是一种往复锯床，由弓臂及可以获得往复运动的连杆机构等组成，一般用来锯切直径为 100 mm 以内的棒料。对端面质量、长度精度要求高的钢材下料，也采用锯切下料。

金属可以在热态下或冷态下锯切。锻造生产中大都采用冷态锯切，只有轧钢厂才采用热态锯切。

（3）砂轮片切割法

砂轮片切割法适用于切割小截面棒料、管料的异形截面材料，以及其他下料方法难于切割的金属，如高温合金 GH33、GH37 等。其优点是设备简单，操作方便，下料长度准确，端面质量较好，生产率高于锯片小料而低于剪切冷折下料，但砂轮片耗量大，且易碎，噪声大。

（4）折断法（又称冷折法）

折断法的工作原理是：先在待折断处开一小缺口，在压力 F 作用下，在缺口处产生应力集中使坯料折断。其原因是，当毛坯内的平均应力达到屈服极限时，缺口处的局部应力早已超过强度极限，因此毛坯来不及发生塑性变形就已断裂。

（5）电火花切割

电火花切割的工作原理为：直流电机通过电阻 R 和电容 C，使毛坯接正极，锯片接负极，在电解液中切割，产生电火花的脉冲电流强度很大，达到数百或数千安培；脉冲功率达到数万瓦，而切割处的接触面积又很小，因此电流密度可能高达数十万 A/mm^2。这使毛坯上局部温度很高，约为 10 000 ℃，促使金属熔化，实现下料。

其他下料方法还有摩擦锯切法、电机械锯割法、阳极机械切割法、电火花切割法、精密下料方法等。

2.4.2　加热

除了少数具有良好塑性的金属可以在常温下锻造之外，大多数金属都须加热后才能锻造成形。锻造前加热的作用：①降低变形抗力，提高塑性；②均匀内部组织；③以较小的锻造力获得较大的塑性变形且不发生断裂。那么不同材料加热到什么温度合适呢？加热的温度过高或者过低会怎样呢？这就需要了解热锻的锻造温度范围的相关内容。

锻造温度范围：开始锻造温度（始锻温度）到锻造终止温度（终锻温度）的范围。

始锻温度：在金属加热过程中不产生过热、过烧缺陷的前提下，锻造温度应尽可能地取高一些，这样便扩大了锻造温度范围，以便有充裕的时间进行锻造，可以减少加热次数，提高生产率。

终锻温度：在保证金属停止锻造前具有足够塑性的前提下，终锻温度应取低一些，以便停锻后能获得较细密的内部组织，从而获得具有较好力学性能的锻件，但终锻温度过低，金属难以继续变形，容易出现断裂现象或损伤锻造设备。

常见材料的锻造温度范围见表 2－5。

表 2－5　常见材料的锻造温度范围

材料种类	始锻温度/℃	终锻温度/℃
低碳钢	1 200～1 250	700
中碳钢	1 150～1 200	800
高碳钢	1 100～1 150	800
碳素工具钢	1 050～1 150	750～800
合金结构钢	1 100～1 180	850
低合金工具钢	1 100～1 150	850
高速工具钢	1 100～1 150	900
铝合金	450～500	350～380
铜合金	800～900	650－700

在古代是没有具体的温度概念的，也没有相应的表征方式和方法，古人更多是通过“看火色”来大致判断被加热材料或炉子的温度，锻钢加热温度与其火色的关系见表 2－6。看火色是古人伟大智慧的体现。直到 1893 年，德国物理学家威廉・维恩在研究黑体辐射时从理论上推出黑体电磁辐射的光谱强度的峰值波长与自身温度之间成反比关系，后来被称为维恩位移定律。维恩位移定律揭示了温度和光线波长之间的关系，因此现在我们知道了天上的星星都有不同的温度。

表 2－6　钢材加热火色与温度之间的关系

火色	温度/℃
暗褐色	520～580
暗红色	580～650
暗樱色	650～750
樱红色	750～780
淡樱红色	780～800
淡红色	800～830
橘黄微红	830～850
淡枯色	880～1050
黄色	1 050～1 150
淡黄色	1 150～1 250
黄白色	1 250～1 300
亮白色	1 300～1 350

2.4.3　加热设备

通常根据热源不同，将加热设备分为火焰炉和电加热设备。

(1)火焰炉。火焰炉是指用煤、重油(柴油)、煤气(天然气)等作为燃料，使用热能直接对金属加热的炉子。常见的火焰炉有手锻炉、反射炉、油炉和煤气炉等。

1)火焰反射炉。

火焰反射炉是火焰越过火墙对金属进行加热的炉子，炉内传热不仅靠火焰的反射，更主要的是借助炉顶、炉壁和炽热气体的辐射传热。其结构较复杂，但燃料消耗较小，温度均匀，加热质量好。火焰反射炉结构示意图如图 2-17 所示。

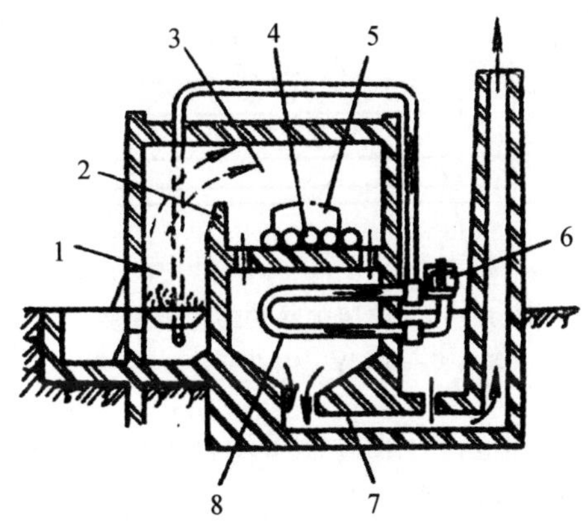

图 2-17　火焰反射炉结构示意图

1—燃烧室；2—火墙；3—加热室；4—坯料；5—炉门；6—鼓风机；7—烟道；8—换热器

2)油炉、煤气炉。由喷嘴将油(或煤气)与空气喷射到加热室进行燃烧，直接对金属加热。其结构简单、紧凑，操作方便，热效率高。室式油炉结构示意图如图 2-18 所示。

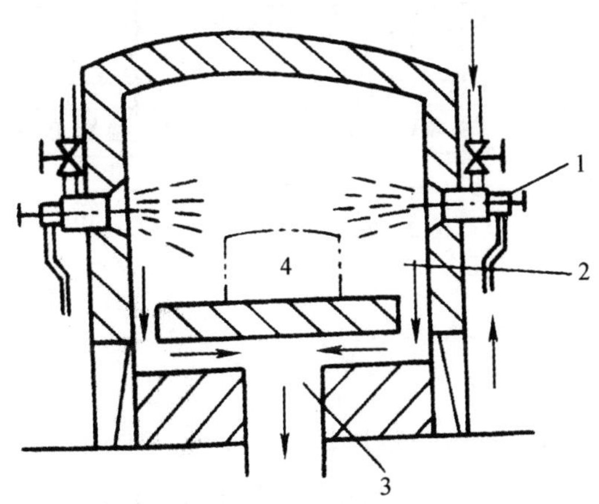

图 2-18　室式油炉结构示意图

1—喷嘴；2—加热室；3—废气烟道；4—装料炉门

(2)电加热设备

电加热设备是将电能转化为热能从而对金属加热的装置。常见的电加热设备有电阻加热炉、接触加热设备、感应加热设备。

1)电阻加热炉利用电流通过电阻元件(金属电阻丝或硅碳棒)产生的电阻热加热金属,其结构简单、操作方便,可以通过热电偶精确控制加热温度,劳动条件较好。电阻加热炉结构示意图如图 2-19 所示。

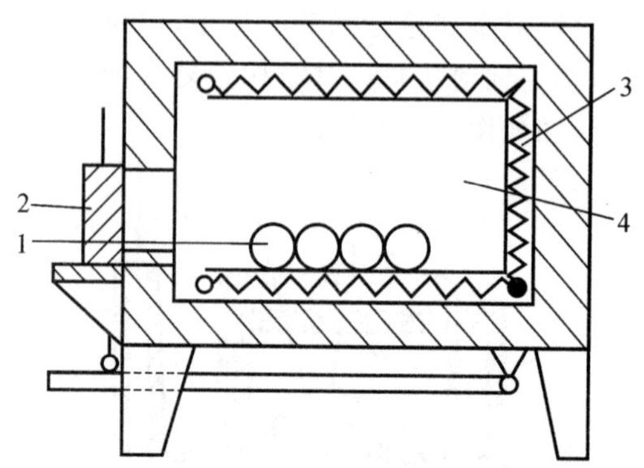

图 2-19　电阻加热炉结构示意图

1—坯料;2—炉门;3—加热元件;4—炉膛

2)接触加热是利用变压器产生电流,通过金属坯料来进行加热,其特点是加热速度快、生产率高、氧化脱碳少、耗电少、加热不受限制。

3)感应加热是通过电磁感应产生涡流对坯料加热,其特点是加热速度快、质量好、温度易控制,感应加热示意图如图 2-20 所示。

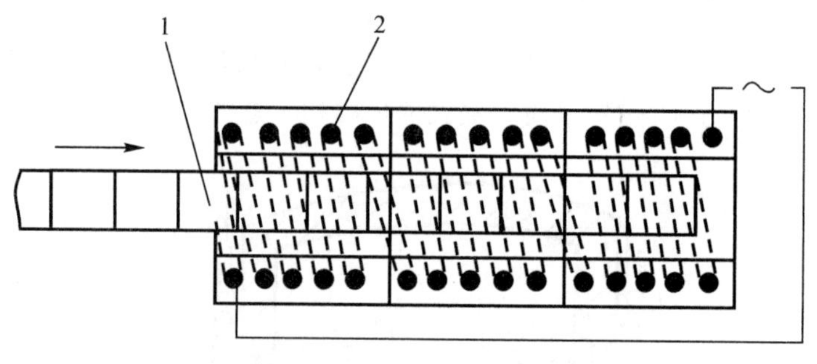

图 2-20　感应加热示意图

1—坯料;2—线圈

2.4.4　锻造成形

金属坯料加热后,按锻件图的要求将坯料锻造成形。对不同的生产条件和生产规模,有不同的锻造方法。在单件、小批量生产中用自由锻造,目前,手工自由锻已逐步被机器自由锻所取代,在成批、大量生产中则用模锻。

学生实习采用自由锻,主要工序如下。

1)镦粗:使截面变大、高度降低的锻造方法,又分为完全镦粗和局部镦粗两种。为防止镦粗时产生弯曲,坯料的高度与直径之比(长径比,锻造称为锻造比)应小于 2.5～3。图 2-21

及 2－22 为镦粗工艺示意图。

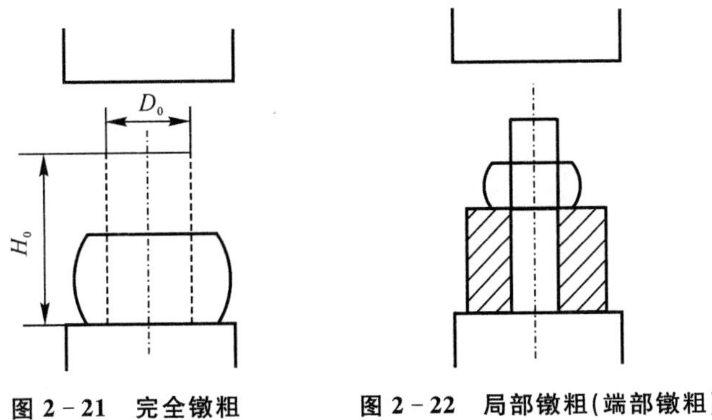

图 2－21　完全镦粗　　　　图 2－22　局部镦粗(端部镦粗)

2)拔长:使坯料的截面减小,长度增加,其示意图如图 2－23 所示。

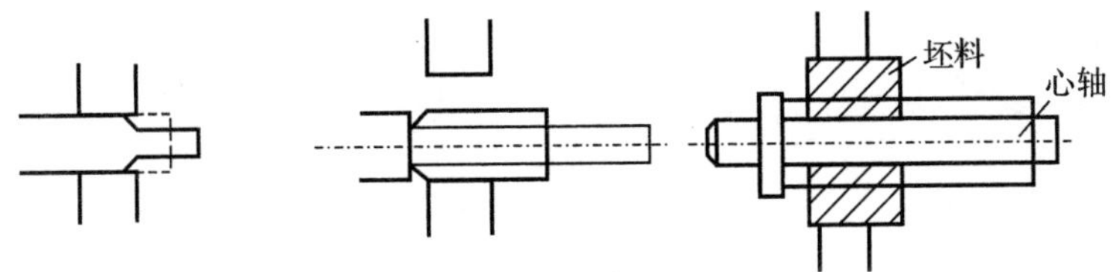

图 2－23　拔长工艺示意图

3)冲孔:用冲子在坯料上冲击一个通孔,图 2－24 为冲孔示意图。

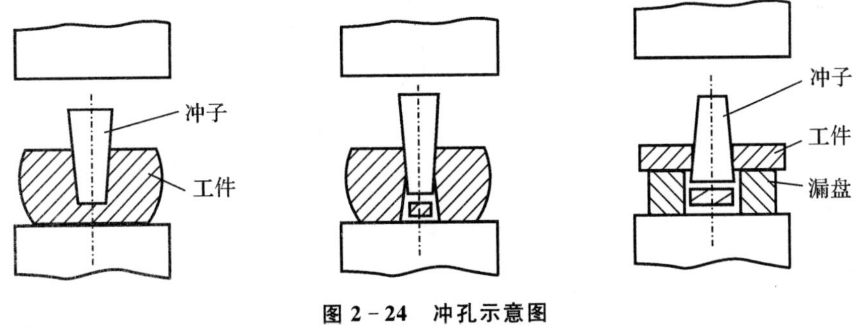

图 2－24　冲孔示意图

4)扩孔:将孔冲好后,须根据需要将孔扩大,图 2－25 为冲头扩孔示意图。

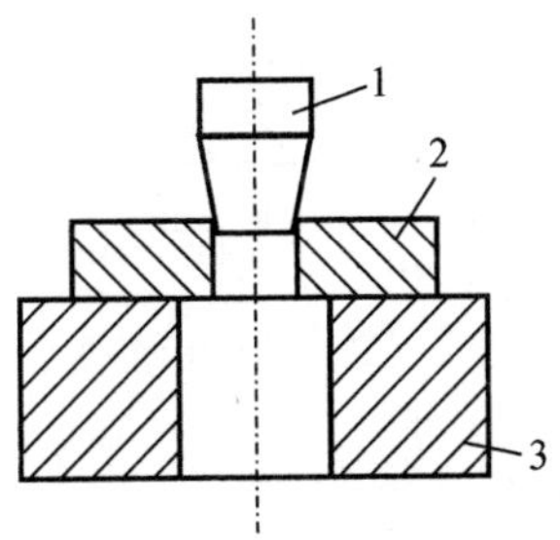

图 2－25　冲头扩孔示意图

1—扩孔冲头;2—坯料;3—漏盘

5)弯曲:将坯料变成弧形或具有一定的角度,其示意图如图 2-26 所示。

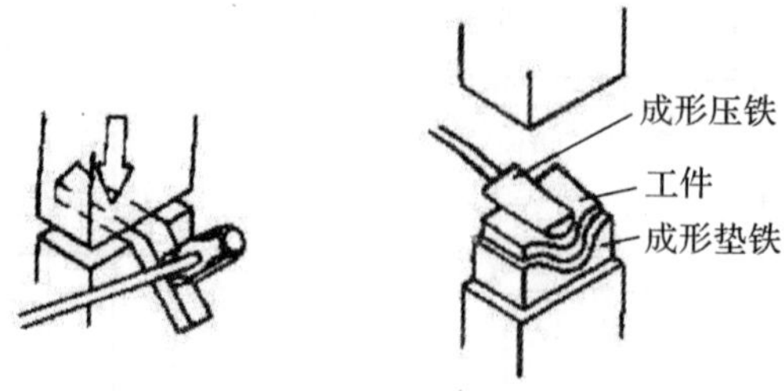

图 2-26 弯曲示意图

6)切割:将坯料切割或切成一定的形状,其示意图如图 2-27 所示。

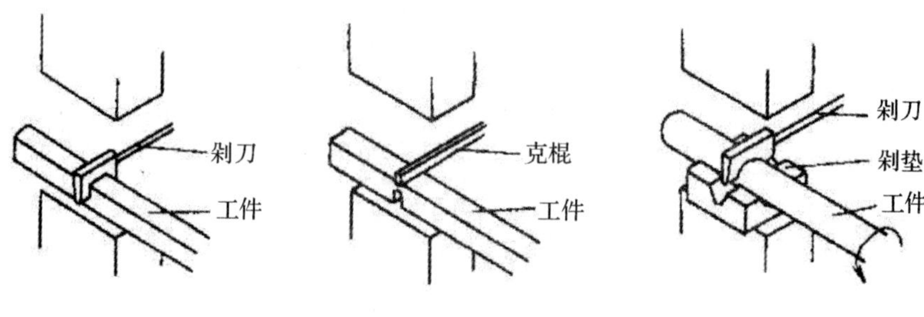

图 2-27 错移示意图

7)错移:使坯料的位置发生变化,轴心保持平行,其示意图如图 2-28 所示。

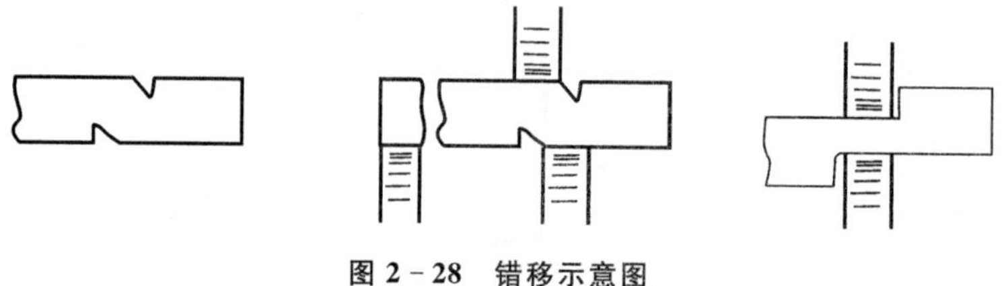

图 2-28 错移示意图

8)扭转:使坯料的位置发生角度变化,其示意图如图 2-29 所示。

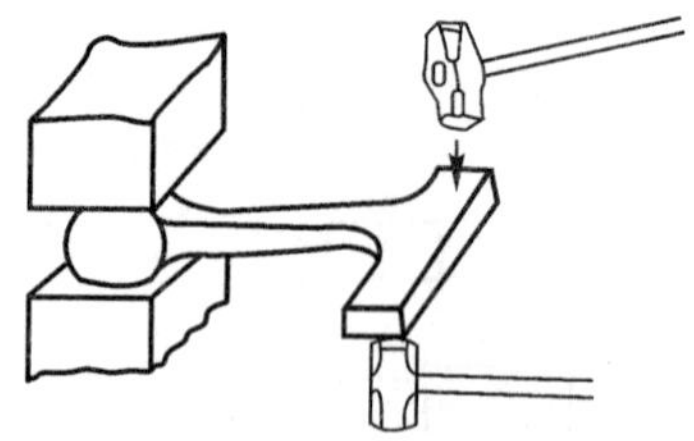

图 2-29 扭转示意图

9)锻接:将两种相同或不同的材料连接在一起。

采用自由锻方法锻造长方形锻件,其工艺过程见表 2-7。

表 2－7　长方形锻件锻造工艺过程

锻件名称	榔头	材料	45 钢	工艺类别	手工自由锻
始　锻　温　度		1 200℃	终　锻　温　度		800℃
锻　件　图			坯　料　图		

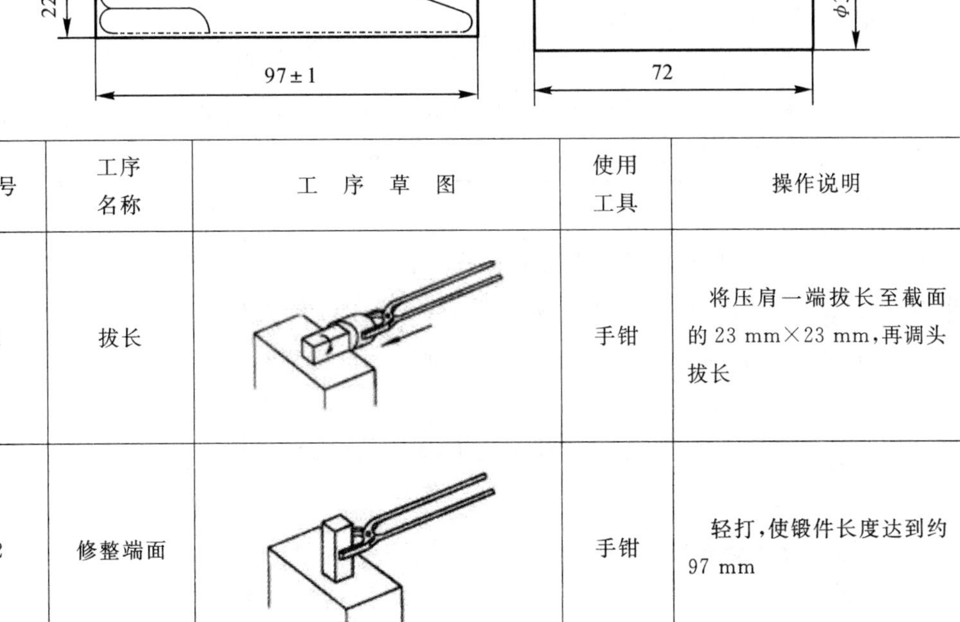

序号	工序名称	工　序　草　图	使用工具	操作说明
1	拔长		手钳	将压肩一端拔长至截面的 23 mm×23 mm，再调头拔长
2	修整端面		手钳	轻打，使锻件长度达到约 97 mm
3	修整平面		手钳	轻打，使锻件截面达到 22 mm×(22±1)mm
4	测量		卡钳	用卡钳在工件长度方向测量两端和两对边，是否符合图纸尺寸要求

2.4.5　冷却、检验和热处理

锻件的冷却是指锻件从终锻温度冷却到室温。为了获得力学性能合格的锻件，应采取不同的冷却方式。冷却方式主要根据材料的化学成分、锻件形状特点和截面尺寸等因素确定，锻件的形状越复杂、尺寸越大，冷却速度应越慢。常用的冷却方式见表 2－8。需要注意的是，除了奥氏体不锈钢锻后需要水冷外，其余钢材锻后冷却方式均不可为水冷。

表 2－8　锻件的冷却方式

冷却方式	特　　点	适用场合
空冷	锻后置空气中冷却，冷速快，晶粒细化	低碳、低合金钢中，小锻件，锻后不可直接切削
坑冷（或箱冷）	锻后置于沙坑内或箱内堆在一起，冷速稍慢	一般锻件，锻后可直接切削
炉冷	锻后置原加热炉中，随炉冷却，冷速极慢	含碳或含合金成分较高的中、大锻件，锻后可切削

锻后的零件或毛坯要按图样技术要求进行检验。对经检验合格的锻件，再进行热处理。结构钢锻件采用退火或正火处理，工具钢锻件采用正火加球化退火处理，对于不再进行最终热处理的中碳钢或合金结构钢锻件，可进行调质处理。

2.5　锻造原理及定律

2.5.1　体积不变定律

钢锭在头几道轧制中具有缩孔、疏松、气泡、裂纹等缺陷，受压缩而致密，体积有所减少，此后各轧制道次的金属体积就不再发生变化。这种轧制前后体积不变的客观事实叫作体积不变定律。它是计算轧制变形前后轧件尺寸的基本依据。

H、B、L——轧制前轧件的高、宽、长；h、b、l——轧制后轧件的高、宽、长。根据体积不变定律，轧件轧制前后体积相等，即 $HBL=hbl$。

2.5.2　最小阻力定律

钢在塑性变形时，金属沿着变形抵抗力最小的方向流动，这就叫作最小阻力定律。根据这个定律，在自由变形的情况下，金属的流动总是取最短的路线，因为最短的路线抵抗变形的阻力最小，这个最短的路线，即是从该动点到断面周界的垂线。

最小阻力定律只能用来粗略地判断宏观塑性流动情况，实际上质点的位移方向并不都是阻力最小的方向。延伸应变增量最大的方向与应力代数值最大（即阻力最小）的方向对应，但由于变形的整体性，延伸应变增量最大的方向与质点位移方向之间有时是不对应的。

1）最短法线法则。镦粗矩形柱体时，在垂直镦粗方向的任一剖面内的任一点，其移动方向为朝着与周边垂直的最短法线方向，如图 2－21 所示。

2）最小周边法则。横断面为任意形状的棱柱体或圆柱体，在存在摩擦的条件下进行塑性镦粗时，将力图使断面的周界为最小，在极限情况下为圆形。

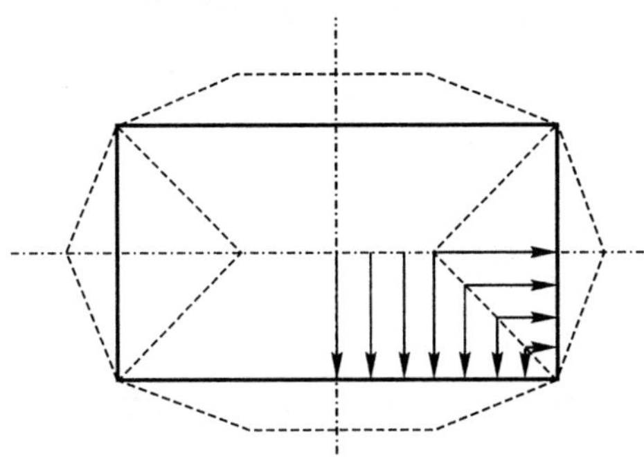

图 2-21 最小阻力定律满足最短法线法则和最小周边法则

2.6 锻造缺陷及防治

锻件的缺陷很多，其原因也多种多样，有锻造工艺不良的原因，也有原材料的原因；对于模锻，有模具设计不合理等原因。尤其是对少切削、无切削加工的精密锻件，更是难以做到完全控制。不同的材料会产生不同的缺陷，防止措施也不相同，钢常见的加热缺陷见表 2-9。

表 2-9 钢常见的加热缺陷

名称	实 质	危 害	防止(减少)措施
氧化	坯料表面铁元素氧化，使表层金属氧化变成氧化皮而烧损	烧损材料，降低锻件精度和表面质量，降低模具使用寿命	快速加热，缩短高温区的加热时间，控制炉气成分少、无氧化加热或电加热，或表面涂保护层
脱碳	坯料表面碳分子氧化，造成表层含脱碳碳量减少，形成脱碳层	降低锻件表面硬度，表层易产生龟裂	
过热	超过规定温度或在始锻温度下保温时间过长，造成内部晶粒粗大	锻件的力学性能降低，锻造时易产生裂纹	严格控制加热温度和保温时间，保证锻后有变形量来破碎粗晶或进行锻后热处理
过烧	加热到接近材料熔化温度并长时间停留，造成晶粒界面杂质氧化	一锻即碎，无法锻造	严格控制加热温度、保温时间和炉气成分
裂纹	坯料内外温差大，组织变化不均，裂纹造成材料内应力过大	坯料内部产生裂纹，报废	严格控制加热速度和装炉温度

2.7 实习纲要

2.7.1 实习内容

1)锻造的概念、特点、分类及其应用。

2)锻造的生产工艺规程。

3)锻造金属加热的目的、方法,锻造设备温度范围及加热时产生的缺陷。

4)锻造设备及工作原理。

5)用自由锻造的方法锻造简单锻件(长方体)。

6)根据所学内容,结合现有的锻压设备进行创新。

2.7.2 实习目的与要求

1)了解锻造相关基础知识及工艺过程。

2)了解锻造生产中金属加热的方法与过程。

3)了解主要锻压设备及其工作原理。

4)初步学会每道工序的操作要领及选用合适的工具。

5)在熟练掌握自由锻造方法与设备的基础上,能够用自由锻造的方法锻造简单锻件(长方体)。

6)多人合作,在指导老师协助下制作出不同的锻件产品,从而掌握更多的锻造操作方法与技能。

7)熟悉锻造的安全操作规程。

2.7.3 实习材料、设备及工具

1)坯料(两人一块)。

2)加热炉。

3)空气锤。

4)钳子。

5)量具。

2.7.4 实习安排

实习安排列于锻造实习加工工艺过程卡片中,见表 2-10。

表2-10　铸工实习加工工艺过程卡片

西北工业大学　工程实践训练中心				铸工实习加工工艺过程卡片				共2页	第1页	训练类别：8周	
								产品名称	榔头	生产纲领	单件小批
								零件名称	榔头头部	生产批量	单件
材料	45钢	毛坯种类	棒料	毛坯外形尺寸	Φ28 mm×110 mm	每毛坯可制作件数	1件	每台件数	1件	机床	空气锤
序号	工序名称	工序内容		工序简图/教学内容				夹具		量具	工时/min
1	锻	圆棒料 Φ28mm×110mm锻成25 mm×70 mm的长方体。		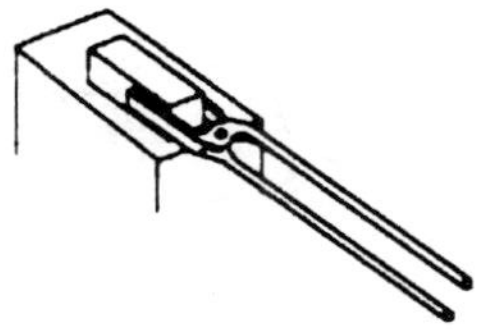				手钳			180
2	测	成形零件标准为25 mm×25 mm×70 mm		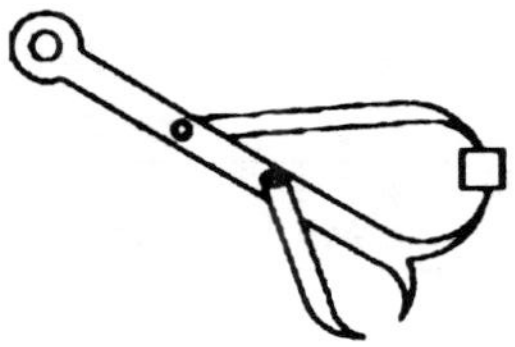						卡钳	10
3	考	考查学生的操作能力						手钳			5

续表

西北工业大学 工程实践训练中心				铸工实习加工工艺过程卡片				共2页	第2页	训练类别：8周	
								产品名称	榔头	生产纲领	单件小批
								零件名称	榔头头部	生产批量	单件
材料	45钢	毛坯种类	棒料	毛坯外形尺寸	Φ28 mm × 110 mm	每毛坯可制作件数	1件	每台件数	1件	机床	空气锤
序号	工序名称	工序内容		工序简图/教学内容				夹具		量具	工时/min
1	讲课	PPT教学		锻造原理、过程、步骤、安全知识							60
2	演示	现场教学		1）工具使用方法； 2）设备使用注意事项； 3）零件加工方法							40

第3章 焊　接

3.1 焊接概述

3.1.1 焊接发展史

焊接的历史源远流长。图 3-2 为中国商朝制造的铁刃铜钺，就是铁与铜的铸焊件，其表面铜与铁的熔合线蜿蜒曲折，接合良好。春秋战国时期曾侯乙墓中的建古铜座上有许多盘龙，是分段钎焊连接而成的。经分析，其与现代软钎料成分相近。战国时期制造的刀剑，刀刃为钢，刀背为熟铁，一般是经过加热锻焊而成的。明朝宋应星所著《天工开物》一书记载：中国古代将铜和铁一起入炉中加热熔炼，经锻打制造刀、斧，用黄泥或筛细的陈久壁土撒在接口上，分段锻焊大型船锚，如图 3-1 所示。

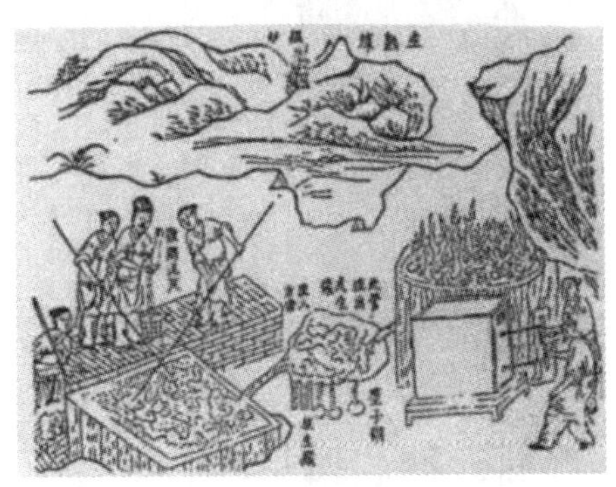

图 3-1 古代焊接场景

图 3-2 北京平谷出土商朝铁刃铜钺

西方早在青铜器时代就出现了焊接技术——人们把搭接接头通过加压的方式熔接在一起，制成圆形的小金盒子。到了铁器时代，埃及人和地中海东部地区的居民已经掌握了将铁片焊接在一起的技术。

中世纪的西方出现了锻造技术，许多铁制品是通过锻焊的方法制造的。但现在我们可以知道，西方直到 19 世纪才出现了真正的焊接技术。

近现代焊接技术有碳弧焊、金属级电弧焊、电阻焊和铝热焊等，以下将详细介绍几种电焊类别。

（1）碳弧焊

1800年,Humphry Davy爵士使用电池在两个碳极之间产生了电弧。1836年,英国人Edmund Davy发现了乙炔。在19世纪中叶,电动机的发明使电弧得到了广泛应用。19世纪末出现了气焊和切割,碳弧焊和金属极电弧焊得到了发展。

1881年,法国卡伯特实验室Auguste De Mentens利用电弧产生的热量成功地焊接了蓄电池用铅板,这些研究标志着碳弧焊的开端。19世纪末20世纪初,碳弧焊开始得到广泛应用。

(2)金属极电弧焊

1890年,美国底特律的CL Coffin利用金属电极(光焊条或焊丝)进行电弧焊并获得了关于该工艺的首个美国专利权。其工艺原理是:电极熔融金属穿过电弧,将填充金属沉积在接头中形成焊缝,与此同时,俄国人提出了同样的通过电弧传送金属的概念,不过其方法是将金属浇铸在模具里。

大约在1900年,英国人Strohmenger介绍了一种带药皮的金属电极。这种药皮只是一层薄薄的黏土或石灰,却可以使电弧更加稳定。1907—1914年间,瑞典科学家发明了带药皮或涂层的焊条。

(3)电阻焊和铝热焊

与此同时,电阻焊技术得到发展,包括点焊、缝焊、凸焊和闪光对焊。德国人发明了铝热焊并首次用于焊接铁路钢轨,如图3-3所示。电阻焊如图3-4所示。

图3-3 铝热焊

图3-4 电阻焊

在这个时期,气焊和切割技术也得到了完善。制氧技术、空气液化技术及1887年焊炬(吹管)的发明,都促进了焊接和切割技术的发展。

1900年之前,人们使用的是氢气、煤制气和氧气的混合气,但到了1900年,人们就发明了能够使用低压力乙炔气的焊炬。

(4)自动焊

1920年,美国通用电气公司发明了自动焊,其在直流下送丝,利用电弧电压调节送丝速率。人们利用自动焊接技术堆焊修复发动机机体和起重机轮。在汽车行业,自动焊技术还用于生产齿轮轴机架。

(5)气体保护电弧焊

焊接时，空气中的氧气和氮气接触到熔融的焊缝金属时，会使焊缝变脆或产生气孔。为了解决这个问题，20 世纪 20 年代，人们对如何通过外加气体保护电弧和焊缝区进行了大量的研究。

(6)埋弧焊

美国国家管道公司根据宾夕法尼亚州麦积斯波特的一家管道工厂的需要发明了埋弧焊技术，该技术用于焊接管道中的纵缝。1930 年，Robinoff 获得了该技术的专利权，随后又将其卖给 Linde 气体产品公司，Linde 气体产品公司将其更名为 Unionmelt 焊接技术，1938 年美国的船厂和军械厂都采用了埋弧焊技术。它是最高效的焊接方法之一，现在仍被人们广泛应用。

(7)钨极惰性气体保护电弧焊

钨极惰性气体保护电弧焊源于 C. L. Coffin 在非氧化气氛中进行焊接的概念，他在 1890 年申请了相关专利，20 世纪 20 年代末，H. M. Hobart 和 P. K. Devers 完善了这一概念。前者采用氦气，后者采用氩气，该工艺适用于焊接镁合金，也适用于焊接不锈钢和铝合金，1941 年，Meredith 完善了该工艺并申请了相关专利，他将其命名为 Heliare 焊接技术，随后 Linde 气体产品公司注册了该项技术并发明了水冷式焊枪，从那时起，钨极惰性气体保护电弧焊技术逐渐成为最重要的焊接技术之一。

(8)熔化极惰性气体保护电弧焊

1948 年，在 Linde 气体产品公司资助下，Battelle Memorial 研究所成功发明了熔化极惰性气体保护电弧焊技术。其原理和钨极惰性气体保护电弧焊相同，只是将钨极换成了连续送给的焊丝，采用细丝和恒压，扩大了该工艺的使用范围。在此之前，H. F. Kennedv 就申请了熔化极惰性气体保护电弧焊的专利。最初其只用于焊接非铁金属，由于其熔覆效率高，后来有人开始尝试用其焊接钢材，采用的惰性气体造价相对较高，但当时人们并没有找到合适的替代品。

1943 年，美国 Behl 发明超声波焊；第二年，英国人 Carl 发明爆炸焊；1947 年，苏联 Ворошевич(沃罗舍维奇)发明电渣焊；1950 年，美国人 Muller，Gibson 和 Anderson 三人获得第一个熔化极气体保护焊的专利；同年，德国人 F. Buhorn 发现等离子电弧。

1953 年，美国人 Hunt 发明冷压焊，苏联柳波夫斯基、日本关口等人发明 CO_2 气体保护电弧焊；1955 年，美国托姆·克拉浮德发明高频感应焊，如图 3－5 所示；1956 年，苏联楚迪克夫发明摩擦焊技术；1957 年，法国施吉尔发明电子束焊，苏联卡扎克夫发明扩散焊；1960 年，美国的 Airco 发明熔化极脉冲气体保护焊工艺。

1967 年，日本荒田发明连续激光焊；1976 年，日本荒田发明串联电子束焊；1980 年左右，有研究者使用蒸汽钎焊焊接印刷线路板；1983 年，航天飞机上直径为 160ft① 的瓣状结构的圆形顶部使用埋弧焊和气保护焊方法焊接而成，使用射线探伤机进行检验；1984 年，苏联女宇航员 Svetlana Savitskaya 在太空中进行焊接试验；1991 年，英国焊接研究所发明了搅拌摩擦焊，成功地焊接了铝合金平板，如图 3－6 所示。1996 年，以乌克兰巴顿焊接研所 B. K. Lebegev 院士为首的 30 多人的研制小组，研究开发了人体组织的焊接技术；2001 年，人体组织焊接成功应用于临床……

① 1 ft＝0.304 8 m

图 3-5　高频感应焊

图 3-6　搅拌摩擦焊

焊接是一种重要的金属加工方法，它是采用局部加热、加压、填充金属等手段，使两块或更多块零部件的原子相互贴近、相互扩散、相互渗透、相互熔融并冷凝成为一个整体，永久不能拆开的一种连接方法。材料常见的连接方法分为可拆卸连接和永久性连接，分别如图 3-7 和图 3-8 所示。

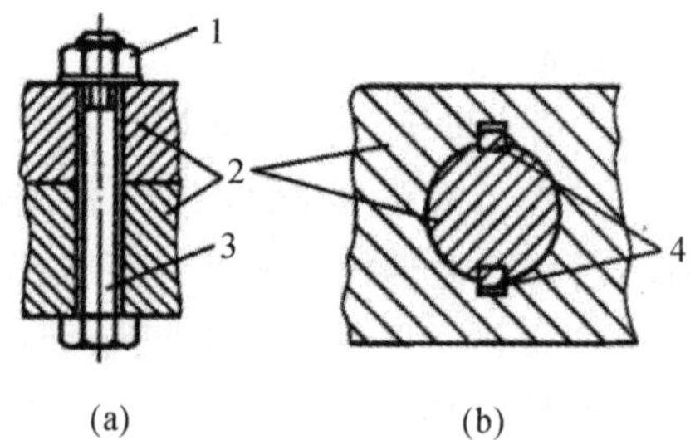

图 3-7　可拆卸连接视图

(a)螺栓连接；(b)键连接

1—螺母；2—零件；3—螺栓；4—键

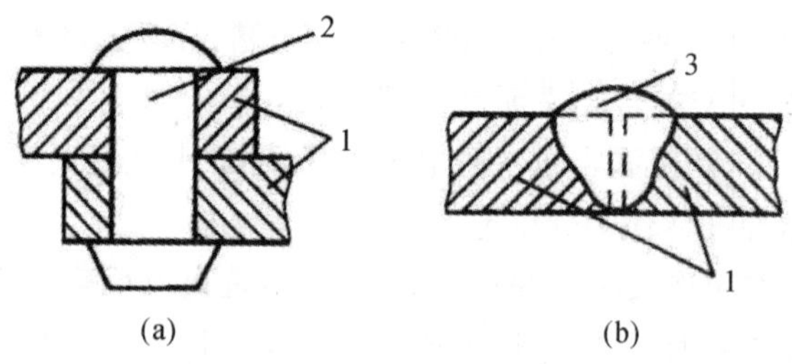

图 3-8　永久性连接零件视图

(a)铆接；(b)焊接

1—零件；2—铆钉；3—焊缝

3.1.3　焊接的特点

1)焊接与铆接相比，可以节省大量金属材料，减小结构的质量，如图 3-9 所示。

2)焊接与铸造相比，首先，它不需要制作木模和砂型，也不需要专门熔炼、浇铸，工序简单，生产周期短，对于单件和小批生产特别明显。其次，焊接结构比铸件节省材料，这是因为焊接结构的截面可以按需要来选取，不必像铸件那样因受工艺条件的限制而加大尺寸。

3）焊接也存在一些缺点，如产生焊接应力与变形，焊接应力会削弱结构的承载能力，焊接变形会影响结构形状和尺寸精度。焊缝中会存在一定数量的缺陷，焊接过程中会产生有毒有害的物质等。这些都是焊接过程中需要注意的问题。

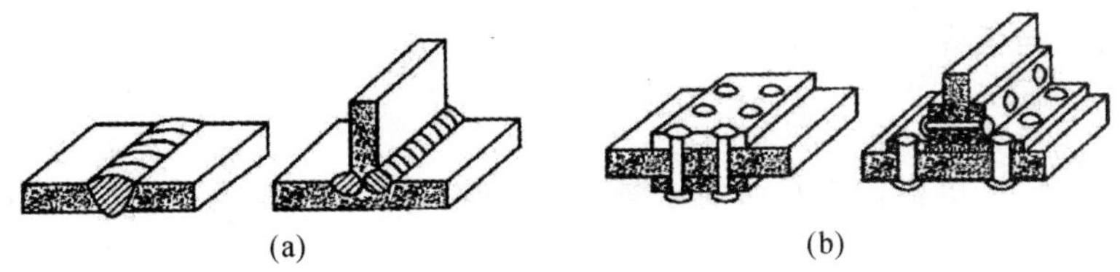

图 3－9　焊接与铆接比较

（a）焊接结构；（b）铆接结构

3.1.4　焊接的分类

按照焊接过程中金属所处的不同状态，可以把焊接方法分为熔焊、压焊和钎焊三类。

1）熔焊是将待焊处的母材金属熔化以形成焊缝的焊接方法。根据热源不同，熔焊可分为气焊、电渣焊、等离子弧焊、电子束焊、激光焊、铝热焊及电弧焊，其中电弧焊又包括焊条电弧焊、埋弧焊和气体保护焊。

2）压焊是在焊接过程中，必须对焊接件施加压力（加热或不加热）以完成焊接的方法，包括爆炸焊、扩散焊、高频焊、摩擦焊、冷压焊及电阻焊，其中电阻焊又包括电焊、缝焊和对焊。

3）钎焊是将比母材熔点低的钎料和焊件一同加热，使钎料熔化（焊件不熔化）后润湿并填满母材连接的间隙，钎料与母材相互扩散形成牢固连接的方法，包括烙铁钎焊、火焰钎焊、炉中钎焊、盐浴钎焊、电阻钎焊及真空钎焊。

3.2　焊条电弧焊

焊条电弧焊是使用最广泛的焊接方法，受焊接材料、位置、角度、工况、环境影响，电弧焊是最考验人员的焊接技能和水平的焊接方式，正因此造就了我国焊接“大国工匠”李万君。

焊工是平凡的工匠。在中车长春轨道客车股份有限公司焊工李万君看来，工匠精神有两种：一种是创新发明开拓，攻克非凡的难题；另一种是始终如一日，把平凡的工作做到极致。工作了 29 年、已获得“中华技能大奖”的李万君，每一天都在手握焊枪、踏踏实实地做着这两件事。李万君先后创造出“拽枪式右焊法”等 20 余项转向架焊接操作法，及时解决了高铁生产的诸多问题；带领团队完成技术创新成果 150 余项，申报国家专利 20 余项；凭借世界一流的构架焊接技艺，被誉为“高铁焊接大师”。2016 年 7 月，他荣获“全国优秀共产党员”称号。

靠着多年的勤学苦练，李万君把手中的一支焊枪用得“出神入化”。直径仅为 3.2 mm 的两根焊条，李万君可以分毫不差地将其对焊在一起，无需打磨，不留一丝痕迹。距离 20 m 外，只要听到焊接声音，他就能判断出电流、电压的大小，焊缝的宽窄，平焊还是立焊，焊接的质量如何。

高速动车组的核心技术之一在转向架,转向架的核心技术之一在构架焊接。由于转向架环口要承载 50 t 的车体质量,因此对焊接成形质量要求极高。李万君成功摸索出了“环口焊接七步操作法”,交出完美的样品,让前来验收的法国专家都惊叹不已。迄今为止,李万君已创造出 20 多项转向架焊接操作法,突破了高铁生产的诸多瓶颈,为我国高铁的发展做出了不可磨灭的贡献。

3.2.1 焊条电弧焊概述

(1)概念

在焊接领域里,用电弧作为热源的熔焊方法叫电弧焊,用焊条作为填充材料的焊接方法叫焊条电弧焊。

(2)原理

焊接前,先将焊钳和工件分别与焊机输出端的两级相连,用焊钳夹持焊条与工件接触,形成短路,然后迅速提起焊条并与工件保持 2～4 mm 距离,这时在工件和焊条之间就会产生电弧,利用电弧的高温将工件焊接处及焊条加热使之熔化形成熔池,随着焊条向焊接方向移动,新的熔池不断产生,原来的熔池不断冷却,凝固成焊缝,可将两个分离的工件连成一个整体,从而获得各种不同的零件和焊接构件。

(3)特点

1)设备简单,成本低。

2)操作方便,灵活,适用性强。

3)焊接质量好。

4)劳动强度大,生产率较低。

(4)应用

随着科学技术的发展,各种先进的焊接方法不断涌现,但由于焊条电弧焊具有突出的优点,其应用仍十分广泛,目前主要用来焊接结构钢、不锈钢、耐热钢以及对铸铁进行补焊(其中铸铁只能焊补,不能连续焊)。

3.2.2 焊条

焊条是涂有药皮的供电弧焊用的熔化电极,它一方面起传导电流并引燃电弧的作用,另一方面作为填充金属可与熔化的母材结合形成焊缝,因此全面、正确地了解和选用焊条,是获得优质焊缝的重要保证。对电焊条的基本要求是:焊条所熔敷的焊缝金属应具有良好的力学性能、抗裂性能,具有一定的化学成分,以满足接头的特殊性能要求;在正常焊接参数下使用,应达到焊缝无气孔、无夹渣、无裂纹等;具有良好的焊接工艺性能,如引弧容易、燃烧稳定。对焊接电源的适应性强,焊缝成形好、脱渣容易等;药皮应具有一定的强度,搬运过程中不易脱落,药皮吸潮性小、同心度要好。药皮与焊芯应均匀并基本同时熔化,药皮不成块脱落。药皮熔化形成的熔渣流动性、黏度等要适宜;应均匀覆盖熔化金属,起到保护作用。

1. 焊条的组成

焊条由焊芯和药皮两部分组成,焊条的两端分别称为引弧端和夹持端。

(1)焊芯

焊芯是指焊条中被药皮包覆的金属芯。焊芯的作用主要是传导电流、引燃电弧、过渡合金元素。进行电弧焊时，焊芯作为填充金属，占整个焊缝金属的50%～70%，因此焊芯的化学成分直接影响熔敷金属的成分和性能，应尽量减少有害元素的含量。用于焊芯的钢丝都是经特殊冶炼的焊接材料专用钢，均为高级优质钢或特级优质钢。高级优质钢的杂质S和P含量均控制在0.03%(质量分数)以下，特级优质钢控制在0.02%(质量分数)以下。并且单独规定了它们的牌号和成分，这种焊接钢丝称为焊丝。一些低合金高强钢焊条，为了从焊芯过渡合金元素以提高焊缝金属质量而采用含有各种特定成分的焊芯。常用的低碳钢及低合金高强钢焊条焊芯主要按照《焊接用钢盘条》(GB/T3429—2015)的规定经拉拨制成。

通常所说的焊条直径是指焊芯的直径。结构钢焊条直径为Φ1.6～6 mm，共有7种规格。生产上应用最多的是Φ3.2 mm、Φ4.0 mm、Φ5.0 mm三种规格。

焊条长度是指焊芯的长度，一般均在200～550 mm之间。

(2)药皮

焊条上压涂在焊芯表面的涂料层称为药皮。涂料是指在焊条制造过程中，由各种粉料和黏结剂按一定比例配制的药皮原料。

1)药皮的组成。焊条药皮的组成相当复杂，一种焊条药皮配方中，原料可达上百种，主要分为矿物类、钛合金及金属粉、有机物和化工产品4类。

2)药皮的作用。焊条药皮在焊接过程中起着极其重要的作用，主要有：

机械保护作用：药皮熔化放出的气体和形成的熔渣，起机械隔离空气的作用，防止气体氧、氮侵入熔化金属。

冶金处理作用：通过熔渣与熔化金属的冶金反应进行脱氧、去氢、除硫、除磷等，添加有益的合金元素，使焊缝获得合乎要求的化学成分和力学性能。

改善焊接工艺性能：促使电弧容易引燃和稳定燃烧，减少飞溅，利于焊缝成形，提高熔敷效率。

2.焊条的分类

焊条的分类方法很多，可以从不同的角度对焊条进行分类。一般是根据用途、熔渣的酸碱性、性能特征或药皮类型等分类。

(1)按用途分

按用途可将焊条分为低碳钢和低合金钢焊条、钼和铬钼耐热钢焊条 、不锈钢焊条、堆焊焊条、铸铁焊条、铜及铜合金焊条、铝及铝合金焊条等。

(2)按熔渣的酸碱性分

在实际生产中通常按熔渣的碱度，将焊条分为酸性和碱性焊条(又称低氢型焊条)两类。焊接熔渣主要由各种氧化物、氟化物组成。有的氧化物呈酸性，也称酸性氧化物，如SiO_2、TiO_2等；有的呈碱性即碱性氧化物，如CaO、MgO、K_2O等。当熔渣中酸性氧化物占主要比例时，为酸性焊条，反之为碱性焊条。

1)酸性焊条。药皮中含有较多氧化铁、氧化钛及氧化硅等酸性氧化物，其熔渣呈酸性，所以氧化性较强，焊接过程中合金元素烧损较多。焊缝金属中氧和氢含量较高，所以塑性、韧性较低。但酸性焊条的工艺性较好，电弧稳定，飞溅小，可长弧操作，交、直流两用。熔渣流动性和覆盖性好，焊缝外形美观，焊波细密、平滑。对水、锈和油产生气孔的敏感性不大。焊接烟尘较少、毒性较小。

2)碱性焊条。药皮成分中含有较多的大理石、氟石和较多的铁合金(如锰铁、钛铁和硅铁等)时,熔渣呈碱性,具有足够的脱氧、脱硫、脱磷能力,合金元素烧损较少。由于氟石的去氢作用,降低了焊缝含氢量。非金属夹杂物较少,焊缝具有良好的抗裂性能和力学性能。由于药皮中含有难以电离的物质,电弧稳定性较差,只能直流反接使用(当加入多量稳弧剂时,方可交、直流两用)。此外,熔渣覆盖性较差,焊皮粗糙、不平滑。飞溅颗粒较大,对水、锈、油产生气孔的敏感性较大,焊接烟尘较大,毒性也较大。

(3)按性能特征分

按性能特征分,焊条主要有低尘低毒焊条、超低氢焊条、立向下焊条、底层焊条、水下焊条、重力焊条等。

1)焊条的牌号和型号。

A. 焊条的牌号

我国的焊条牌号是根据焊条主要用途和性能特点来命名的,并以汉字或拼音字母表示焊条各大类,其后为三位数字,前两位数字表示各大类中的若干小类,第三位数字表示各药皮类型及焊接电源种类。

a. 结构钢焊条(碳钢和低合金钢焊条)

牌号前加"J"(或"结")字,表示结构钢焊条。牌号的第一、二位数字,表示焊缝金属抗拉强度等级。第三位数字表示焊条药皮类型及电源种类。有特殊性能和用途的焊条,则在牌号后面加注起主要作用的元素或代表主要用途的符号。

b. 不锈钢焊条

牌号前加"G"(或铬)字表示铬不锈钢焊条,"A"(或奥)字表示铬镍奥氏体不锈钢焊条。牌号第一位数字表示焊缝金属主要化学成分组成等级。牌号第二位数字表示同一焊缝金属主要化学成分组成等级中的不同牌号,对同一药皮类型焊条,有 10 个牌号,可按 0,1,2,…,9 顺序排列。第三位数字表示药皮类型和电源种类。

B. 焊条的型号

焊条型号编制方法如下:字母"E"表示焊条;前两位数字表示熔敷金属抗拉强度的最小值;第三位数字表示焊条的焊接位置,"0"及"1"表示焊条适用于全位置焊接(平、立、仰、横),"2"表示焊条适用于平焊及平角焊,"4"表示焊条适用于向下立焊;第三位和第四位数字组合时表示焊接电流种类及药皮类型。在第四位数字后附加"R"表示耐吸潮焊条,附加"M"表示耐吸潮和力学性能有特殊规定的焊条,附加"-1"表示冲击性能有特殊规定的焊条。

3.2.3 焊条电弧焊的参数选择

焊接参数就是焊接时为保证焊接质量而选定的各项参数的总称,焊条电弧焊的主要焊接参数包括焊条直径、焊接电流、电弧电压、焊接速度和焊层数等。选择合适的焊接参数,对提高焊接质量和生产效率是十分重要的。

(1)焊条直径的选择

为了提高生产效率,应尽可能选择直径较大的焊条,但是用直径过大的焊条焊接,容易造成未焊透或焊缝成形不良等缺陷。因此,必须正确选择焊条直径。焊条直径的选择与下列因素有关:

1)焊件厚度。选用焊条直径时,主要考虑焊件厚度。焊条直径与焊件厚度之间的关系见表 3-1。

表 3－1　焊条直径与焊件厚度的关系　　　单位：mm

焊件厚度	≤1.5	2	3	4～5	6～12	≥13
焊条直径	1.5	2	3.2	3.2～4	4～5	5～6

2)焊接位置。在焊件厚度相同的情况下，平焊位置焊接用的焊条直径比其他位置要大一些，立焊所用焊条直径最大不超过 5 mm，仰焊及横焊时，焊条直径不应超过 4 mm，以获得较小熔池，避免熔化金属下淌。

3)焊接层次。多层焊的第一层焊道应采用直径为 3～4 mm 的焊条，以后各层可根据焊件厚度，选用较大直径的焊条。

(2)焊接电流的选择

焊接电流是焊条电弧焊最重要的焊接参数。焊接电流越大，熔深越大，焊条熔化得越快，焊接效率也越高。但是，焊接电流太大时，飞溅和烟雾大，焊条药皮易发红和脱落，而且容易产生咬边、焊瘤、烧穿等缺陷，若焊接电流太小，则引弧困难，电弧不稳定，熔池温度低，焊缝窄而高，熔合不好，而且易产生夹渣、未焊透等缺陷。

选择焊接电流时，要考虑的因素很多，如焊条直径、药皮类型、焊件厚度、接头形式、焊接位置、焊道和焊层等，但焊接电流主要由焊条直径、焊接位置和焊道、焊层决定。

焊条直径与焊接电流的关系见表 3－2。

表 3－2　各种直径的焊条使用的焊接电流参考值

焊条直径/mm	1.6	2	2.5	3.2	4	5	5.8
焊接电流/A	25～40	40～65	50～80	100～130	160～210	200～270	260～300

1)焊接位置与焊接电流的关系。相同的情况下，在平焊位置焊接时，可选择偏大些的焊接电流，在横焊、立焊、仰焊位置焊接时，焊接电流应比平焊位置小 10%～20%。

2)焊道与焊接电流的关系。通常焊接打底焊道时，使用的焊接电流较小，焊填充焊道时，通常使用较大的焊接电流和焊条直径，而焊盖面焊道时，为防止咬边和获得较美观的焊缝，使用的焊接电流稍小些。

(3)电弧电压的选择

焊条电弧焊的电弧电压是由电弧长度决定的，电弧长，电弧电压高，电弧短，电弧电压低，在焊接过程中，电弧不宜过长，否则会出现电弧燃烧不稳定、飞溅大、保护效果差的问题，特别是采用 E5015 焊条焊接时，还容易在焊缝中产生气孔，所以应尽量采用短弧焊。

(4)焊接速度的选择

焊接速度就是单位时间内完成的焊缝长度，焊接速度由焊工根据具体情况灵活掌握。

(5)焊层的选择

在焊接厚板时，必须采用多层焊或多层多道焊。多层焊的前一层焊道对后一层焊道起预热作用，而后一层焊道对前一层焊道起热处理作用，有利于提高焊缝金属的塑性和韧性，因此，每层焊道的厚度不应大于 4～5 mm。

3.2.4 焊条电弧焊的基本操作

按焊缝的空间位置不同，可分为平焊、立焊、横焊和仰焊等。平焊时操作方便、劳动条件好，生产率高、焊缝质量容易保证，对操作者的技术水平要求较低，所以应尽可能地采用平焊。仰焊最难。实习中主要以平焊为主，以下重点介绍平焊。

1. 平焊的操作姿势

焊工在平焊时，一般采用蹲式操作，蹲式操作姿势要自然，两脚夹角为 70°～85°，距离为 240～260 mm，持焊钳的胳膊半伸开，悬空操作，如图 3－10 所示。

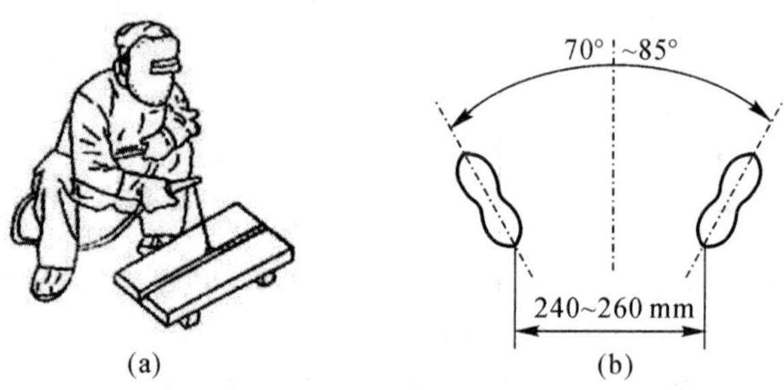

图 3－10 焊工平焊的操作姿势

(a)蹲式操作姿势；(b)两脚的位置

2. 焊条的夹持

夹持焊条时，要将焊条的夹持端夹在焊钳的夹口夹持槽内。

3. 引弧与稳弧

(1)引弧

弧焊时，引燃焊接电弧的过程叫引弧。引弧时焊条提起动作要快，否则容易黏在工件上。如发生黏条、可将焊条左右摇动后拉开，若接不开，则要松开焊钳，切断焊接电路，待焊件稍冷后再作处理。焊条电弧的引弧方法有两种：

1)直击法。先将焊条末端对准引弧处，然后使焊条末端与焊件表面轻轻一碰，并保持一定距离，电弧随之引燃，如图 3－11 所示。

2)划擦法。这种方法与划火柴有些相似，先将焊条末端对准引弧处，然后将手腕扭动一下，使焊条在引弧处轻微划擦一下，划动长度为 20 mm 左右，电弧引燃后应立即使弧长保持在所用焊条直径相适应的范围内(3～4 mm)，如图 3－12 所示。

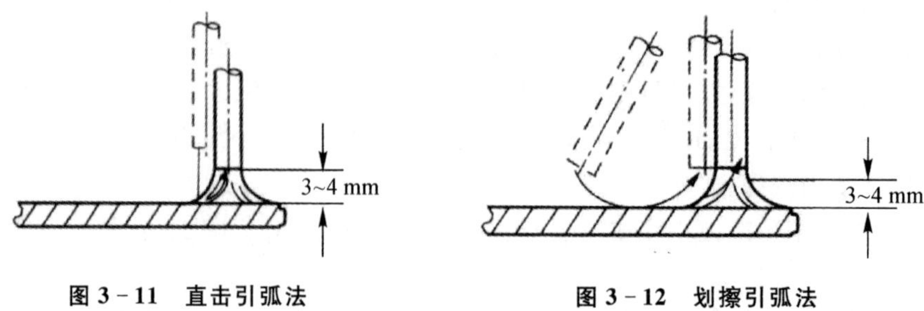

图 3－11 直击引弧法　　**图 3－12 划擦引弧法**

(2)稳弧

电弧的稳定性取决于弧长。稳定电弧的方法是:焊接过程中运条要平稳,手不能抖动,焊条要随其不断熔化而均匀地送进,并保证焊条的送进速度与熔化速度基本一致。

4.焊缝的起头

引燃电弧后先将电弧稍微拉长些,对焊件进行必要的预热,然后适当压低电弧进行正常焊接。

5.运条的基本动作及方法

焊接过程中,焊条相对焊件接头所做的各种动作的总称叫运条。

(1)运条的基本动作

当电弧引燃后,焊条要有三个基本方向的运动才能使焊缝成形良好。这三个基本动作是:朝着熔池方向逐渐送进,横向摆动,沿着焊接方向移动。

(2)运条方法

在焊接生产中,运条的方法很多,选用时应根据接头的形式、焊接位置、装配间隙、焊条直径、焊接电流及焊工的技术水平等而定。

1)直线形运条方法。如图3-13(a)所示,这种方法适用于板厚3～5 mm的I形坡口的对接平焊,多层焊的第一层焊道或多层多道焊。

2)直线往返形运条方法。如图3-13(b)所示,该方法适用于薄板焊接和接头间隙较大的焊缝。

3)锯齿形运条方法。如图3-13(c)所示,该方法主要是为了控制焊接熔化金属的流动和得到必要的宽度,适用于较厚的钢板对接接头的平焊、立焊和仰焊及T形接头的立角焊。

4)月牙形运条方法。如图3-13(d)所示,月牙形运条方法在生产中应用比较广泛,月牙形运条方法的适用范围与锯齿形运条方法基本相同。这种运条方法的优点是:使金属熔化良好,高温停留时间长,容易使熔池中的气体逸出和熔渣上浮,防止产生气孔和夹渣,对提高焊接质量有利。

5)三角形运条方法。如图3-13(e)所示,三角形运条方法适用于开坡口的对接接头和T形接头立焊,它的特点是一次能焊出较厚的焊缝断面。

6)圆圈形运条方法。如图3-13(f)所示,圆圈形运条方法适用于较厚焊件的平焊,它的特点是能使熔池金属有足够的温度,促使熔池中的气体有机会逸出。

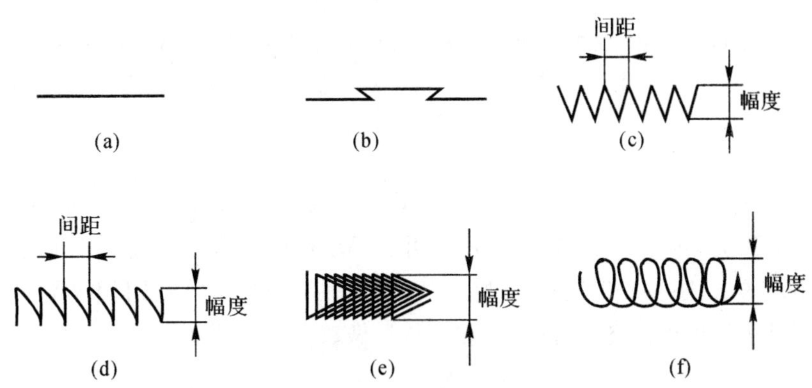

图3-13　运条方法示意图

(a)直线形运条方法;(b)直线往返形运条方法;(c)锯齿形运条方法;(d)月牙形运条方法;(e)三角形运条方法;(f)圆圈形运条方法

6.焊缝的选择

焊条电弧焊时，受焊条长度的限制，不可能一根焊条完成一条焊缝，因此出现了焊缝前、后两段连接问题。要确保后焊焊缝和先焊焊缝均匀连接，避免产生接头过高、脱节和宽窄不一致的缺陷，就要求焊工在前后连接时选择恰当的连接方法。因为焊缝连接处的质量不仅影响焊缝的外观，而且对整个焊缝质量影响也较大。焊缝的连接方法一般分为以下四种。

1)后焊焊缝的起头与先焊焊缝的结尾连接。这种焊缝连接是使用最多的一种，如图3-14(a)所示。连接方法是在弧坑稍前约10 mm处引弧，电弧长度比正常焊接时略长些，然后将电弧后移到弧坑2/3处，稍作摆动，再压低电弧，待填满弧坑后即向前转入正常焊接。在连接时，更换焊条的动作越快越好，因为在熔池尚未冷却时进行焊缝连接(俗称热接法)，不仅能保证接头质量，而且可使焊缝成形美观。

2)后焊焊缝的起头与先焊焊缝的起头连接，如图3-14(b)所示。

3)后焊焊缝的结尾与先焊焊缝的结尾连接，如图3-14(c)所示。

4)后焊焊缝的结尾与先焊焊缝的起头连接，如图3-14(d)所示。

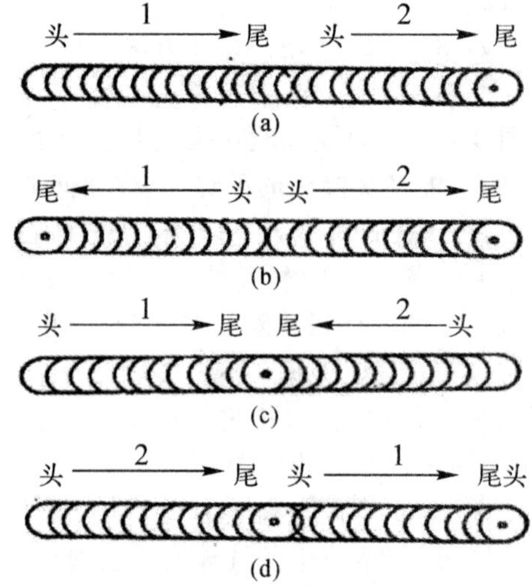

图3-14　焊缝的连接

(a)后焊焊缝起头与先焊焊缝的结尾连接；(b)后焊焊缝起头与先焊焊缝的起头连接；(c)后焊焊缝结尾与先焊焊缝的结尾连接；(d)后焊焊缝结尾与先焊焊缝的起头连接)

7.焊缝的收尾方法

焊缝的收尾是指一条焊缝焊完后的收弧。焊接结束时，如果将电弧突然熄灭，则焊缝表面留有凹陷较深的弧坑会降低焊接收弧的强度，并容易引起弧坑裂纹。过快拉断电弧，液体金属中的气体来不及逸出，还易产生气孔等缺陷。为避免弧坑缺陷，可采用下述方法收弧。

1)反复断弧法。当焊至终点时，焊条在弧坑处做数次熄弧的动作，直到填满弧坑为止。此法适用于薄板焊接。

2)划圈收尾法。当焊至终点时，焊条作圆圈运动，直到填满弧坑再熄弧。此法适用于厚板焊接，用于薄板则有烧穿焊件的危险。

3)回焊收尾法。当焊至结尾处,不马上熄弧,而是回焊一小段(约 5 mm)距离,待填满弧坑后,慢慢拉断电弧,碱性焊条常用此法。

3.2.5 不同焊接位置焊条电弧焊的基本操作方法

焊接接头形式是由相焊的两焊件相对位置所决定的,主要有对接接头、搭接接头、角接接头、T 形接头四种,分别如图 3-15(a)(b)(c)(d)所示。对接接头所形成的结构基本上是连续的,能承受较大的静载荷和动载荷,是焊接结构中最完善和最常用的结构形式。

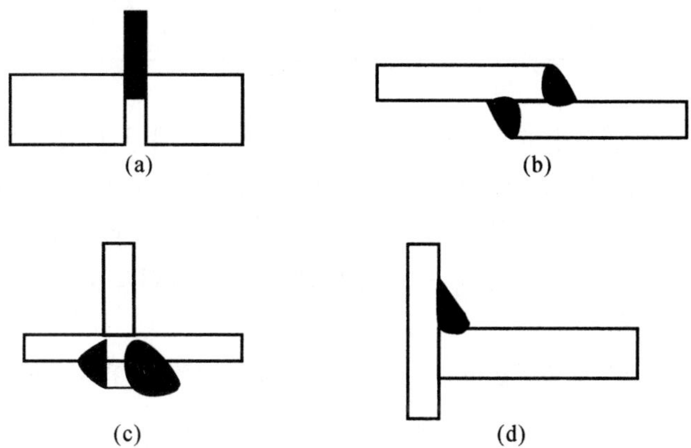

图 3-15 焊接接头形式

(a)对接接头;(b)搭接接头;(c)角接接头;(d)T 形接头

焊接时,不同焊接位置的焊接接头,虽然各自具有不同的特点,但也有共同的规律,其共同规律就是:保持正确的焊条角度,掌握好运条的三个动作,控制熔池表面形状、大小和温度,使熔池金属的冶金反应较完全,气体、杂质排出彻底,并与母材很好地熔合,得到优良的焊缝质量和美观的焊缝。

平焊时,由于焊缝处在水平位置,熔滴主要靠自重过渡,所以操作技术比较容易掌握。平焊又分为对接平焊、船形焊和 T 形接头平角焊。

(1)对接平焊

对接平焊的焊接参数见表 3-3。

表 3-3 对接平焊的焊接参数

接头坡口	焊接厚度/mm	第一层焊接		其他各层焊接		封底焊接	
		焊条直径/mm	焊接电流/A	焊条直径/mm	焊接电流/A	焊条直径/mm	焊接电流/A
I 形坡口	2	2	50～60	—	—	2	55～60
	2.5～4	3.2	80～100	—	—	3.2	85～120
	4～5	3.2	90～	—	—	3.2	100～
		4	160～	—	—	4	160～
		5	200～	—	—	5	220～

续表

接头坡口	焊接厚度/mm	第一层焊接		其他各层焊接		封底焊接	
		焊条直径/mm	焊接电流/A	焊条直径/mm	焊接电流/A	焊条直径/mm	焊接电流/A
V形坡口	5～6	4	160～200	—	—	3.2	100～
						4	180～
	> 6	4	160～200	4	160～	4	180～
				5	220～	5	220～

薄板对接平焊：对板厚小于 6 mm 的板对接接头，一般采用 I 形坡口双面焊。焊接正面焊缝时，采用短弧焊接，使熔深为焊件厚度的 2/3，焊缝宽度为 5～8 mm，余高应小于 1.5 mm。

焊接背面焊缝时，除重要构件外，不必清焊根。焊接时，若发现熔渣和液态金属混合不清，可把电弧稍微拉长些，同时将焊条前倾，并做往熔池后面推送熔渣的动作，即可把熔渣推送到熔池后面去，如图 3-16 所示。

厚板对接平焊：当板厚超过 6 mm 时，由于电弧的热量较难深入 I 形坡口根部，必须开 V 形坡口或 X 形坡口，可采用多层焊或多层多道焊。多层焊时，第一层应选用直径较小的焊条，运条方法应根据焊条直径与坡口间隙而定，间隙小时可采用直线形运条方法，间隙大时可采用直线往返形运条方法。其他各层焊接时，每层的焊缝接头必须错开 50 mm。

(2)船形焊

船形焊时，采用月牙形或锯齿形运条方法，其焊接示意图如图 3-17 所示。船形焊焊接参数见表 3-4。

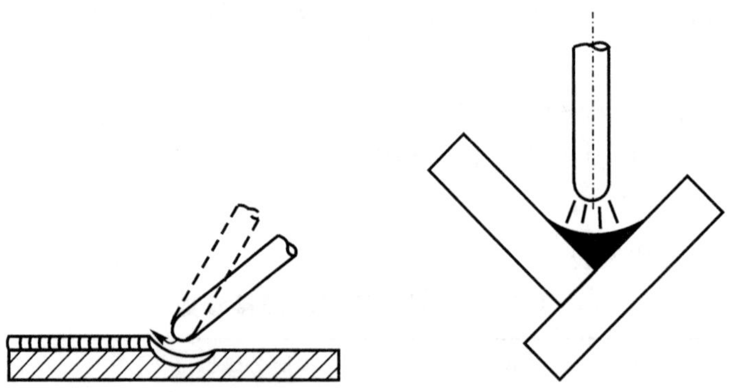

图 3-16　推送熔渣的方法　　图 3-17　船形焊焊接示意图

表 3-4　船形焊焊接参数

焊脚尺寸/mm	第一层焊缝		其他各层焊缝	
	焊条直径/mm	焊接电流/A	焊条直径/mm	焊接电流/A
3	3.2	105～120	—	—

续表

焊脚尺寸/mm	第一层焊缝		其他各层焊缝	
	焊条直径/mm	焊接电流/A	焊条直径/mm	焊接电流/A
4	3.2	105～120	—	—
	4	165～200		
5～6	4	165～200	—	—
	5	230～280		
≥7	4	165～200	5	230～280
	5	230～260		

(3)T 形接头平角焊

T 形接头平角焊的焊接参数见表 3 - 5。

表 3 - 5　T 形接头平角焊的焊接参数

坡口形式	焊脚尺寸/mm	第一层焊缝		其他各层焊缝	
		焊条直径/mm	焊接电流/A	焊条直径/mm	焊接电流/A
V 形	2	2	55～65	—	—
	3	3.2	100～120	—	—
	4	3.2	100～120	—	—
		4	160～200		
	5～6	4	160～200	—	—
		5	220～280		
	>7	4	160～200	5	200～280
		5	200～280		
I 形		4	160～200	4	160～200
				5	200～280

平角焊焊脚尺寸小于 6 mm 的焊缝通常用单层焊，焊脚尺寸为 6～8 mm 时，用二层焊，焊脚尺寸大于 8 mm 时宜采用多层多道焊。

单层焊：单层焊采用直线形运条法，焊条角度如图3 - 18 所示。

多层焊：(二层二道焊)焊接第一层焊缝的运条方法和焊条角度等与单层焊相同。焊接第二层焊缝可采用斜锯齿形或斜圆圈形运条方法,如图 3-19 所示。

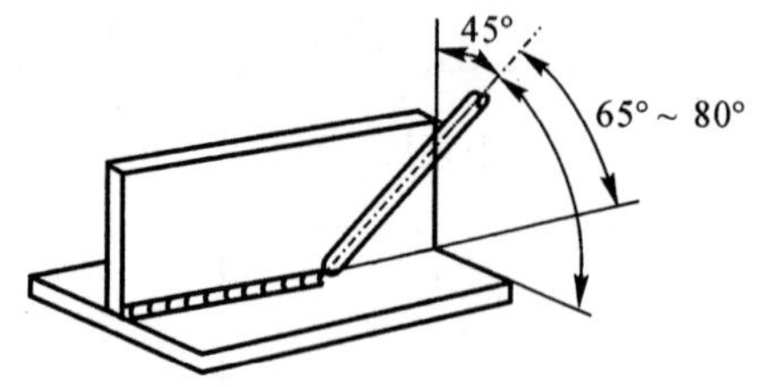

图 3-18 T 形接头单层焊的焊条角度

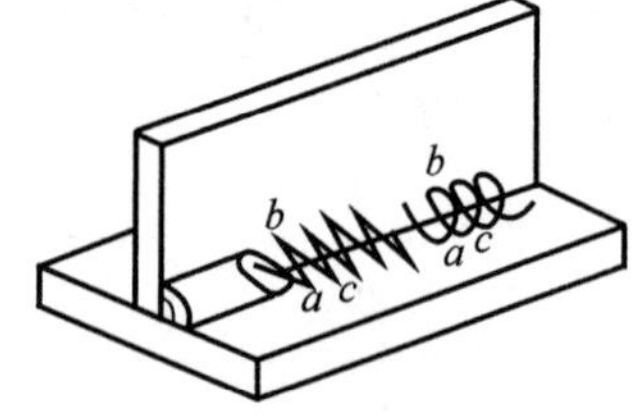

图 3-19 T 形接头多层焊的运条方法

多层多道焊:焊脚尺寸为 8～12 mm 时宜采用二层三道焊,焊第一层的焊接方法同单层焊,第二层的二、三道焊缝都采用直线形运条法,焊条角度如图 3-20 所示。焊接第二道焊缝要覆盖第一层焊缝 2/3 左右,焊接时运条要平稳,焊接第三道焊缝要覆盖第二道焊缝 1/3～1/2。

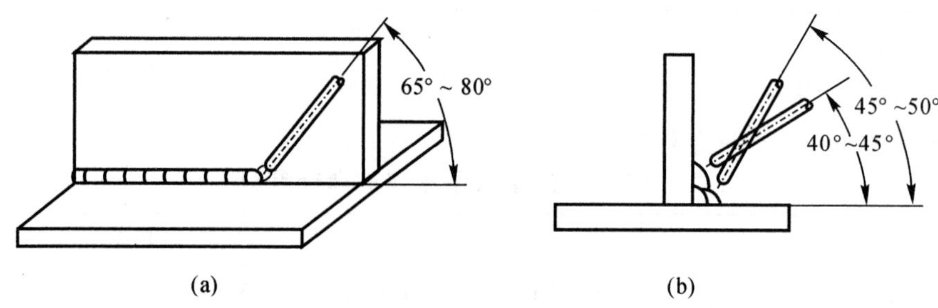

图 3-20 T 形接头多层多道焊的焊条角度

3.2.6 焊条电弧焊设备

电焊机是焊条电弧焊的主要设备,是产生焊接电弧的电源,常用的电焊机有交流焊机和直流焊机。

1. 直流焊机

(1)发电机式

这类焊机电弧稳定,焊接质量好,但由于其结构复杂,成本高,制造维护困难而且噪声大,因此使用受到一定的限制。

(2)整流器式

这类焊机是新一代的弧焊机,它具有直流焊机的优点,噪声小,空载损耗小,效率高,成本低,制造维护方便,因此该焊机被广泛使用。目前基本上已取代了弧焊发电机。在使用直流焊机时,因其有正负之分,所以有两种接线方法。

1)正接法。工件接正,焊条接负,热量主要集中在工件一侧,用于厚工件。

2)反接法。工件接负,焊条接正,热量集中在焊条一端,用于薄件的焊接。

2. 交流电焊机

由于交流电焊机结构简单、价格便宜、使用可靠、维修方便、噪声小,且现在生产中大多采用普通结构钢,所以交流电焊机应用最广。以学生实习所用焊机 BX1-180AA1 型为例,该焊机其实是一台特殊的降压器，输入端电压为380 V，输出电压随着负载电流的变化而变化。空载时电压为60～80 V，工作电压为20～35 V，短路时为0 V，这样可以保护焊机不被烧毁，使用前可根据不同需要调节焊接电流。它主要是通过调节活动铁芯的位置来改变电流的。

3.2.7　焊条电弧焊的注意事项

1)防止触电。弧焊机外壳应接地，焊把与焊钳间应绝缘良好。

2)避免弧光烧伤。电弧中较强的紫外线与红外线对人体有害，操作者应穿好工作服，戴好面罩和手套后方可施焊。

3)防止烫伤。焊件在焊后必须用钳子夹持，应注意敲渣方向，避免熔渣烫伤。

4)注意通风。施焊场地要通风良好，防止或减少焊接时从焊条药皮中分解出来的有害气体对人员的伤害。

5)保护焊机。焊钳不可放置在工作台上；停止焊接时，应关闭电源。

3.3　气体保护焊简介

气体保护焊是用外加气体作为电弧介质并保护电弧和焊接区的一种电弧焊方法。常用的气体保护焊有二氧化碳气体保护焊和氩弧焊。

3.3.1　二氧化碳气体保护焊

1. 概念

二氧化碳气体保护焊是利用CO_2气体作为保护气体的气体保护焊，简称CO_2焊。

2. 原理

焊接时，送丝滚轮不断地送进，与工件之间产生电弧，在电弧热的作用下，熔化焊丝和工件形成熔池，随着焊枪的移动，熔池凝固形成焊缝。期间CO_2气体经喷嘴喷出，包围电弧和熔池，起到隔离空气和保护焊接金属的作用。同时CO_2气体还参与冶金反应，在高温下的氧化性有助于减少焊缝中的氢。由于二氧化碳气体的热物理性能的特殊影响，使用常规焊接电源时，焊丝端头熔化金属不可能形成平衡的轴向自由过渡，通常需要采用短路和熔滴缩颈爆断。因此，与熔化极惰性气体(Melt Inert Gas，MIG)保护焊自由过渡相比，飞溅较多。但如采用优质焊机，参数选择合适，可以得到很稳定的焊接过程，使飞溅降低到最小的程度。由于CO_2气体价格低廉，采用短路过渡时焊缝成形良好，加上使用含脱氧剂的焊丝即可获得无内部缺陷质量的焊接接头，因此这种焊接方法目前已成为黑色金属材料最重要的焊接方法之一。

3. 特点

(1)优点

1)焊接速度快，由于CO_2气体保护焊的焊丝熔化速度比手工电弧焊的熔化速度快，因此焊接速度比手工电弧焊速度要快。

2)引弧性能好，引弧效率高，CO_2气体保护焊的焊丝被绕成线圈状，可连续焊接，提高了引弧效率，不再需要清除焊渣，焊接过程中电弧不中断，可连续焊接，接点小，提高了焊接速度。

3)熔深大，CO_2 气体保护焊的熔深大约是手工电弧焊的 3 倍，熔深增加，使焊缝的强度提高，而破口的加工量减少。

4)熔敷效率高。

5)焊接变形小，由于电弧热量集中，CO_2 气体有冷却作用，而且受热面积小，所以焊件变形小，特别是对于薄板的焊接更为突出。

6)应用范围广，CO_2 气体保护焊用一种焊丝可进行各种位置的焊接，适合于低碳钢、高强度钢及普通铸铁等多种材料焊接。

7)操作方便。CO_2 气体保护焊操作要领简单，易于掌握。

(2)缺点

1)使用大电流焊接时飞溅多，很难用交流电源焊接，也很难在有风的地方焊接，不能焊接容易氧化的有色金属材料。

2)CO_2 气体保护焊所采用的材料是 CO_2 气体和焊丝。

(4)设备

CO_2 气体保护焊的设备通常有两大类：

1)自动 CO_2 气体保护焊：常用粗焊丝的焊接(焊丝直径大于等于 1.6 mm)。

2)半自动 CO_2 气体保护焊：主要用于细焊丝的焊接(焊丝直径小于 1.2mm)，在生产中大量采用细丝 CO_2 气体保护焊。

通常用的 CO_2 气体保护焊的设备主要有焊接电源、焊枪、送丝机构、CO_2 气体供气装置和减压调节器等。

供电电源只能使用直流电源，且一般是专用电源。这是因为 CO_2 气体保护焊若使用交流电源焊接，电弧不稳定，飞溅严重，因此只能使用直流电源，一般是抽头式硅整流的电源。同时，要求焊接电源具有平特的外特性，这是因为 CO_2 气体保护焊的电流密度大，加之 CO_2 气体对电弧有较强的冷却作用，所以电弧静特性曲线是上升的，在等速送丝的条件下，平特性电源的电弧自动调节灵敏度较高。

送丝方法有三种：推丝式、拉丝式、推拉式。

(5)焊接工艺参数

1)焊丝直径的选择。焊丝直径一般分为细丝和粗丝两种规格。焊接薄板或中、厚板的立焊、横焊、仰焊多采用细丝焊(直径小于 1.6 mm 的焊丝)。在平焊位置焊接中、厚板时，可以采用粗丝焊(直径≥1.6 mm)，常用 0.8～1.2 mm 的焊丝。

2)焊接电流的选择。根据工件的厚度、焊丝直径、施焊位置以及熔滴过渡形式来选择。

3)电弧电压的选择。电弧电压和焊接电流成正比关系。一般来说，短路过渡时，电弧电压为 16～24 V，粗滴过渡时，电弧电压为 25～40 V。

4)焊接速度的选择。一般半自动焊时焊接速度为 15～40 m/h，自动焊时不能超过 80 m/h。

5)焊丝伸出长度的选择。焊丝的伸出长度取决于焊丝的直径，均以焊丝直径的 10 倍为宜，一般是 5～15 mm，如图 3－21 所示。

6)气体流量的选择。正常焊接时，200 A 以下薄板焊接，CO_2 的流量为 10～25 L/min；

200 A 以上厚板焊接，CO_2 的流量为 15～25 L/min；粗丝大规范自动焊 CO_2 的流量为 25～50 L/min。

7）电源极性的选择。二氧化碳气体保护焊必须使用直流电源，并且多采用直流反接。

（6）操作方法

1）焊前准备。坡口加工，焊接装配及预留反变形量，调整焊接间隙并进行定位焊、打底焊、填充焊、盖面焊。

2）焊接操作。

引弧——短路引弧。引弧的方法是短路引弧，焊丝伸出长度是焊丝直径的 10 倍，焊接方向是左焊法及从右向左焊。

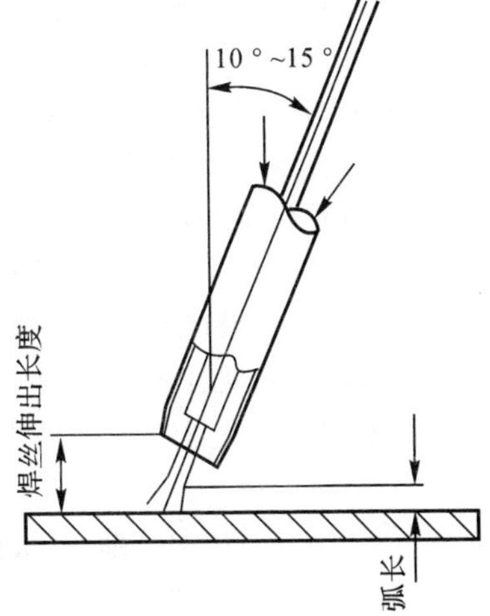

图 3-21　焊丝伸出长度

运条——摆动焊枪。为了获得较宽的焊缝，采用横向摆动送丝方法，根据 CO_2 气体保护焊的焊接特点，其摆动方式主要有直线型、八字型、锯齿型、月牙型、正三角型、斜圆圈型等。

收弧——断续收弧。收尾焊枪不做任何动作，松开控制开关即可，应保持焊丝伸出长度，并把燃烧点拉到熔边边缘处停弧。

（7）操作注意事项

1）调试好焊接工艺参数后，在焊接的右端引弧，从右向左焊接。

2）焊枪沿装配间隙前后摆动或小幅度横向摆动，摆动幅度不能太大，以免产生气孔。熔池停留时间不宜过长，否则容易烧穿。

3）选择的焊接电流较小，电弧电压较低，采用短路过渡的方式进行焊接时，要特别注意保证焊接电流与电弧电压配合好。电弧电压太高，则熔滴短路过渡频率降低，电弧功率增大，容易引起烧穿，甚至熄弧；电弧电压太低，则可能在熔滴很小时就引起短路，产生严重的飞溅，影响焊接过程。

【思政小故事】

为火箭焊接心脏的大国工匠

氩弧焊国宝级专家高凤林是航天特种熔融焊接工、世界顶级焊工，也是我国焊工界金字塔的绝对顶端人物，专门负责焊接我国的航天器部件，是在我国航天事业中发挥重要作用的人物，图 3-22 是高凤林在进行焊接操作。长征二号、三号都是经他手焊接完成的，我国许多武器研制过程也都有他的身影。人们说他是“为火箭筑心的人”。他在长征二号火箭的焊接过程中提出了多层快速连续堆焊加机械导热等一系列保证工艺性能的工艺方法，成功保障了长征二号火箭的发射；在国家 863 攻关项目“50 t 大氢氧发动机系统研制”中，高凤林更是大胆突破理论禁区，创新混用焊头焊接超薄的特制材料……高凤林

图 3-22　焊接专家高凤林在进行焊接操作

也因为各种技术突破获得国家技术创新二等奖、航天技术能手等奖项。科学家们为火箭升空提供理论上的设计图纸，高凤林是将这份设想转换为现实中至关重要的一环。曾经有一次，丁肇中先生的科研探测器项目落地时遇到困难，点名请来高凤林帮忙解决焊接上的技术难题。

古往今来，从新中国成立初期回国的那批知识分子，到如今像高凤林这样的大国工匠，他们兼备技术与情怀，一方面专注于自己所在行业的研究突破，另一方面坚定地站在祖国的立场上毫不动摇。正是因为有更多这样的一线工作者，中国才能发展到像今天这样强盛。

当然，工匠精神不只是指狭义的技术工人的精神，工匠精神存在于各行各业，除了有对职业的喜爱之心、敬畏之心、专注之心，更重要的还是要有一颗爱国的赤子之心。做自己热爱的事情，做对国家有利的事情，并能将二者融合、统一，这样，大国工匠就会越来越多，我们的祖国也会越来越繁荣富强。

“七一勋章”获得者艾爱国——一身绝技的焊接行业领军人

艾爱国(“七一勋章”获得者)是爱岗敬业的榜样，为党和人民作出了重要贡献，获得国家科技进步二等奖。写成论文《钨极手工氩弧焊紫铜风口的焊接》，之后又在深入钻研的基础上写出《紫铜氩弧焊接操作法》，比较全面地介绍了各种情况下紫铜焊接的方法。1985 年他撰写了论文《手工氩弧焊铝及铝合金单面焊双面成形工艺》，还带领 17 名焊工成功焊接了从德国引进的一台制氧机所有管道的多道焊缝，受到德国专家的极力称赞。

3.3.2 手工钨极氩弧焊

1. 概念

用氩气作为保护气的焊接方式叫氩弧焊。

2. 原理

手工钨极氩弧焊是用钨极作为电极，利用从喷嘴喷出的氩气，在电弧及焊接熔池周围形成连续封闭的气体，以保护钨极，使焊丝和焊接熔池不被外界空气氧化。氩气属于惰性气体中价格略低的气体，焊接时熔化的焊剂与母材熔合时，为防止超高温状态下熔剂被氧化，采用惰性气体(氩气)隔离空气，以保护焊点，保持化学成分，从而保护其机械性能。

3. 特点

(1)优点

1)可焊接所有工业用的金属、合金等。

2)有气体保护，焊接性能好。

3)无飞溅，焊后处理简单。

4)适用于各种几何形状的全位置焊接。

5)焊接范围广，从 0.3 mm 的薄板到厚板均可进行焊接。

6)不用药剂，焊缝不存在残留药剂腐蚀的问题。

7)焊接工艺性能好，焊缝质量高。

(2)缺点

1)受风的影响较大，这也是气体保护焊的共同问题。

2)与其他电弧焊相比，在效率及气体保护方面的造价高，焊接成本高，因此进行焊接构造钢的薄板及双面成形的作业时不太经济。

4. 工艺参数

手工钨极氩弧焊的工艺参数有钨极直径、焊接电流、电弧电压、焊接速度、电源种类及极性、氩气流量、喷嘴直径、喷嘴与焊件间的距离、钨极伸出长度等。

(1)钨极氩弧焊的电源选择

钨极氩弧焊可以采用交流和直流两种焊接电源,采用哪种焊接电源与所含金属或合金种类有关。采用直流电源时,还要考虑极性的选择。

(2)钨极氩弧焊距离的选择

手工钨极氩弧焊时,喷嘴与焊件间的距离以 8～14 mm 为宜。若距离过大,气体保护效果差。距离过小,虽对气体保护有利,但能观察的范围和保护区域变小。

(3)钨极伸出长度的选择

对于手工钨极氩弧焊,为了防止电弧热量烧坏喷嘴,钨极端部应伸出喷嘴以外,其伸出长度一般为 3～4 mm。伸出长度过大时,气体保护效果会受到一定影响。

5. 操作方法

(1)焊前准备

1)检查。

A. 检查作业环境。对于手工钨极氩弧焊,焊接前首先应检查工作场地,周围应无妨碍工作的电缆、铁片等。工作场地应无挥发油、稀料等易燃物,检查弧光、遮光设备及换气设备是否良好。

B. 检查安全用具。手工钨极氩弧焊时,对安全用具的检查主要是对手套、护脚布、眼镜、面罩等劳保用品进行检查。

C. 检查消耗品。主要对电极、喷嘴、气体、填充丝进行检查。

2)焊前清理。

焊接时应事先对焊件表面进行清理,去除焊件表面的油污、灰尘,以及焊接处的铁锈等,工件清理的方法有两种:

A. 机械清理法。即用金刚砂纸、钢丝绒、金属丝刷、喷砂、喷丸等方法对工件表面进行清理。

B. 化学清理法。常见的有酸洗法和碱洗法。根据焊接材料的不同,清理方法也不同。

(2)基本操作

1)坡口加工。

2)焊件装配及预留反变形量。

3)调整焊接间隙及定位焊。

4)引弧。手工钨极氩弧焊通常采用引弧器进行引弧,这种引弧的优点是能使钨极与焊件保持一定的距离而不接触,能在施焊点上直接引燃电弧,可使钨极端头保持完整,钨极损耗小,引弧处不会产生夹钨缺陷。

5)收弧。手工钨极焊收弧方法如果不正确,就容易产生弧坑裂纹、气孔和烧穿等缺陷。因此应采用衰减电流的方法使电流自动由大到小逐渐下降,以填满弧坑,一般氩弧焊机都配有自动衰减装置,收弧时通过焊枪手把上的按钮断续送电来填满弧坑,若无电流衰减装置时,可采用手工操作收弧,其要领是逐渐减少焊件热量,改变焊枪角度,稍拉长电弧,断续送电等。填满弧坑后慢慢提起电弧直至灭弧。不要突然拉断电弧。

(3)对接平焊操作

1)手工钨极氩弧焊通常采用左向焊法。

2)引弧。在焊件的右端定位,焊缝上引弧(弧长为4～7 mm)。

3)引弧后预热引弧处采用较小的焊枪倾角和较小的焊接电流,焊丝送入要均匀,焊枪移动要平稳,速度要一致,同时要密切注意熔池的变化,随时调节有关工艺参数。保证焊缝成形良好,当熔池增大、焊缝变宽、并出现下凹时,说明熔池温度过高,应减小焊枪与焊件的夹角,加快焊接速度。当熔池减小时,说明熔池温度过低,应增大焊枪与焊件夹角,减小焊接速度。

4)接头。当更换焊丝和暂停焊接时,松开焊枪上的按钮开关,停止送丝,接头时,在弧坑右侧15～20 mm处引弧,缓慢向左移动,待弧坑处开始融化形成熔池时,继续填丝焊接。

5)收弧。当焊至焊件末端时,应减小焊枪与焊件的夹角,使热量集中在焊丝上,并加大焊丝的熔化量,以填满弧坑。焊接时焊枪可作横向摆动,并在两侧停留,以保证焊道均匀。

6)焊接结束后,关闭焊机,用钢丝刷清理焊件表面,检查焊件表面是否有气孔、裂纹、咬边等缺陷,使焊缝外观符合工艺要求。

6. 操作注意事项

进行手工钨极氩弧焊时,为保证焊接强度,需要插入适量的填充焊丝,填充焊丝一定要在熔池里熔化,焊丝应快速插入,填充焊丝的角度为10°～15°。用插入量来决定焊缝余高量。要在氩气氛围中插入,进行手工钨极氩弧焊时,填充焊丝的直径应根据焊接电流的大小进行选择。电弧引燃后,喷嘴与焊接处要保持一定距离并稍作停顿,在母材上形成熔池后,再给送丝,采用左焊法。焊枪与焊件表面成70°～85°的夹角,如图3-23所示。

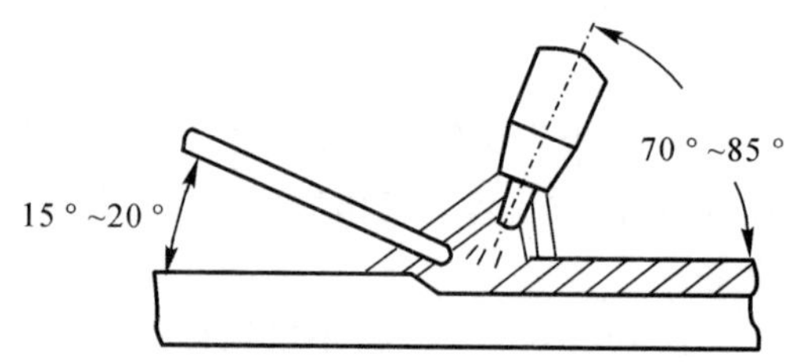

图3-23 手工钨极氩弧焊时焊枪、焊丝与工件的夹角

3.4 激光焊

激光焊是利用高能量密度的激光束作为热源,来熔化并连接工件的一种高效精密的焊接方法。与常规焊接方法相比较,激光焊具有能量密度高、穿透深、精度高、适应性强等优点,这种焊接方法在航空航天、电子信息、汽车制造等领域广泛应用。

激光意为"通过受激辐射实现光的放大"。工作物质受到激光辐射,通过光放大而产生的一种单色、方向性强、亮度极高的相干光辐射,即为激光束。它经透射或反射镜聚焦后可获得直径小于0.01 mm、功率密度高达10^{12} W/cm^{2}的能束,可用作焊接、切割、熔覆及材料表面处理的热源。

3.4.1 激光焊的基本原理

激光焊是以聚焦的激光束作为能源来轰击焊件接缝处,利用其所产生的热量进行焊接的方法。激光焊能得到实现,不仅是因为激光本身具有极高的能量,更重要的是因为激光能量被高度集中于一点,使其功率密度很大。激光焊本质上是激光与非透明物质相互作用的过程,微观上是一个量子过程，宏观上则表现为反射、吸收、加热、熔化、汽化等现象，如图3-24、图3-25所示。

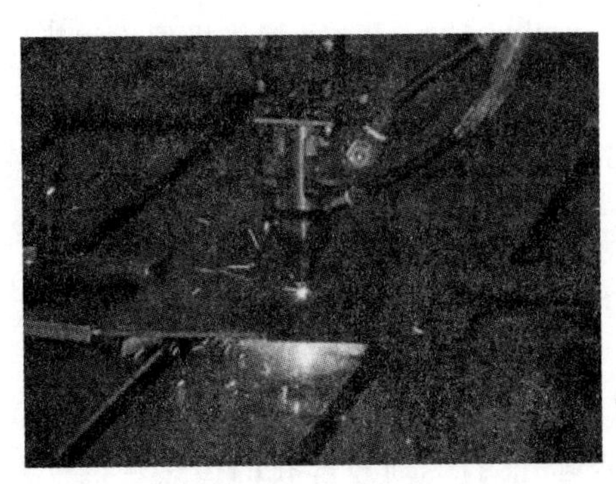

图3-24 激光焊

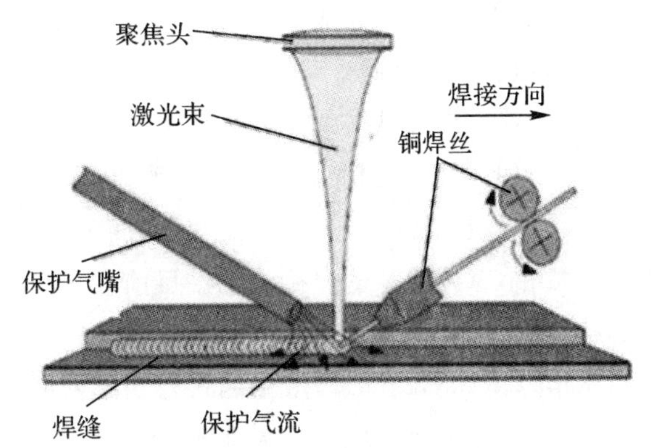

图3-25 激光焊接原理

金属材料的热加工主要是基于光热效应的热加工，激光被吸收并转化为热能，激光照射到工件的表面，部分反射，部分吸收。如果被焊金属具有良好的导热性能，则会得到较大的熔深，形成小孔，从而可以大幅度地提高激光吸收率。激光在材料表面的反射、透射和吸收，本质上是光波的电磁场与材料相互作用的结果。激光光波入射材料时，材料中的带电粒子依着光波电矢量的步调振动，使光子的辐射能变成电子的动能。

金属对激光的吸收，主要与激光波长、材料的性质、温度、表面状况以及激光功率密度等因素有关。一般来说，金属对激光的吸收率随着温度的升高而增大，随着电阻率的增大而增大。

激光是一种新的光源，它除了与其他光源一样是一种电磁波外，还具有其他光源不具备的特性，如高方向性、高亮度(光子强度)、高单色性和高相干性。在激光加工中，材料吸收的光能向热能的转换是在极短的时间(约为10^{-9} s)内完成的。在这个时间内，热能仅仅局限于材料的激光辐射区，然后通过热传导，热量由高温区传向低温区。

激光焊通过特定光路系统将激光束聚焦为一个很小的斑点，可产生巨大的能量密度，实现对不同材料的连接。显然，激光焊最基本的优势是激光束可以被聚焦到很小的区域，从而形成高功率密度的集中热源。这种高功率密度的热源通过沿待焊接接头快速扫描使之熔化、凝固、结晶，从而实现焊接。

3.4.2 激光焊的分类

按照激光发生器工作物质的不同，激光有固体、半导体、液体、气体激光。激光焊有两种基本模式，按激光聚焦后光斑作用在工件上功率密度的不同，激光焊一般分为热导焊和深熔焊。

热导焊也称传热焊，当激光的入射功率密度较低时，工件吸收的能量不足以使金属气化，只发生熔化，此时金属的熔化是通过对激光辐射的吸收及热量传导进行的，由于没有蒸气压力作用，激光热导焊时熔深一般较浅。

激光热导焊看起来类似于钨极惰性气体(Tungsten Inert Gas, TIG)保护焊，材料表面吸收激光能量，通过热传导的方式向内部传递。在激光光斑上的功率密度不高（$<10^6$ W/cm^2）的情况下，金属材料的表面在加热时不会超过其沸点。焊接时，金属材料表面将所吸收的激光能转变为热能后，使金属表面温度升高而熔化，然后通过热传导方式把热能传向金属内部，使熔化区迅速扩大，凝固后形成焊点或焊缝，其熔池形状近似为半球形。这种焊接机理称为热导焊，这种传热熔焊过程类似于非熔化极电弧焊。

热导焊的特点是激光光斑的功率密度小，很大一部分光被金属表面所反射，光的吸收率较低，焊接熔深浅、焊点小、热影响区小，因而焊接变形小、精度高，焊接质量也很好。热导焊主要用于薄板、小工件的精密焊接加工。目前在汽车、飞机、电子等工业制造部门，已经大量采用这种焊接方法。

深熔焊也称小孔焊，当激光的入射功率密度较大时，可在极短的时间内使加热区的金属气化，从而在液态熔池中形成一个匙孔，光束可以直接进入匙孔内部，通过匙孔的传热获得较大的焊接熔深，这种机制称为深熔焊，这是激光焊中最常用的焊接模式。

激光深熔焊与电子束焊相似，高功率密度激光引起材料局部熔化并形成小孔，激光束通过小孔深入熔池内部，随着激光束的运动形成连续焊缝。当激光光斑上的功率密度足够大时（$\geq 10^6$ W/cm^2），金属表面在激光束的照射下被迅速加热，其表面温度在极短的时间内（$10^{-8}\sim10^{-6}$s）升高到沸点，使金属熔化和气化。产生的金属蒸气以一定的速度离开熔池表面，逸出的蒸气对熔化的液态金属产生一个附加压力从而反作用于熔化的金属，使熔池金属表面向下凹陷，在激光光斑下产生一个小凹坑。

当激光束在小孔底部继续加热时，所产生的金属蒸气一方面压迫坑底的液态金属，使小坑进一步加深，另一方面向坑外逸出的蒸气将熔化的金属挤向熔池四周。随着加热过程的连续进行，激光可直接射入坑底，在液态金属中形成一个细长的小孔，当光束能量所产生的金属蒸气的反冲压力与液态金属的表面张力和重力平衡后，小孔不再继续加深，从而形成一个具有稳定深度的小孔而实现焊接，因此称为激光深熔焊。

当光斑功率小、密度很大时，所产生的小孔将贯穿整个板厚，形成深穿透焊缝（或焊点），在连续激光焊时，小孔是随着光束相对于工件沿焊接方向的，金属在小孔前方熔化并绕过小孔流向后方后，重新凝固形成焊缝。

深熔焊的激光束可深入焊件内部，因此形成深宽比较大的焊缝。如果激光功率足够大而材料相对较薄，激光焊形成的小孔贯穿整个板厚且背面可以接收到部分激光，则这种方法也称为薄板激光小孔效应焊。为了焊透，需要有一定的激光功率，通常每焊透 1 mm 的板厚，约需要 1 kW 的激光功率。

从机理上看，深熔焊和深穿透焊（小孔效应）的前提都是焊接时存在小孔，两者没有本质上的区别，在能量平衡和物质流动平衡的条件下，可以对小孔稳定存在时产生的一些现象继续分析。只要光束有足够高的功率密度，小孔总是可以形成的。

3.4.3 激光焊接的优点

1）聚焦后的激光具有很高的功率（$10^5\sim10^7$ W/cm^2 或更高），焊接以深熔焊方式进行，在相同功率和焊接厚度条件下，焊接速度高，加热范围小，所以焊接热影响区小，激光焊残余应力和变形小。

2)除普通金属材料外，用激光焊还可以焊接一般焊接方法难以焊接的材料，如高熔点金属等，甚至可用于焊接非金属材料，如陶瓷、有机玻璃等。

3)激光能反射、透射，能在空间传播相当一段距离且衰减很小，因此可以进行远距离或一些难以接近部分的焊接，对于一些产生有毒气体和物质的材料，由于激光可穿过透明物质，因此可以将其置于玻璃制成的密封容器中或通过透明物质进行焊接。

4)一台激光器可以供多个工作台开展不同的工作，既可用于焊接，又可用于切割、合金化和热处理，一机多用。

5)与电子束焊相比，激光焊最大的优点是不需要真空室，不产生X射线，同时光束不受电磁场影响。这是由于激光束是与电子束截然不同的束流，具有光的特性，而电子束是由运动电子形成的，是一种粒子。但激光焊接厚度比电子束焊小。

3.4.4 激光焊的局限与不足

1)用激光焊焊接一些高反射率的金属比较困难，通过表面处理、深熔焊、激光电弧复合焊接等方法，可以有效改善反射率高的影响。

2)设备投资比其他方法大，特别是高功率连续激光器。

3)对焊件加工、组装、定位要求均较高。

4)激光器的电光转换及整体运行效率都很低，光束能量转换率仅为10%～20%。

3.5 切 割

切割方法主要用于下料和对工件进行机械加工。常用的切割方法有机械切割、氧气切割、等离子切割、电火花切割、激光切割和水射流切割等。以下主要介绍氧气切割和等离子切割。

3.5.1 氧气切割

(1)气割原理

氧气切割是利用气体火焰(如氧乙炔火焰)的热能，将工件切割处预热到燃点，然后喷出高速切割氧气流，使高温的金属剧烈燃烧，生成氧化物并放出热量，同时高速氧气流将切割处生成的氧化物熔渣吹走，从而形成切口。随着割嘴向前运动，会不断地重复进行预热—燃烧—吹渣形成切口这一过程，最后形成连续的切口。在切割过程中，金属并不熔化，其实质上是在纯氧中的燃烧。

(2)气割设备

气割时，除了用割炬代替焊炬，其余设备同气焊设备。

(3)气割的应用

气割适用于低碳钢、中碳钢和低合金结构钢。

3.5.2 金属激光切割

(1)金属激光切割机切割原理

将激光汇聚成一个直径非常小的激光束,使其成为一个的高功率、高密度的热源,这个热源将材料加热后气化,材料上产生一个小孔。接着光束开始移动,光束边移动与其接触的材料便跟着气化从而达到切割目的,同时因为影响小,材料也不会变形损坏。激光切割机是通过激光形成一条高集中、高热量的以光的形式存在的密集光束,光束照射到材料表面,利用其产生的高温令材料融化,同时运用光束同轴所产生的高压气体去除已经融化的废气材料,这样就达到了切割金属的目的。从这里可以看出,激光切割和传统的机械加工是有着本质上的区别的。

(2)金属激光切割设备

空气等离子切割机是一种新型的热切割设备，它的工作原理是以压缩空气、氮气或者氧气为工作气体，通过激光发射器产生一束激光束,这道激光束会经外电路系统汇聚形成一道高密度、高强度的激光光束,然后直接照射材料表面,材料被照射后温度急速上升,直达其沸点,这个时候材料开始气化从而形成孔洞,然后激光光束开始在材料表面移动,最终就形成了切割。

(3)金属激光切割的应用

如今许多行业已经在运用激光切割技术了,如金属材料方面的切割、纺织材料方面的切割、运用激光进行打标雕刻等,但是很多人并不了解金属激光切割机的具体工作原理。

在切割材料的过程中除了运用激光进行切割外,还加入了和材料相配套的辅助气体。例如在切割钢材的时候会加入氧气,使其与金属产生的热气发生化学反应使其氧化,并且帮助吹走废气、残渣。切割塑料一类材料的时候使用压缩空气,切割布料、纸张的时候会加入惰性气体。辅助气体还能够冷却聚焦镜。

绝大多数的物质都可以利用激光进行切割,因此在工业制造领域,激光切割有着非常重要的作用。大多数的材料,不管其硬度如何,都是可以切割变形的。但是也有一些高反射率的材料,因为其优秀的热传导属性,也会令激光切割非常困难,甚至无法切割,如铝、铜等。

金属激光切割机还因为其无毛刺、无褶皱、加工精度高等特点,受到许多机电制造产业的喜爱。数控激光切割具有精密的微控操作,因此能够非常方便地切割不同形状与尺寸的材料。

3.6 电　阻　焊

3.6.1 电阻焊概述

(1)概念

电阻焊是利用电流通过焊接接头的接触区及邻近区域产生的电阻热,把焊件加热到塑性状态或熔化状态,再在压力作用下形成牢固接头的一种焊接方法。电阻焊属于压力焊的一种。

(2)特点

1)焊接电压很低(1～12 V),焊接电流很大(几十安到几千安)。

2)完成一个接头的焊接时间极短(0.01 s 到数秒),故生产率高。

3)加热时,对接头施加机械压力,接头在压力的作用下焊合。

4)焊接时不需要填充金属。

（3）应用

电阻焊的应用很广泛，在汽车和飞机制造业中尤为重要，例如新型客机上有多达几百万个焊点。电阻焊在宇宙飞行器、半导体器件和集成电路元件等方面都有应用。因此，电阻焊是焊接的重要方法之一。

（4）分类

电阻焊按工艺方法不同可分为点焊、缝焊和对焊。

3.6.2　点焊

点焊是将焊件装配成搭接接头，并压紧在两柱状电极之间，利用电阻热熔化母材金属形成焊点的电阻焊方法。点焊主要用于无密封要求的波板冲压件搭接、薄板与型钢构件的焊接，如飞机蒙皮、航空发动机的火烟筒、汽车驾驶室外壳等。

（1）点焊设备

点焊工艺主要借助点焊机实现。点焊机主要由机架、焊接变压器、电极与电极臂、加压机构及冷却水路等构成。

焊接变压器是点焊电源，它的次级只有一圈回路。上、下电极与电极臂既用于传导焊接电流，又用于传递压力。冷却水路通过变压器、电极等部分，用来散热。为避免焊接时发热，应先通冷却水，然后接通电源开关。电极的质量直接影响焊接过程、焊接质量和生产率。电极材料常用紫铜、镉青铜、铬青铜等制成，电极的形状多种多样，主要根据焊件形状确定。安装电极时，要注意上、下电极表面保持平行，电极平面要保持清洁，常用砂布或锉刀修整。

（2）点焊工艺过程

点焊的工艺过程为：

1）开通冷却水。

2）将焊件表面清理干净，装配准确后，送入上、下电极之间，施加压力，使其接触良好。

3）通电使两工件接触表面受热，局部熔化，形成熔核。

4）断电后保持压力，使熔核在压力下冷却凝固形成焊点。

5）去除压力，取出工件。

焊接电流、电极压力、通电时间及电极工作表面尺寸等点焊工艺参数对焊接质量有重大影响。

3.6.3　对焊

根据操作方法不同，对焊分为电阻对焊和闪光对焊。

（1）电阻对焊

电阻对焊是将两焊件装夹在对焊机的电极钳口中，先施加预应力使两焊件端面紧密接触，然后通电，利用焊件接触表面的电阻热将其迅速加热到高温塑性状态，再施加顶锻力使两焊件焊合。此种焊接方法操作简单，接头表面光滑，但接头内部易有残余夹杂物存在，焊接质量不高。

（2）闪光对焊

闪光对焊是在焊件未接触之前先接通电源，然后使两焊件逐渐接触。焊接开始时，首先是表面局部点接触，接触点电流密度极高，产生巨大的电阻热使接触点附近的金属迅速熔化并蒸发、爆破，以火花的形式飞出，形成“闪光”，持续地送进焊件，直至端面全面接触熔化为止，然后迅速断电，并施加较大顶锻力将熔化的金属挤出，从而将焊件连接在一起。闪光对焊端面内部夹杂物少，接头质量高，应用较普遍，广泛适用于端面形状相同或相似的杆状类零件的焊接。

3.7 钎　　焊

1. 概念

钎焊是采用比母材熔点低的金属材料作钎料，将焊件和钎料加热到高于钎料熔点、低于母材熔点的温度，利用液态钎料润湿母材，填充接头间隙并与母材相互扩散，以实现连接焊件的方法。目前钎焊在机械、仪表仪器、航空、空间技术等领域都得到了广泛应用。

2. 特点

1)加热温度低，工件不熔化，焊后接头附近母材的组织和性能变化不大。

2)压力和变形较小，接头平整光滑。

3)焊件尺寸容易保证。

4)可焊接异种金属。

5)钎焊的接头强度较低，焊前对被焊处的清洁和装配工件要求较高，残余熔剂有腐蚀作用，焊后必须仔细清洗。

3. 钎剂(或称熔剂)

在焊接过程中，一般都要使用钎剂。钎剂的作用是清除液态钎料和焊件表面的氧化物与其他杂质，改变液态钎料对工件的湿润性，以利于钎料进入被焊件的间隙，并使钎料及焊件免于氧化。钎焊不同金属材料，应选用不同的钎剂。

4. 分类

根据钎料熔点和接头的强度不同，钎焊可分为软钎焊和硬钎焊。

1)软钎焊。软钎焊的钎料熔点低于 450℃，焊接强度低于 70 MPa。软钎焊常用的钎料为锡铅钎料(又称焊锡)、锌锡钎料、锌镉钎料等。钎剂常采用松香、磷酸、氯化锌等。软钎焊适合于焊接受力不大、工作温度较低的焊件，如电器仪表、半导体收音机导线等。

2)硬钎焊。钎料熔点高于 450℃，接头强度可达 500 MPa。硬钎焊常用的钎料为铜基、银基、铝基、镍基钎料。钎剂常用硼砂、硼酸、氟化物、氯化物等。硬钎焊适用于焊接受力较大、工作温度高、接头强度较高的焊件，如硬质合金刀具等。

5. 硬质合金刀片与车刀刀体的火焰硬钎焊工艺过程

1)清理。清理刀头(硬质合金刀片)和刀体的刀槽，并装配好。

2)钎焊。先用火焰的外焰均匀加热刀槽四周，待刀槽四周呈现暗红色时，用火焰加热刀片，并不断用预热过的铜基钎料丝端头蘸着硼砂送入钎缝，使熔剂熔化并布满钎缝，然后将蘸有熔剂的钎料立即送入火焰下的钎缝接头处，使其快速熔化渗入并填满接头间隙。关闭火焰，缓慢冷却即可。

3.8　焊接缺陷与防治

3.8.1　外观缺陷

外观缺陷(表面缺陷)是指不用借助于仪器，从工件表面可以发现的缺陷。常见的外观缺陷有咬边、焊瘤、烧穿、凹陷及焊接变形等，有时还有表面气孔和表面裂纹，以及单面焊的根部未焊透等，如图 3－26～图 3－28 所示。

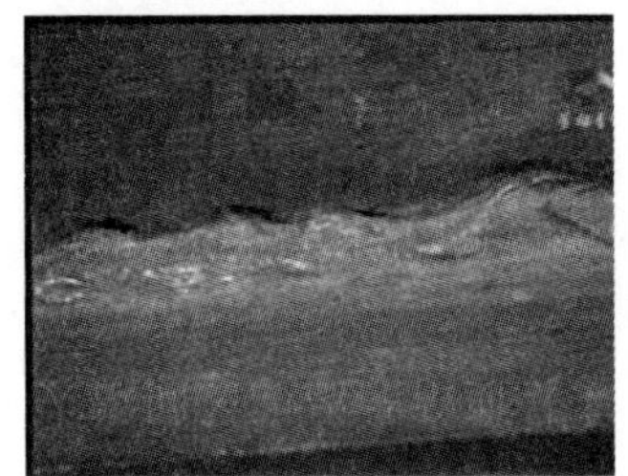

图 3－26　咬边

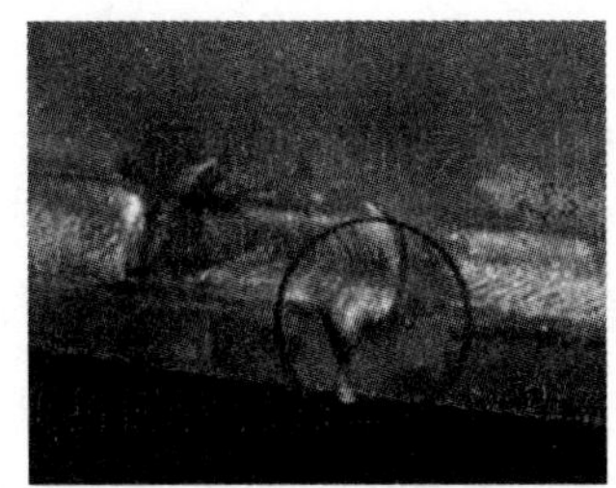

图 3－27　焊瘤

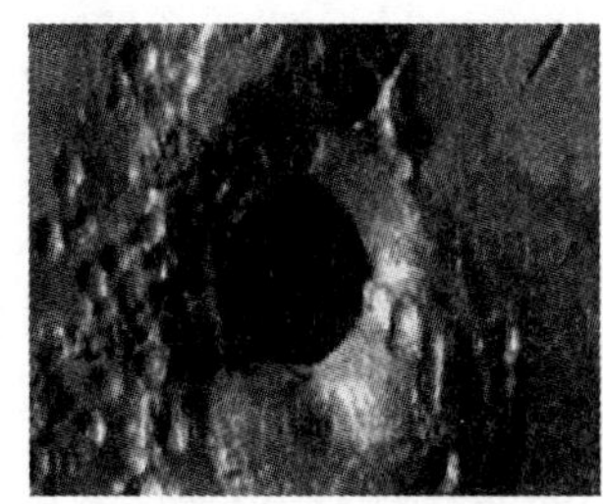

图 3－28　烧穿

(1)咬边

咬边是指沿着焊趾，在母材部分形成的凹陷或沟槽，它是由于电弧将焊缝边缘的母材熔化后没有得到熔敷金属的充分补充所留下的缺口，如图 3－26 所示。产生咬边的主要原因是电弧热量太高，即电流太大，运条速度太小。焊条与工件间角度不正确，摆动不合理，电弧过长，焊接次序不合理等也会造成咬边。直流焊时电弧的磁偏吹也是产生咬边的一个原因。某些焊接位置(立、横、仰)会加剧咬边。

咬边减小了母材的有效截面积，降低了结构的承载能力，同时还会造成应力集中，发展为裂纹源。

矫正操作姿势、按照规范操作、采用良好的运条方式等，有利于消除咬边。焊角焊缝时，用交流焊代替直流焊也能有效地防止咬边。

(2)焊瘤

焊缝中的液态金属流到加热不足未熔化的母材上或从焊缝根部溢出，冷却后形成的未与母材熔合的金属瘤即为焊瘤，如图 3－27 所示。焊条熔化过快、焊条质量欠佳(如偏芯)、焊接电源特性不稳定及操作姿势不当等都容易造成焊瘤。在横、立、仰位置更易形成焊瘤。

焊瘤常伴有未熔合、夹渣缺陷，易导致裂纹。同时，焊瘤改变了焊缝的实际尺寸，会带来应力集中。管子内部的焊瘤减小了管子的内径，可能造成流动物堵塞。

防止焊瘤的措施包括：使焊缝处于平焊位置，正确选用规范，选用无偏芯焊条，以及合理操作。

(3)凹坑

凹坑指焊缝表面或背面局部的低于母材的部分。

凹坑多是收弧时焊条(焊丝)未作短时间停留造成的(此时的凹坑称为弧坑)，仰立、横焊时，常在焊缝背面根部产生内凹。

凹坑减小了焊缝的有效截面积，弧坑常带有弧坑裂纹和弧坑缩孔。

防止凹坑的措施有：选用有电流衰减系统的焊机，尽量选用平焊位置，选用合适的焊接规范，收弧时让焊条在熔池内短时间停留或做环形摆动，填满弧坑。

(4)未焊满

未焊满是指焊缝表面连续的或断续的沟槽。填充金属不足是未焊满的根本原因。电流、电压过小，焊条过细，运条不当等会导致未焊满。

未焊满同样削弱了焊缝，容易产生应力集中，同时，由于电流、电压太小、冷却速度增大，容易造成气孔、裂纹等。

防止未焊满的措施有加大焊接电流、加焊盖面焊缝等。

(5)烧穿

烧穿是指焊接过程中，熔深超过工件厚度，熔化金属自焊缝背面流出，形成穿孔性缺陷，如图 3－28 所示。

焊接电流过大，速度太慢，电弧在焊缝处停留过久，都会产生烧穿缺陷。工件间隙太大、钝边太小也容易出现烧穿现象。

烧穿是锅炉压力容器产品上不允许存在的缺陷，它完全破坏了焊缝，使接头丧失连接及承载能力。

防止烧穿的措施有：选用较小电流并配合合适的焊接速度，减小装配间隙，在焊缝背面加设垫板或使用脉冲焊，等等。

3.8.2 其他表面缺陷

(1)成形不良

成形不良指焊缝的外观几何尺寸不符合要求，比如焊缝超高、表面不光滑、焊缝过宽，以及焊缝向母材过渡不圆滑等。

(2)错边

错边指两个工件在厚度方向上错开一定位置，它既可视作焊缝表面缺陷，又可视作装配成形缺陷。

(3)塌陷

塌陷指单面焊时由于输入热量过大，熔化金属过多而使液态金属向焊缝背面塌落，成形后焊缝背面突起，正面下塌。

(4)表面气孔及弧坑缩孔。

(5)各种焊接变形

角变形、扭曲、波浪变形等都属于焊接缺陷，角变形也属于装配成形缺陷。

3.8.3 气孔和夹渣

(1)气孔

气孔是指焊接时，熔池中的气体未在金属凝固前逸出，残存于焊缝之中所形成的空穴，其气体可能是熔池从外界吸收的，也可能是在焊接冶金过程中反应生成的。

1)气孔的分类。气孔从其形状上分，有球状气孔、条虫状气孔，从数量上可分为单个气孔和群状气孔。群状气孔又有均匀分布气孔、密集状气孔和链状分布气孔。按气孔内气体成分分类，有氢气孔、氮气孔、二氧化碳气孔、一氧化碳气孔、氧气孔等。熔焊气孔多为氢气孔和一氧化碳气孔。

2)气孔的形成机理。常温固态金属中气体的溶解度只有高温液态金属中气体溶解度的几十分之一至几百分之一，熔池金属在凝固过程中，有大量的气体要从金属中逸出来。当凝固速度大于气体逸出速度时，就形成气孔。

3)产生气孔的主要原因是母材或填充金属表面有锈、油污等，焊条及焊剂未烘干则会增加气孔量，锈、油污及焊条药皮、焊剂中的水分在高温下分解为气体，增加了高温金属中气体的含量。焊接线能量过小，熔池冷却速度大，不利于气体逸出。焊缝金属脱氧不足也会增加氧气孔。

4)气孔的危害。气孔减少了焊缝的有效截面积，使焊缝疏松，从而降低了接头的强度，降低了塑性，还会引起泄漏。气孔也是引起应力集中的因素。氢气孔还可能促成冷裂纹。

5)防止气孔的措施：①清除焊丝、工作坡口及其附近表面的油污、铁锈、水分和杂物；②采用碱性焊条、焊剂，并彻底烘干；③采用直流反接并用短电弧施焊；④焊前预热，减缓冷却速度；⑤用偏强的规范施焊。

(2)夹渣

夹渣是指焊后溶渣残存在焊缝中的现象。

1)夹渣的分类：①金属夹渣，指钨、铜等金属颗粒残留在焊缝之中，习惯上称为夹钨、夹铜；②非金属夹渣，指未熔的焊条药皮或焊剂、硫化物、氧化物、氮化物残留于焊缝之中。冶金反应不完全，脱渣性不好。

2)夹渣的分布与形状有单个点状夹渣、条状夹渣、链状夹渣和密集夹渣。

3)夹渣产生的原因：①坡口尺寸不合理；②坡口有污物；③多层焊时，层间清渣不彻底；④焊接线能量小；⑤焊缝散热太快，液态金属凝固过快；⑥焊条药皮、焊剂化学成分不合理，熔点过高；⑦钨极惰性气体保护焊时，电源极性不当，电流密度大，钨极熔化脱落于熔池中；⑧手工焊时，焊条摆动不良，不利于熔渣上浮。可根据以上原因分别采取措施以防止夹渣的产生。

4)夹渣的危害：点状夹渣的危害与气孔相似，带有尖角的夹渣会产生尖端应力集中，尖端还会发展为裂纹源，危害较大。

3.8.4 裂纹

1.裂纹的分类

根据尺寸大小，裂纹分为三类：①宏观裂纹，肉眼可见的裂纹；②微观裂纹，在显微镜下才能发现；③超显微裂纹，在高倍数显微镜下才能发现，一般指晶间裂纹和晶内裂纹。

从产生温度上看，裂纹分为两类。

1)热裂纹，产生于 A_{c3} 线附近的裂纹，一般是焊接完毕即出现，又称结晶裂纹。这种裂纹主要发生在晶界，裂纹面上有氧化色彩，失去金属光泽。

2)冷裂纹，指在焊毕冷至马氏体转变温度 Ms 点以下产生的裂纹，一般是在焊后一段时间(几小时、几天甚至更长)才出现，故又称延迟裂纹。

按裂纹产生的原因分，又可把裂纹分为：

1)再热裂纹，接头冷却后再加热至 500～700℃时产生的裂纹。再热裂纹产生于沉淀强化的材料(如含 Cr、Mo、V、Ti、Nb 的金属)的焊接热影响区内的粗晶区，一般从熔合线向热影响区的粗晶区发展，呈晶间开裂特征。

2)层状撕裂主要是由于钢材在轧制过程中，将硫化物(MnS)、硅酸盐类等杂质夹在其中，形成各向异性。在焊接应力或外拘束应力的作用下，金属沿轧制方向遇到杂物开裂。

3)应力腐蚀裂纹是在应力和腐蚀介质共同作用下产生的裂纹。除残余应力或拘束应力外，应力腐蚀裂纹主要与焊缝组织的组成及形态有关。

2.裂纹的危害

冷裂纹带来的危害是灾难性的。世界上的压力容器事故除极少数是由于设计不合理、选材不当造成的，绝大部分是裂纹引起的脆性破坏。

3.热裂纹(结晶裂纹)

热裂纹都是沿晶界开裂的，通常发生在杂质较多的碳钢、低合金钢、奥氏体不锈钢等材料气焊缝中。

(1)影响结晶裂纹的因素

1)合金元素和杂质的影响。碳元素以及硫、磷等杂质元素的增加，会扩大敏感温度区，使结晶裂纹的产生机会增多。

2)冷却速度的影响。冷却速度增大，一是使结晶偏析加重，二是使结晶温度区间增大，两者都会增加结晶裂纹的出现机会。

3)结晶应力与拘束应力的影响。在脆性温度区内，金属的强度极低，焊接应力又使这部分金属受拉，当拉应力达到一定程度时，就会出现结晶裂纹。

(2)防止结晶裂纹的措施

1)减小硫、磷等有害元素的含量，用含碳量较低的材料焊接。

2)加入一定的合金元素，减小柱状晶和偏析。

3)采用熔深较浅的焊缝，改善散热条件使低熔点物质上浮在焊缝表面而不存在于焊缝中。

4)合理选用焊接规范，并采用预热和后热，减小冷却速度。

5)采用合理的装配次序，减小焊接应力。

4.再热裂纹

(1)再热裂纹的特征

1)再热裂纹产生于焊接热影响区的过热粗晶区，产生于焊后热处理等再次加热的过程中。

2)再热裂纹的产生温度：碳钢与合金钢为 550～650℃；奥氏体不锈钢约为 300℃。

3)再热裂纹为晶界开裂(沿晶开裂)。

4)最易产生于沉淀强化的钢种中。

5)与焊接残余应力有关。

(2)再热裂纹的防止

1)注意冶金元素的强化作用及其对再热裂纹的影响。

2)合理预热或采用后热,控制冷却速度。

3)降低残余应力,避免应力集中。

4)回火处理时尽量避开再热裂纹的敏感温度区或缩短在此温度区内的停留时间。

5.冷裂纹

(1)冷裂纹的特征

冷裂纹产生于较低温度,且产生于焊后一段时间以后,故又称延迟裂纹。其主要产生于热影响区,也有发生在焊缝区的。冷裂纹可能是沿晶开裂、穿晶开裂或两者混合出现。冷裂纹引起的构件破坏是典型的脆断。

(2)冷裂纹产生机理

淬硬组织(马氏体)减小了金属的塑性储备,接头的残余应力使焊缝受拉,接头内有一定的含氢量。

(3)防止冷裂纹的措施

采用低氢型碱性焊条,严格烘干,在100～150℃下保存,随取随用。提高预热温度,采用后热措施,并保证层间温度不小于预热温度,选择合理的焊接规范。选用合理的焊接顺序,减少焊接变形和焊接应力。焊后及时进行消氢热处理。

3.8.5 未焊透

未焊透指母材金属未熔化,焊缝金属没有进入接头根部的现象。

(1)产生未焊透的原因

焊接电流小,熔深浅;坡口和间隙尺寸不合理,钝边太大;磁偏吹影响;焊条偏芯度太大;层间及焊根清理不良。

(2)未焊透的危害

未焊透的危害之一是减小了焊缝的有效截面积,使接头强度下降。未焊透引起的应力集中所造成的危害,比强度下降的危害大得多。未焊透严重降低了焊缝的疲劳强度。未焊透可能成为裂纹源,是造成焊缝破坏的重要原因。

(3)未焊透的防止

用较大电流来焊接是防止未焊透的基本方法。另外,焊角焊缝时用交流代替直流以防止磁偏吹,合理设计坡口并加强清理,采用短弧焊等措施也可有效防止未焊透的产生。

3.8.6 未熔合

未熔合是指焊缝金属与母材金属,或焊缝金属之间未熔化结合在一起的缺陷。按其所在部位,未熔合可分为坡口未熔合、层间未熔合、根部未熔合3种。

(1)产生未熔合缺陷的原因

焊接电流过小,焊接速度过快,焊条角度不对,产生了弧偏吹现象;焊接处于下坡焊位置,母材未熔化时已被铁水覆盖;母材表面有污物或氧化物,影响熔敷金属与母材间的熔化和结合;等等。

(2)未熔合的危害

未熔合是一种面积型缺陷,坡口未熔合和根部未熔合对承载截面积的减小都非常明显,应力集中也比较严重,其危害性仅次于裂纹。

(3)未熔合的防止

可以通过采用较大的焊接电流,正确地进行施焊操作,注意坡口部位的清洁等措施来防止未熔合。

3.8.7 其他缺陷

(1)焊缝化学成分或组织成分不符合要求

焊材与母材匹配不当或焊接过程中元素烧损等,容易使焊缝金属的化学成分发生变化,或造成焊缝组织不符合要求,这可能导致焊缝力学性能下降,还会影响接头的耐蚀性能。

(2)过热和过烧

若焊接规范使用不当,热影响区长时间在高温下停留,会使晶粒变得粗大,即出现过热组织。若温度进一步升高,停留时间延长,可能使晶界发生氧化或局部熔化,出现过烧组织。可通过热处理来消除过热,而过烧是不可逆转的缺陷。

3.9 焊接机器人

焊接机器人是集机械、计算机、电子、传感器、人工智能等多个领域的知识于一体的现代化、自动化设备。焊接机器人主要由机器人和焊接设备两大部分构成。机器人由机器人本身和控制系统组成。焊接设备以点焊机为例,主要由焊接电源、专用焊枪、传感器、修磨器等部分组成。此外,还有系统保护装置。图 3-29 为 TM1400 焊接机器人。

图 3-29 TM1400 焊接机器人

焊接机器人易于实现焊接产品质量的稳定和提高,保证其均一性;可以做到 24 h 连续生产,大幅度提高生产效率;可以代替人工在有害环境下长期工作;能够降低对工人操作技术难度的要求;可以缩短产品改型换代的准备周期,减少相应的设备投资;可实行小批量产品焊接自动化,为焊接柔性生产线提供技术基础。

3.9.1 焊接机器人(TM1400 型)构造

一台通用的工业机器人,按其功能划分,一般由机械手总成、控制器、示教系统这三个相互关联的部分组成。机械手总成是机器人的执行机构,它由驱动器、传动机构、机器人臂、关节、末端操作器以及内部传感器等组成,它的任务是精确地保证母端操作器所要求的位置、姿态以及实现其运动。控制器是机器人的神经中枢,它由计算机硬件、软件和一些专用电路构成,其软件包括控制器系统软件，机器人专用语言、机器人运动学、动力学软件，机器人控制软件，机器人自诊断、自动保护功能软件等，由它处理机器人工作过程中的全部信息和控制器全部动作。图3-30为焊接机器人本体各轴介绍。

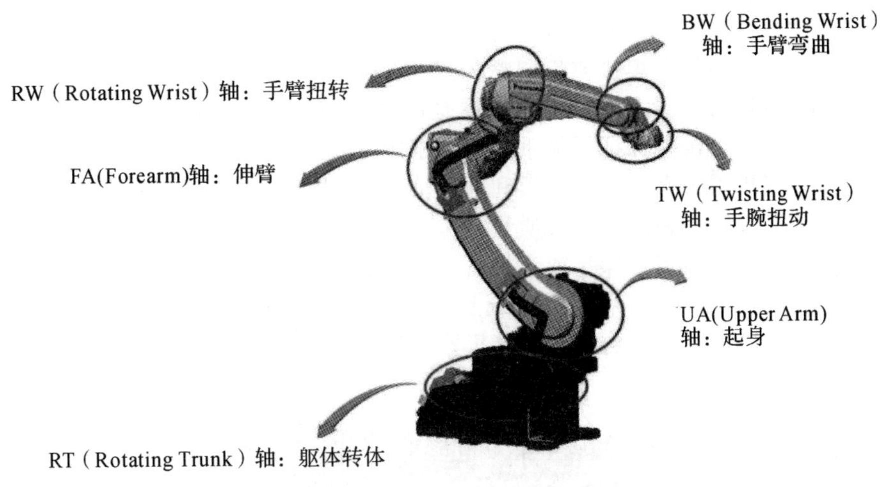

图3-30 焊接机器人本体各轴介绍

3.9.2 焊接机器人的结构组成

机器人的工作原理是“示教—再现”。“示教”就是机器人学习的过程，在这个过程中，操作者需手把手地教机器人做某些动作，而机器人的控制系统会以程序的方式记录下来。机器人按照记录下来的程序展现这些动作的过程，叫作“再现”。图3-31是机器人弧焊系统构成。

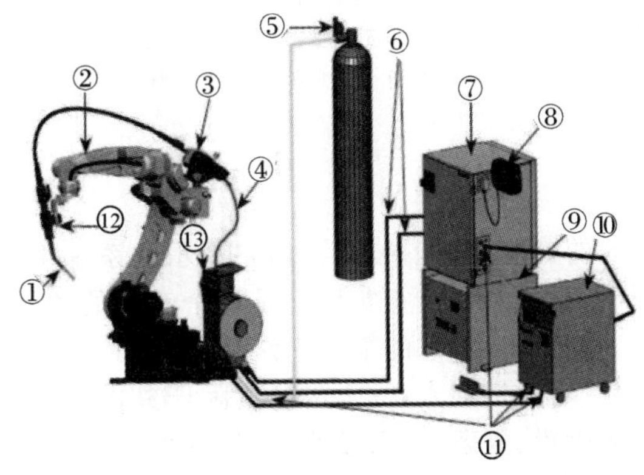

图3-31 机器人弧焊系统构成

1—焊枪；2—机械手；3—送丝机；4—送比管；5—保护气体；6—供电及控制电缆；7—机器人控制柜；8—控制器；9—电源；10—焊机；11—电缆插孔；12—机械轴；13—送丝装置

焊接机器人的结构组成包括以下几部分。

1)焊接电源：焊接机器人需要具备独立的电源，这样设备启动的时候不会出现电压、电流超出负荷的情况，保护焊接机器人本体不受损害。

2)送丝机构：焊丝通过送丝机构抵达焊枪，稳定的送丝速度有利于实现稳定焊接，送丝速度可以通过示教器进行调节，操作人员需要根据实际焊接效果来调整。

3)智能控制系统：控制系统是焊接机器人的重要组成部分，相当于人类的大脑，可以发出控制指令，控制柜中具备输入和输出功能，现阶段焊接市场中的焊接机器人采用的是离线编程，操作人员需要将编程程序以及辅助设备程序输入控制系统中。

4)示教器：示教器由操作人员手持进行操作，如图 3 - 32 所示。焊接机器人的焊接参数在示教器中进行微调，一般根据焊接质量调整 2～3 次即可。

5)机器人本体：焊接机器人的机器人本体是由伺服电机驱动的，6 个关节进行协调运动，提高了焊接的灵活度，精确地保证机械手的运动精度以及运动轨迹。

6)传感器：焊接机器人有内部传感器和外部传感器，内部传感器监测机器人本体的运行情况，外部传感器监测焊缝规格以及焊接质量。

7)安全保护系统：在出现误操作或者机器人本体遇到损害的时候，安全保护系统会发出报警信号并停机检查。

8)焊接工装夹具：夹紧工件可提高焊接机器人的焊接精度，减少工件的变形。

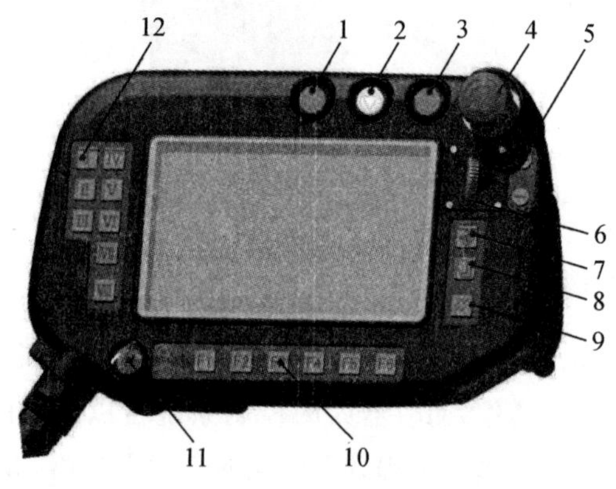

图 3 - 32　示教器

1—启动按钮；2—暂停按钮；3—伺服 ON 按钮；4—紧急停止按钮；5—＋/－键；6—拨动按钮；7—登录键；8—窗口切换键；9—取消键；10—用户功能键；11—模式切换开关；12—动作功能键

3.9.3　示教器的功能

示教系统是机器人与人的交互接口，在示教过程中，示教系统将控制机器人的全部动作，并将其全部信息送入控制器的存储器中，它实质上是一个专用的智能终端。现在广泛使用的焊接机器人都属于第一代工业机器人，它的基本工作原理是“示教—再现”。

示教也称导引，即由用户导引机器人，一步步按实际任务操作一遍，机器人在导引过程中自动记忆示教的每个动作的位置、姿态、运动参数、工艺参数等，并自动生成一个连续执行全部操作的程序。完成示教后，只需给机器人一个启动命令，机器人将精确地按示教动作，一步步完成操作。这就是示教与再现。

3.10　实习纲要

3.10.1　实习内容

1)了解焊条电弧焊焊接过程及应用。

2)了解焊条电弧焊焊接设备及操作方法。

3)了解电焊条的组成及作用。

4)了解焊条电弧焊的操作方法及操作要领。

5)了解金属激光切割机的原理及应用范围。

6)了解氩弧焊的焊接过程及应用。

7)了解 CO_2 保护焊的焊接过程及应用。

8)了解激光焊的焊接过程及应用。

9)了解焊接工艺(接头形式、空间位置)。

10)了解焊接机器人的操作过程与工作原理。

3.10.2　实习目的与要求

1)了解交流电焊机设备,掌握焊条电弧焊基本操作技能,并能正确、熟练地使用交流电焊机。

2)了解金属激光切割机的切割过程和安全操作技术,并能正确、熟练地使用金属激光切割机。

3)了解焊条电弧焊基本操作技能和安全操作技术,掌握引弧、运条的方法及操作要领。

4)认识氩弧焊、CO_2 气体保护焊及激光焊的特点和焊接范围、基本操作、设备及工艺参数。

5)通过金属激光切割机及电弧焊制作出相应的铁艺作品。

3.10.3　实习材料、设备及工具

1)焊条电弧焊焊接过程等挂图。

2)交流电焊机及所用工具。

3)二氧化碳气体保护焊机、焊帽、钢板、焊丝、二氧化碳气体。

4)金属激光切割机所用工具。

5)激光焊设备。

6)各种焊接接头形式的样品。

3.10.4　安全操作规程

1. 一般情况下的安全操作规程

1)做好个人防护。焊工操作时必须按劳动保护规定穿戴好防护工作服、绝缘鞋和防护手套,并保持干燥和清洁。

2)焊接工作前,应先检查设备和工具是否可靠。不允许未进行安全检查就开始操作。

3)焊工在更换焊条时一定要戴电焊手套,不得赤手操作。在带电情况下,不得将焊钳夹在腋下便去搬动焊件或将电缆线挂在脖子上。

4)在特殊情况下(如夏天身上大量出汗,衣服潮湿时),切勿依靠在带电的工作台、焊件上或接触焊钳,以防发生事故。在潮湿地点焊接作业时,地面上应铺上橡胶板或其他绝缘材料。

5)焊工在推拉闸刀时,要侧身向着电闸,防止电弧火花烧伤面部。

6)下列操作应在切断电源开关后才能进行:改变焊机接头;更换焊件需要改接二次线路;

移动工作地点;检修焊机故障和更换熔断丝。

7)焊机安装、检修和检查应由电工进行,焊工不得擅自拆修。

8)焊接前,应将作业场 10 m 内的易燃易爆物品清除或妥善处理,以防止火灾或爆炸事故。

9)工作完毕离开作业场所时须切断电源,清理好现场,防止留下事故隐患。

10)使用行灯照明时,电压不得超过 36 V。

2.设备的安全检查

(1)设备安全检查的必要性

焊接工作前,应先确保焊机和工具安全可靠,这是防止触电事故及其他设备事故的非常重要的环节。

(2)焊接电弧焊施焊前对设备检修的项目

1)检查电源的一次、二次绕组绝缘与接地情况。应确保绝缘的可靠性、接线的正确性、电网电压与电源的铭牌吻合。

2)检查电源接地的可靠性。

3)检查噪声和振动情况。

4)检查焊接电流调节装置的可靠性。

5)检查是否有绝缘烧损。

6)检查是否短路,焊钳是否放在被焊工件上。

(3)焊接劳动保护

劳动保护是指为保障职工在生产劳动过程中的安全和健康所采取的措施。焊接劳动保护应贯穿整个焊接过程中。加强焊接劳动保护的措施很多,主要应从两方面来控制:一是从研究和采用安全卫生性能好的焊接技术及提高焊接机械化、自动化程度方面着手;二是加强焊工的个人防护。

1)采用安全卫生性能好的焊接技术及提高焊接自动化水平。要不断改进、更新焊接技术、焊接工艺,研制低毒、低尘的焊接材料。采取适当的工艺措施以减少和消除可能引起事故和职业危害的因素,如采用低标、低毒、低尘焊条代替普通焊条。采用安全卫生性能好的焊接方法,如埋弧焊、电阻焊等,或以焊接机器人代替焊条电弧焊等手工操作技术。提高焊接机械化、自动化程度,也是全面改善安全卫生条件的主要措施之一。

2)加强焊工的个人防护。在焊接过程中加强焊工的自我防护也是加强焊接劳动保护的主要措施。焊工的个人防护主要有使用防护用品和搞好卫生保健两方面。

A.使用个人防护用品。焊接作业时使用的防护用品种类较多,有防护面罩、头盔、防护眼镜、安全帽、防噪声耳塞、耳罩、工作服、手套、绝缘鞋、安全带、防尘口罩、防毒面罩等。在焊接生产过程中,必须根据具体焊接要求正确选用。

B.搞好卫生保健工作。焊工应进行从业前的体检和每两年的定期体检。应设有焊接作业人员的更衣室和休息室;作业后要及时洗手、洗脸,并经常清洗工作服及手套等。

总之,为了杜绝和减少焊接作业中事故和职业危害的发生,必须科学地、认真地做好焊接劳动保护工作,加强焊接作业安全技术和生产管理,使焊接作业人员可以在一个安全、卫生、舒适的环境中工作。

实习安排列于焊接实习教学指导过程卡片中,见表 3-6。

表 3-6 焊接实习教学指导过程卡片

西北工业大学 工程实践训练中心			焊接实习教学指导过程卡片		共2页	第1页	训练类别：8周
					教学时间		2天
序号		教学形式	教学内容	教具设备	教学目的		课时/min
第一次课	1	教师讲授 学生练习	1)确认教学班级，由组长清点； 2)焊接安全操作规程讲解	交流弧焊机	提高学生焊接安全意识，要求学生爱护公物		8:30～8:50
	2	讲授示范 学生练习	1)焊机使用；2)焊条电弧焊操作注意事项； 3)焊条组成理论知识； 4)了解气体保护焊。气焊理论知识	交流弧焊机	学生认知焊接。焊条的使用方法		8:50～10:30
	3	示范讲解 学生操作	了解焊条电弧焊的基本操作		练习操作		10:40～12:10
第二次课	1	教师示范 学生练习	老师示范、抽部分学生练习： 1)CO_2 气体保护；2)激光焊； 3)铝合金焊接；4)氩弧焊； 5)电阻焊；6)离子割；7)激光切割	1)CO_2 气体保护焊；2)激光焊；3)铝合金焊接；4)氩弧焊；5)电阻焊；6)离子割；7)激光切割	熟练掌握MAG焊、了解钢材、铝合金、不锈钢、铜合金常用焊接方法		14:00～16:00
	2	学生操作	制作小飞机	交流弧焊机	分组完成制作小飞机的加工工艺		16:00～17:20
	3	工作收尾	收拾工具，清理工具及地面卫生	清洁工具	养成良好的工作习惯		17:20～17:30

续表

西北工业大学　工程实践训练中心			焊接实习教学指导过程卡片		共 2 页　第 2 页 教学时间	训练类别：8 周 2 天
序号		教学形式	教学内容	教具设备	教学目的	课时/min
第三次课	1	讲解示范 学生练习	学生制作小飞机及修正	1）CO_2 气体保护焊机；2）激光焊机；3）铝合金焊接；4）氩弧焊机；5）电阻焊机；6）离子割；7）金属激光切割机；8）锯弓；9）锉刀；10）尺子；11）划针；12）榔头；13）折弯机	提高学生独立完成作品及焊接	8:30～10:30
	2	讲授示范 学生练习	讲解相应设备操作及安全		掌握、运用 CO_2 气体保护焊、激光焊电阻焊、焊条电弧焊、空气等离子切割及及安全操作	10:30～12:10
第四次课	1	学生操作	制作工艺品		独立完成自己的创作作品	14:00～16:00
	2	学生操作	1)完成作品； 2)填写实习报告			16:00～17:00
	3	工作收尾	收拾工具，清理及地面卫生		养成良好的工作习惯	17:00～17:30

编制		日期		审核		日期		批准		日期	

第4章 热 处 理

4.1 金属热处理概述

依据金属固态组织转变规律，将固态金属或合金采用适当方式加热、保温和冷却，获得预期的组织与性能的加工方法，这种工艺过程称为金属热处理。

热处理是金属加工工艺中的一项重要基础技术，是赋予金属材料最终性能的关键工序。通常金属材料均是要经过热处理的，而且，只要选材合适，热处理得当，就能使金属材料的性能成倍、甚至十几倍地提高，收到事半功倍的效果。热处理工艺一般包括加热、保温、冷却三个过程，有时只有加热和冷却两个过程。

钢铁是机械工业中应用最广的材料，钢铁显微组织复杂，可以通过热处理予以控制，所以钢铁的热处理是金属热处理的主要内容。另外，铝、铜、镁、钛等及其合金也都可以通过热处理改变其力学、物理和化学性能，以获得不同的使用性能。

人类经过多年实践和应用，完善了金属学，并且将其广泛应用。金属热处理原理是以金属学原理为基础的，着重研究金属及合金固态相变的基本原理和热处理组织与性能之间关系的一门学科。

热处理对于充分发挥金属材料的性能潜力、提高产品的质量、节约材料、减少能耗，延长产品的使用寿命、提高经济效益等均具有十分重要的意义。

目前，我国于热处理的基础理论研究和某些热处理新工艺、新技术研究，与工业发达国家的差距不大，但在热处理生产工艺水平和热处理设备方面却存在着较大的差距，仍没有完全扭转热处理生产工艺和热处理设备落后、工件氧化脱碳严重、产品质量差、生产效率低、能耗大、成本高、污染严重的局面。为促进我国热处理技术的发展，我们应全面了解热处理技术的现状和水平，掌握其发展趋势，大力发展先进的热处理新技术、新工艺、新材料、新设备，用高新技术改造传统的热处理技术，实现“优质、高效、节能、降耗、无污染、低成本、专业化生产”，力争赶上工业发达国家水平。

4.1.1 热处理工艺特点

金属热处理是机械制造中的重要过程之一，和其他加工工艺相比，热处理一般不改变工件的形状和整体的化学成分，而是通过改变工件内部的显微组织，或改变工件表面的化学成分，赋予或改善工件的使用性能。其特点是改善工件的内在质量，而这不是肉眼所能见到的，所以，它是机械制造中的特殊工艺过程，也是质量管理的重要环节。

为使金属工件具有所需要的力学性能、物理性能和化学性能，除合理选用材料和采用各种成形工艺外，热处理工艺往往是必不可少的。钢铁是机械工业中应用最广的材料，钢铁显微组织复杂，能够通过热处理予以控制，所以钢铁的热处理是金属热处理的主要内容。另外，铝、铜、镁、钛等及其合金也均能够通过热处理改变其力学、物理和化学性能，以获得不同的使用性能。

4.1.2 热处理发展史

在人类从石器时代进入铜器时代和铁器时代的过程中，热处理的作用就逐渐被认识。早于商代，就已经有了经过再结晶退火的金箔饰物。公元前 770—前 222 年，人们在生产实践中就已发现，铜铁的性能会因温度和加压变形的影响而变化。白口铸铁的柔化处理就是制造农具的重要工艺。

公元前 6 世纪，钢铁兵器逐渐被采用，为了提高钢的硬度，淬火工艺得到迅速发展。河北省易县燕下都出土的战国晚期燕国的八把剑和一把戟，其显微组织中均有马氏体存在，说明其经过了淬火，如图 4-1 所示。西汉时的铁件均已冶锻成钢，虽然也以块铁冶炼为原料经渗碳锻成，但反复折叠、捶打的次数增多，使含碳量均匀，杂质减少。同时这把剑心部经过淬火，刚硬而锋利，背部未经淬火仍保持较好的韧性，质量较燕下都出土的钢剑有明显提高。我国在西汉末年已经发明炒钢、炒钢的原料是生铁，可在炒钢炉中将含碳量减少到较适宜的的程度，然后趁热锻打成形。与以前的块炼渗碳钢相比较，炒钢既没有从块炼铁带来的夹杂物，也省去了繁慢的工序，生产者能够通过较简便的手段获得质量更好的成品。

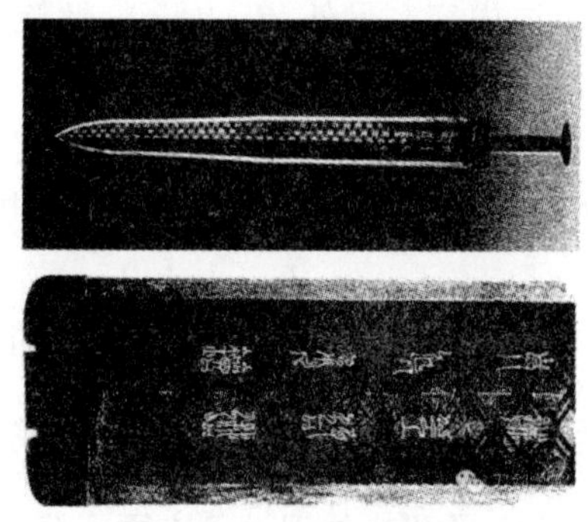

图 4-1 战国晚期燕国剑

随着淬火技术的发展，人们逐渐发现淬冷剂对淬火质量的影响。三国蜀人蒲元曾于今陕西斜谷为诸葛亮打制了 3 000 把刀，相传他是派人到成都取水淬火的。这说明中国于古代就注意到不同水质的冷却能力了，同时也注意到了油和尿的冷却能力。中国出土的西汉（公元前 206—公元 24 年）中山靖王墓中的宝剑，心部含碳量为 0.15%～0.4%，而表面含碳量却达 0.6%以上，说明那时已应用了渗碳工艺，但当时作为个人“手艺”的秘密，不肯外传，因而发展很慢。

1863 年，英国金相学家和地质学家展示了钢铁在显微镜下的 6 种不同的金相组织，证明了钢在加热和冷却时，内部会发生组织改变，钢中高温时的相在急冷时会转变为一种较硬的相。法国人奥斯蒙德确立的铁的同素异构理论，以及英国人奥斯汀最早制定的铁碳相图，为现代热处理工艺初步奠定了理论基础。与此同时，人们还研究了金属热处理加热过程中对金属的保护方法，以避免加热过程中金属的氧化和脱碳等。

1850—1880 年，对于应用各种气体（诸如氢气、煤气、氧化碳等）进行保护加热曾有系列专利，1889—1890 年，英国人莱克获得了多种金属光亮热处理的专利。

20 世纪以来，金属物理的发展和其他新技术的移植应用使金属热处理工艺得到更大的发展。显著的进展是：1901—1925 年工业生产中应用转筒炉进行气体渗碳；30 年代出现了露点电位差计，使炉内气氛的碳势达到可控，以后又研究出用二氧化碳红外仪、氧探头等进一步控制炉内气氛碳势的方法；60 年代，基于等离子场的作用，发展了离子渗氮、渗碳工艺；激光、电子束技术的应用，进一步使金属获得了新的表面热处理和化学热处理方法。

4.1.3　我国热处理的发展趋势

1. 新的加热源

在新的加热源中，以高能率热源最为引人注目。高能率热处理在减小工件变形、获得特殊组织性能和表面状态方面具有很大的优势，能够提高工件表面的耐磨性、耐蚀性，延长其使用寿命。高能率热处理是近年发展最快的金属材料表面改性技术之一，其中激光热处理和离子注入表面改性技术在国外已进入生产阶段。中国第一汽车集团有限公司（简称“一汽”）、中国第二汽车集团有限公司（简称“二汽”）、西安内燃机配件厂等单位，均已建立了汽车发动机缸套的激光表面淬火生产线，但由于高能率热处理的设备价格昂贵等原因，目前我国尚未大量应用，但其发展前景广阔，今后将会成为很有前途的热处理工艺。

2. 新的加热方式

热处理时实现少氧化或无氧化加热，是减少金属氧化损耗、保证工件表面质量的必备条件，而采用真空和可控气氛则是实现少氧化或无氧化加热的主要途径。

在表面加热方面，感应加热具有加热速度快、工件表面氧化脱碳少、变形小、节能、生产率高、易实现机械化和自动化等优点，是一种经济节能的表面加热手段，主要用于工件的表面加热淬火。高能率加热具有加热速度快、表面质量好、变形小、能耗低、无污染等特点。

3. 改进原有的淬火介质，采用新型淬火介质

淬火介质是实施淬火工艺过程的重要保证，对热处理后工件的质量影响很大。正确选择和合理使用淬火介质，能够减小工件变形，防止开裂，保证达到所要求的组织和性能。

热处理生产中常用的淬火介质有水、油、盐等，它们各有优缺点。如用油淬火，虽然对减小工件变形和开裂很有利，但对淬透性较差或尺寸较大的工件淬不硬，且油易老化，对周围环境的污染大，有发生火灾的危险。因此，要对原有淬火介质的性能进行改进，积极开发冷却速度介于水和油之间且可根据需要调整冷却速度，同时经济、安全、无污染的新型淬火介质。

无机物水溶液淬火剂和有机聚合物淬火剂是新型淬火介质发展的重点，有机聚合物淬火剂的研究和应用尤为引人关注，其优点是无毒、无烟、无臭、无腐蚀、不燃烧、抗老化、使用安全可靠，且冷却性能好、冷却速度可调、适用范围广、工件淬硬均匀，可明显减少淬火变形和开裂倾向。从提高工件质量、改善劳动条件、避免火灾和节能的角度考虑，有机聚合物淬火剂有逐步取代淬火油的趋势，是淬火介质的主要发展方向，尤其是对于水淬开裂、变形大，油淬不硬的工件，有机聚合物淬火剂更是理想的选择。

目前，世界上应用最多的是聚烷撑乙二醇（Polyaleneglycol，PAG）淬火剂，它具有逆溶性，

冷却速度在盐水和冷油之间，适用的淬火钢种范围广，使用寿命长。聚丙烯酸盐淬火剂、聚氧化吡咯烷酮淬火剂和聚乙基恶唑啉淬火剂等，也获得了一定程度的应用。

多年来，我国在淬火介质的研究和应用方面做了大量的工作，取得了一定的成绩，基本上满足了热处理生产的需要，但和国外的先进水平相比差距仍很大，且落后于热处理其他技术领域的发展，是热处理行业中的一个薄弱环节，今后应当给予重视和加强。

4. 改进老的淬火方法，采用新的淬火方法

为了使工件实现理想的冷却，获得最佳的淬火效果，除应根据工件所用的材料、技术要求、服役条件等来合理选用淬火介质外，仍需不断改进现有的淬火方法，采用新的淬火方法。如采用高压气冷淬火法、强烈淬火法、流态床冷却淬火法、水空气混合剂冷却淬火法、沸腾水淬火法、热油淬火法、深冷处理法等，以改善淬火介质的冷却性能，使工件冷却均匀，获得理想的淬硬效果，有效地减少工件的变形和开裂。

5. 新材料和热处理工艺的紧密结合

20 世纪 90 年代，图 4 - 2 所示的臂架泵还是国外垄断的技术。臂架是制造臂架泵车的关键，要伸到几十米的高度，还要承受泵送时的巨大压力；因此，制作臂架的钢材强度必须要高于 600 MPa，但当时能提供这种材料的只有国外的钢厂。不愿受人牵制，三一重工股份有限公司研发出一种特殊工艺，极大地提高了国产钢材的强度。通过技术改造后的钢板，能承受住 1 000 MPa 的压力，就像是在一块指甲盖上，站一头大象的力量。改造后的钢板被用来打造新一代“泵车之王”，制造新一代 86 m 超长泵车臂架，钢材强度必须达到 1 800 MPa。这意味着钢板每平方厘米要能承受住 18 t 的压力，相当于只用一根手指就能顶起一头成年非洲象。

三一重工科研人员采用 64 道冷却液从正、反两面同时冲击钢板，每一道的流量和速度都不一样。每块钢板近 40 m^2。要确保钢板每一寸温度都绝对均匀地冷却，温差不能超过 ±1℃，而只用了 20 s 就完成了普通钢到高强钢的蜕变。

超强钢原材料是当前国际工程机械产业的发展趋势，易小刚团队生产出的超强钢，达到了世界先进水平。

图 4 - 2　臂架泵

2016 年 9 月 18 日，载有一千多名游客的长江三峡 9 号邮轮从大坝上游出发，如图 4 - 3 所

示。“乘坐”三峡升船机，“翻越”三峡大坝抵达下游，过闸时间仅为 37 min，这标志着三峡升船机试通航获得圆满成功！这是迄今为止世界上规模最大的全平衡式垂直升船机，由 4 组 8 台强有力的驱动电机，以 256 根直径为 74 mm 的钢索，连接起 16 组 240 块配重，将三千吨位的船只，以 12 m/min 的速度，提升到 113 m 相当于 40 层楼的高度。好比让一艘巨轮乘上一部巨无霸电梯，完成一次快速的垂直升降。世界上通用的升船机爬升方式主要有卷扬式爬升、水压式爬升和齿轮式爬升三种。三峡升船机在研发之初，经过多轮筛选和论证之后，最终决定采取齿轮式爬升方案。也就是说，装载船只的巨无霸电梯，要借助齿轮做上下垂直运动。

齿轮式爬升方案被确定后，接踵而至的问题是，每根 120 多米的齿条怎么做？由谁来做？三峡升船机由中国船重集团下属的武汉船舶工业公司牵头，联合国内相关厂所承担研制任务。不久，那些带“重”字的企业就收到了标书，标书上写明齿条的冶炼、铸造、机械加工、热处理等一系列制造标准，并要求企业带样件来投标。面对如此严苛的条件，“重”字企业非但没有拒绝，反而欣然答应，因为对他们来说，这已不单纯是一笔潜在订单，而是参与了一项伟大的工程。每根 120 多米长的齿条，将被分为 26 截来制造，最后再拼装成整体。但即便如此，单截 4.7 m 长的齿条制造也是史无前例的，从铸造、调质、热处理、机加工、齿条表面感应淬火等，当时均为世界性难题。为防止齿条制造失败，三峡集团还启动了备用预案。他们来到欧洲，希望通过与德国等老牌制造强国合作，解决齿条的制造难题。可以说，三峡升船机动用了世界资源来造齿条。德国是全球制造升船机经验最丰富的国家之一，对自己的制造工艺充满自信。两年后，在众人期盼之下，齿条样件终于被研制成功。然而，谁也没有料到，看似理想的齿条样件，竟在 24 h 后开裂了！这就是工业上所谓的“延迟开裂”，其原因还是制造工艺不合格。连德国都难以企及的工艺高度，对中国而言，岂不是难如登天？就在这个时候，中国的“重”字企业传来了捷报。在中国工程师和工人们的努力下，齿条终于被研制成功。于是，才有了 2009 年中国“重”字企业带样件来投标的盛况。最终，齿条制造任务花落中国第二重型机械集团公司（简称“二重”）。有了齿条，三峡升船机就仿佛拥有了神奇的“天梯”，装载着三千吨位船只的巨无霸电梯，就可以攀援“天梯”，往返于上下游之间，如图 4 - 4 所示。

图 4 - 3　三峡升船机正在过闸

图 4 - 4　中国自主制造的齿条

低碳马氏体是低碳低合金钢经强烈淬火急冷后得到的显微组织结构，具有优良的综合机械性能以及良好的冷加工性和可焊性。近二十年来，我国开展了低碳马氏体及其应用研究工作，取得了很大的成绩。例如，低碳马氏体的强度比中碳调质钢高1/3之上，且综合性能良好，用来代替某些中碳调质钢（如高强度螺栓等），可使构件质量成倍减轻；低碳马氏体还具有很好的耐磨性能，可用来制造某些要求耐磨性好的零件（如拖拉机履带板等）。总之，低碳马氏体在石油、煤炭、铁道、汽车、拖拉机等方面应用广泛，取得了提高性能、减轻质量、延长使用寿命、简化工艺、节约能源、节约合金元素、降低成本等效果。

贝氏体钢能够空冷自硬，且将冶金热加工工序和产品成型制造工序相连接，具有良好的强韧性配合、生产工序简单、节约能源、污染少、成本低等优点，因而引起广泛的重视。至今国际上空冷贝氏体钢系列有两类：一类是以英国 P. B. Pickering 为首于 20 世纪 50 年代发明的 MO－B 系贝氏体钢，但因钼的价格昂贵而使其发展受到限制；另一类是以我国清华大学方鸿生教授为首于 20 世纪 70 年代初期发明的 MN－B 系贝氏体钢，现已发展有低碳、中低碳、中碳、中高碳系列十多个钢种，应用于耐磨钢球、衬板、齿板、冲击锤、刮板、截齿、离心铸管、汽车前轴、连杆、液压支架等，取得了很好的技术效果和显著的经济效益，成为贝氏体钢发展的重要方向。

大连铁道学院戚正风教授等人成功研制无莱氏体高速钢，其合金元素和一般高速钢相同，碳含量则降低到钢水凝固时不形成共晶碳化物（莱氏体），而又能于淬火回火后整体具有足够的强度、韧性和硬度的水平。这种钢被加工成刀具后，通过渗碳，使表层得到不小于 70HRC 的高硬度和 600℃的 4 次回火后仍能保持 67HRC 的红硬性，同时得到 55HRC 高强韧性的心部，可使刀具使用寿命提高数倍。

20 世纪 70 年代，我国和美国、芬兰等国家同时研制成功 A－B 球铁，且获得了实际应用，由于 A－B 球铁既具有较高的强度和硬度，又具有良好的塑性和韧性，因而被广泛用于汽车、拖拉机、内燃机的齿轮、连杆、轴类等结构件以及矿山磨球、锤头等耐磨零件。20 世纪 80 年代以后，国内外又从 A－B 球铁化学成分和热处理工艺两个方面进行深入研究。前者通过提高合金成分来得到铸态 A－B 球铁，以期取代成本高、工效低的等温淬火工艺；后者则努力完善热处理工艺，提高机械化和自动化水平，以提高生产效率。

6. 热处理的节能和环保

热处理是机械制造业中耗能最多的工艺之一，在工业发达国家，热处理生产成本的25％～40％是能源成本。

据统计，我国的热处理设备中，电炉约占 90％，装机总容量约为 6 000 000 kW，热处理的年用电量近 90 亿 kW·h。由于我国的热处理工艺和设备比较落后，能源利用率低，热处理能耗水平为 500～1 000 kW·h/t，比工业发达国家多 2～3 倍，因此节能的潜力很大。热处理节能的途径主要有：①在热处理工艺方面，改进老工艺，推广应用先进的节能新工艺；②在热处理设备方面，改造或淘汰耗能高的落后设备，发展新型高效节能的新设备；③在生产组织管理方面，合理组织热处理的批量生产，力求集中和连续生产，不断提高热处理的专业化生产水平，而做好热处理，努力提高热处理质量，延长工件的使用寿命，则是最有效的节能措施。

热处理生产对环境造成的污染很严重，包括排出的废气、废水、废液、废渣、粉尘、噪声、电磁辐射等，且随着生产的进行，其危害也日益严重。研究和采用无污染、无公害的热处理技术，且对排放的有害物质进行有效控制和综合治理，是消除热处理污染的主要措施。

7.热处理生产的自动化和专业化

电子计算机在热处理中的应用,包括计算机辅助设计、计算机辅助制造、计算机辅助选材、热处理事务办公自动化、热处理数据库和专家系统等,它为热处理工艺的优化设计、工艺过程的自动控制、质量检测和统计分析等提供了先进的工具和手段。计算机最初主要用于热处理工艺程序和工艺参数(温度、时间、气氛、压力、流量等)的控制,当前也用于热处理设备、生产线和热处理车间的自动控制和生产管理,还可以用于热处理工艺、热处理设备、热处理车间设计中的各种计算和优化设计。

在热处理中引入计算机,可实现热处理生产的自动化,保证热处理工艺的稳定性和产品质量的再现性,使热处理设备向高效、低成本、柔性化和智能化的方向发展。对于计算机在热处理中的应用,国外已十分普遍,例如,日本有一家摩托车厂的热处理车间,有连续式渗碳炉、周期式渗碳炉、连续软氮化炉等共37台设备,从开始送料,到最终产品检验,全部由计算机控制,每班只需要3个人操作,1人在计算机室内负责全部生产、技术和质量管理,1人现场巡回检查,1人负责产品质量检验,生产效率极高。我国在热处理行业中应用计算机是近十多年的事情,目前国内研制生产的热处理设备已越来越多地引入了微机控制,极大地提高了设备的自动化水平和生产效率。在热处理工艺过程的实时控制、计算机辅助设计、计算机模拟和数学模型的开发应用等方面,也取得了一定的成绩。

机器人在热处理中的应用,能够有效地改善工人的劳动条件,提高产品质量和劳动生产率,目前主要是用来进行自动装卸料。由于热处理的生产环境差、劳动强度较大,同时热处理生产向自动化、集成化、柔性化的方向发展,因此,今后机器人在热处理生产中的应用将日趋广泛。

专业化生产是现代工业的基本特征之一,也是促进热处理行业技术进步的重要手段。目前工业发达国家的热处理专业化程度已达80%以上,而且工业越发达的国家,其专业化水平也越高,而我国热处理专业化程度只有20%左右。即使这些为数不多的热处理专业厂,也由于组织管理不善,设备利用率较低,新技术、新工艺采用不多,热处理标准贯彻执行不够以及能耗较高,导致产品质量较差。因此,今后要积极采用新技术、新工艺、新设备,严格按照标准、规范组织生产,形成技术、经济和服务上的优势,充分发挥专业化生产的优势。此外,热处理工艺材料,如各种淬火介质、渗剂、保护涂料、清洗剂、加热盐、保护气氛和可控气氛的气源等,也要进行专业化生产,不断提高质量和增加品种,尽可能实现规格化、标准化、系列化。

4.2 常用金属材料(以钢铁为主)简介

金属材料可分为黑色金属和有色金属两大类。其中,铁与其合金称为黑色金属,除了铁与其合金以外的其他金属与其合金称为有色金属。如铁碳合金为黑色金属,而铜及铜合金、钛及钛合金、铝及铝合金、镁及镁合金、锌及锌合金等归为有色金属。

铁碳合金包括钢和铸铁,含碳量小于2.11%的铁碳合金称为钢,含碳量大于2.11%的铁碳合金称为铸铁。因含碳量不同,钢与铸铁的性能差异很大。钢的强度高、韧性好,而铸铁的强度低、脆性大,这主要是材料内部组织不同造成的。铸铁组织中大量的碳以石墨形式存在于基体中,石墨与基体结合较为松散,而石墨本身的强度和硬度都很低,当存在于合金基体中时,就会使整个合金的力学性能下降,最终导致铸铁的强度低、脆性大。对于含碳量小于2.11%

的钢，其组织中的碳除一部分以固溶体的形式存在之外，另一部分则是以碳化物的形式存在于合金基体中，与铁具有金属化合键的结合，且合金中无石墨组织存在，所以钢的强度高、韧性好。

4.2.1 钢的分类方法

钢是现代化工业中用途最广、用量最大的金属材料。钢材的种类繁多，为了便于区分并更加充分地认识钢材，就需要从不同角度出发，将钢材分为具有若干共同特点的类别。

(1)按化学成分分类

按钢的化学成分，可将钢分为碳素钢(碳钢)和合金钢两大类。

碳钢就是铁碳合金，按含碳量不同可分为以下类别。

1)低碳钢(含碳量≤0.25%)：其硬度、强度低，韧性好，适用于要求具有高韧性的构件。

2)中碳钢(0.30%≤含碳量≤0.60%)：其强度、硬度、韧性均介于低碳钢与高碳钢之间，即综合性能较好，适用于大部分的机械构件。

3)高碳钢(含碳量>0.60%)：其硬度高，脆性大，耐磨性好，适用于制作工具和耐磨件(如刀具、模具、轴承等)。

4)在碳钢基础上为获得某种性能有意地加入某种合金元素所冶炼成的钢称为合金钢。按合金钢所含的合金元素总量的多少，可把合金钢分为低合金钢(合金元素的总量≤3.5%)、中合金钢(3.5%<合金元素总量≤10%)、高合金钢(合金元素总量>10%)；按加入钢中主要合金元素种类的不同，也可把合金钢分为铬钢、锰钢、硅钢、铬锰钢、铬镍钢、铬钼钢、铬镍钼钢等。

(2)按用途分类

根据钢的用途可将其分为以下类别。

1)结构钢：分为工程用钢和机器制造用钢两种。用作工程结构上的钢，如建筑所使用的钢，包括碳素结构钢及低合金结构钢；用作各种机械零部件的钢，如轴承钢、弹簧钢、高强度钢、渗碳钢、渗氮钢、调质钢、非调质钢等。

2)工具钢：刃具钢，如用来制造车刀、铣刀、钻头的钢；模具钢，如热模钢、冷模钢、橡塑模钢、玻璃瓶模钢；量具钢，用来做尺子的钢，如游标卡尺、千分尺等。

3)特殊性能用钢：这类钢具有特殊的物理、化学性能，如不锈钢、耐热钢、耐寒钢、磁钢、耐酸钢等。此外还有特定用途钢，如锅炉钢、压力容器用钢及桥梁用钢等。

(3)按质量分类

工业用钢通常分为普通质量钢、优质钢和高级优质钢。钢的质量受钢中所含有害杂质元素硫(S)、磷(P)、氢(H)、氧(O)、氮(N)以及非金属夹杂物的影响。这些有害元素的存在使钢材的使用性能和工艺性能受到严重影响。通过与理论计算值的对比可知，目前所炼钢材的强度、韧性还远远达不到理论值，其原因就在于冶炼钢材时一些有害杂质不能够被很好地提纯。如钢中存在大量的硫(S)，则会使钢产生热脆性，严重影响锻造件的成品率，而钢中存在大量磷(P)，将会使钢产生冷脆性，使冷冲压件的成品率降低。因此，对于性能要求高的高级优质钢，在冶炼时对硫、磷以及其他一些有害杂质元素和非金属夹杂物的含量控制得非常严格。对不同品质的钢材，国家标准中对硫、磷的含量都有严格的规定，即

1)普通质量钢：S≤0.035%～0.050%、P≤0.035%～0.045%；

2)优质钢：S≤0.035%、P≤0.035%；

3)高级优质钢：S≤0.025%、P≤0.025%。

(4)按冶炼时采用的脱氧方法分类

按冶炼时采用不同的脱氧方法分类，钢可分为沸腾钢、镇静钢、半镇静钢、特镇静钢。

1)沸腾钢：钢在冶炼时要把钢液中的氧排除掉，加入一些脱氧剂，这些脱氧剂与氧生成较轻的气体从钢液中往上冒出，冲击钢液翻腾，如沸水。将使用这种脱氧方法所冶炼出来的钢称为沸腾钢。

2)镇静钢：钢在冶炼时，加入一些脱氧剂与氧形成的氧化物，其比例大于钢液，那么这些氧化物就会无声无息缓慢地沉淀到钢液的底部，用这样的脱氧方法所冶炼出来的钢，称为镇静钢。合金钢一般均为镇静钢。

3)半镇静钢：脱氧较完全的钢。

4)特镇静钢：脱氧程度比镇静钢高，氧的质量分数不超过0.01%，一般应含有足够的形成细晶粒结构的元素，如铝等，通常用硅脱氧后再用铝补充脱氧，代号“T2”。

(5)按金相组织分类

钢按退火组织分为亚共析钢(含碳量小于0.77%，其金相组织为铁素体和珠光体)、共析钢(含碳量为0.77%，其金相组织全部为珠光体)、过共析钢(含碳量介于0.77%和2.11%之间，其金相组织为珠光体和二次碳化物)和莱氏体钢(其组织中除了珠光体和二次碳化物外还有莱氏体组织存在)；

按正火组织分为珠光体钢、贝氏体钢、马氏体钢、奥氏体钢，但由于空冷的速度随钢的试样尺寸大小而有所不同，因此这种分类法是以断面不大的试样为准(通常选用为Φ25mm)的；

按加热及冷却时均无相变的室温金相组织，钢可分为铁素体钢(加热和冷却时，始终保持铁素体组织)、奥氏体钢(加热和冷却时，始终保持奥氏体组织)、复相钢(如半铁素体或半奥氏体钢)。

4.2.2 钢的编号方法

我国现行钢号按国家标准采用汉语拼音字母、化学元素符号和阿拉伯数字组合而成。

(1)普通质量钢

普通质量钢在过去分为甲类钢、乙类钢和特类钢三种，用字母A、B、C来表示。

甲类钢是保证机械性能供应的一类钢，其牌号表示为A_2、A_3等。字母后的数字只是表示该材料序号。

乙类钢是保证化学成分供应的一类钢，其牌号表示为B_2、B_3等。

特类钢是既能保证机械性能，又能保证化学成分供应的一类钢，其牌号表示为C_2、C_3等。

从1991年10月1日起，以上旧的普通质量钢的表示方法作废，按国家标准《碳素结构钢》(GB 700—1988)实施了新的表示方法。它是用钢的屈服强度的“屈”字母“Q”、屈服强度的下限值数字、质量等级符号[A、B、C、D(随着字母顺序往后，质量不断提高)]、脱氧方法符号[F、b、Z、TZ(分别为沸腾、半镇静、镇静、特镇静)]等4部分按顺序组成。如：Q235－A·F表示碳素结构钢，屈服强度下限为235 MPa、质量等级为A级的沸腾钢；Q235－B表示碳素结构钢，屈服强度下限为235 MPa、质量等级为B级的镇静钢(镇静钢用“Z”来表示，但一般都不写出来)。

(2)优质钢、高级优质钢

碳素结构优质钢用钢的平均含碳量的万分之几来表示，如 20、45 如果是沸腾钢，半镇静钢在牌号尾部分别加上“F”“b”(镇静钢不把符号写出)，如 08F、10b 等。如果是高级优质钢在牌号尾部加上“A”，如 20A 等。

合金结构优质钢的含碳量也是用万分之几来表示，合金元素含量用百分之几来表示，含碳量写在牌号的前面，合金元素的含量写在化学符号的后面，如 30CrMnSi、18Cr2Ni4W、20CrNiMo、20Ni4Mo 等，如果是高级优质钢牌号后面加上“A”，如 30CrMnSiA、18Cr2Ni4WA、20CrNiMoA 等。

滚动轴承钢的表示方法是在牌号前面加上汉语拼音字母“G”，含碳量为 1%或 1%以上就不写出来，其含 Cr 量是以千分之几来表示，如 GCr15、GCr9 等。

(3)工具钢

碳素工具钢是用“碳”字母拼音第一个字母“T”，用钢含碳量的千分之几来表示，如 T8、T10、T12，如果是高级优质钢后面加上“A”，如 T8A、T10A、T12A 等。

合金工具钢，它的含碳量写在牌号的前面，但是用千分之几来表示，合金元素的含量是用百分之几来表示，如 5CrNiMo、3Cr2W8V、Cr12MoV、CrWMn、9CrSi 等，含碳量为 1%或 1%以上都不写出来，如果是高级优质钢，在牌号后面加上“A”，如 5CrNiMoA、9CrSiA 等。

高速钢如 W18Cr4V、W6Mo5Cr4V2、W9Mo3Cr4V 等，它们的含碳量都没有写出来，实际其含碳量并没有达到 1%，这是一种特殊情况。

特殊性能用钢，如不锈钢、耐热钢、耐酸钢等，其含碳量用千分之几表示，含碳量≤0.08%时，钢号前面用“0”，含碳量≤0.03%时，钢号前面用“00”表示，如 2Cr13、0Cr19Ni9、00Cr19Ni11 等。

4.3 金属材料的性能

金属材料是指由金属元素或以金属元素为主而形成的具有一般金属特性的材料。它是材料的一大类，是人类社会发展极为重要的物质基础之一。由于它本身具有比其他材料更为优越的综合性能，因此在人类文明的发展史上具有重要作用。

金属材料的性能归纳起来可分为两大类，一类是工艺性能，另一类是使用性能。工艺性能是指金属材料在被加工制造成机械零件的过程中，在给定的冷、热加工条件下所表现出的性能。金属材料的工艺性能，决定了它在制造过程中加工成形的适应能力。由于加工条件不同，对于金属材料所要求的工艺性能也不同，常见的工艺性能包括铸造性、锻造性、焊接性、切削性及热处理性等。使用性能是指在满足机械零件使用要求条件下，金属材料表现出来的性能，主要包括机械性能(也称力学性能)、物理性能、化学性能等。金属材料的使用性能，决定了它的使用范围与使用寿命。

4.3.1 金属材料的机械性能

在机械制造业中，一般机械零件都是在常温、常压和非强腐蚀性介质中使用，且在使用过程中各机械零件都将承受不同载荷的作用。金属材料在外加载荷作用下抵抗破坏的性能称为机械性能(或力学性能)。金属材料的机械性能是零件在设计和选材时的主要依据，根据外加载荷性质的不同(如拉伸、压缩、扭转、冲击、循环载荷等)，对金属材料要求的机械性能也将不同。常见的机械性能包括强度、塑性、硬度、冲击韧性和疲劳强度等。

(1)强度

强度是指金属材料在静荷作用下抵抗永久变形和断裂的能力。由于载荷的作用方式有拉伸、压缩、弯曲、剪切等形式，所以强度也分为抗拉强度、抗压强度、抗弯强度、抗剪强度等。各种强度间存在一定的联系，使用中一般多以抗拉强度作为最基本的强度指标。

(2)塑性

塑性是指在外力作用下，材料产生永久变形而不破坏其完整性的能力。

(3)硬度

硬度是衡量材料软硬程度的一种力学性能。按加载方式不同，硬度试验方法可分为压入法和刻划法两类。其中，压入法的硬度值是表征材料表面抵抗另一物体局部压入时所引起的塑性变形能力，而刻划法硬度值是表征材料局部切断破坏的抗力。因此可以认为硬度是指材料表面上不大体积内抵抗变形或破坏的能力。目前生产中测定硬度值常用压入法，即在一定载荷作用下，采用具有一定几何形状的压头压入被测试的金属材料表面，根据被压入程度来衡量其硬度值大小。常用的压入法试验包括布氏硬度(HB)、洛氏硬度(HRA、HRB、HRC)和维氏硬度(HV)等方法。

(4)冲击韧性

以高速作用于机件上的载荷称为冲击载荷，金属材料在冲击载荷作用下抵抗断裂的能力叫作冲击韧性。

(5)疲劳强度

材料在无限多次变载荷作用而不会产生破坏的最大应力叫作疲劳强度。

4.3.2　金属材料机械性能的检测

金属材料机械性能的检测需要借助相应的设备来完成，这里主要介绍实际生产中最常用的硬度测试。常用的硬度测试方法包括布氏硬度(HB)法、洛氏硬度(HRA、HRB、HRC)法和维氏硬度(HV)法，其测试方法分别如下。

(1)布氏硬度法

布氏硬度的测量通过布氏硬度计实现，如图4-5所示。

图4-5　布氏硬度计

1)布氏硬度原理。

图4-5为布氏硬度计，对直径为D的硬质合金球压头施加规定的试验力F，使压头压入试样表面，经规定的保压时间后，除去试验力F，在试样表面获得压痕，压痕深度为h。测量压痕直径d，布氏硬度的值就是试验力除以压痕表面积，即

$$\mathrm{HB}=F/S=0.102\frac{2F}{\pi D(D-\sqrt{D^2-d^2})}$$

2)布氏硬度表示方法。

布氏硬度计的压头可换，当压头为淬火钢球时，布氏硬度用符号HBS表示，适用于布氏硬度值在450以下的材料；当压头为硬质合金球时，用符号HBW表示，适用于布氏硬度在650以下的材料。测试所得的硬度值用如下方法表示：硬度值＋HBS(HBW)＋D＋F＋t。如

“120HBS10/1000/30”，即直径为 10 mm 的钢球在 1 000 kgf① 载荷作用下保持 30 s 测得的布氏硬度值为 120，如图 4－6 所示。

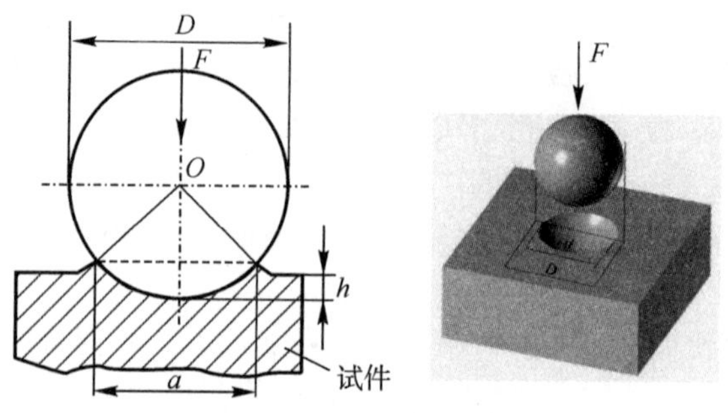

图 4－6　布氏硬度测试示意图

3)布氏硬度特点与应用。

采用布氏硬度法测得的硬度值数据稳定，测量误差小，但压痕大，不能用于太薄的工件、成品件及比压头还硬的材料。适于测量退火、正火、调质钢，、铸铁及有色金属的硬度。

(2)洛氏硬度法

1)洛氏硬度原理。

当被测样品过小或者布氏硬度(HB)大于 450 时，可改用洛氏硬度计测量，如图 4－7 所示。试验时是用一个顶角为 120°的金刚石圆锥体或直径为 1.59 mm/3.18 mm 的钢球，在一定载荷下压入被测材料表面，由压痕深度求出材料的硬度。

图 4－8 所示即为洛氏硬度测试示意图，其中："1—1"表示加上初载荷后压头的位置；"2—2"表示加上初载荷与主载荷后压头的位置；"3—3"表示卸去主载荷后压头位置；"h_e"表示卸去主载荷的弹性恢复。洛氏硬度值由 h 的大小确定，压入深度 h 越大，硬度越低，反之，则硬度越高。一般说来，按照人们习惯上的理解，数值越大，硬度越高。因此采用一个常数 c(压头为淬火钢球时 $c=100$；压头为金刚石时 $c=130$)减去 h 来表示硬度的值，并用每 0.002 mm 的压痕深度为一个硬度单位。由此获得的硬度值称为洛氏硬度值，用符号 HR 表示：

$$HR=(c-h)/0.002$$

图 4－7　洛氏硬度计

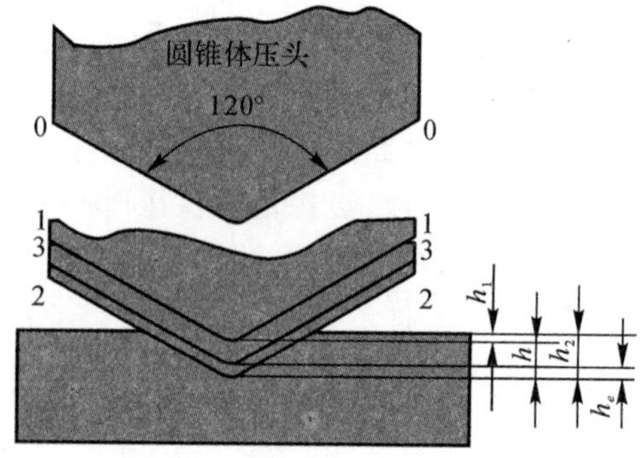

图 4－8　洛氏硬度测试示意图

① 1 kgf=9.806 65 N。

2)洛氏硬度表示方法。

洛氏硬度试验采用3种试验力,3种压头,共有9种组合,对应于洛氏硬度的9个标尺。这9个标尺的应用涵盖了几乎所有常用的金属材料。洛氏硬度没有单位,是一个无纲量的力学性能指标,其最常用的硬度标尺有A、B、C三种,通常记作HRA、HRB、HRC,其表示方法为:硬度数据+硬度符号,如50HRC。

其中,HRA是采用60 kg载荷和钻石锥压入器求得的硬度,用于硬度很高的材料,如硬质合金;HRB是采用100 kg载荷和直径1.58 mm淬硬的钢球求得的硬度,用于硬度较低的材料,如软钢、有色金属、退火钢、铸铁等;HRC是采用150 kg载荷和钻石锥压入器求得的硬度,用于硬度较高的材料,如淬火钢等。

3)洛氏硬度特点与应用。

洛氏硬度具有操作简便、效率高、压痕小、不伤工件表面等优点,适用于各种不同硬质材料的检测。但也存在测量结果不一致、数据分散度大等缺点。

(3)维氏硬度法

1)维氏硬度原理。维氏硬度的测定原理和布氏硬度相同,也是以单位压痕凹陷面积上承受的负荷(即应力值)作为硬度值的计量标准。维氏硬度采用锥面夹角为136°的四方角锥体,由金刚石制成。图4-9所示为维氏硬度计,图4-10所示为维氏硬度测试示意图。维氏硬度用符号“HV”表示:

$$HV=0.1891P/D^2$$

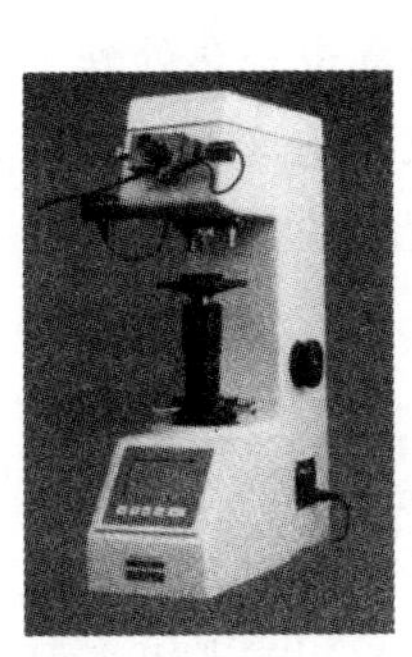

图4-9 维氏硬度计

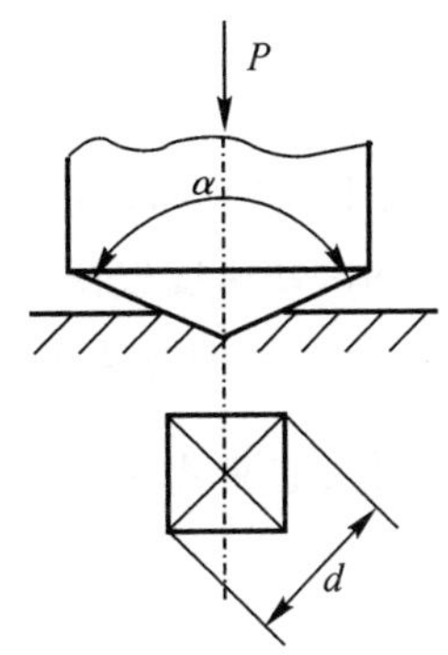

图4-10 维氏硬度测试示意图

2)维氏硬度表示方法。维氏硬度用符号HV表示,符号前的数字为硬度值,后面的数字按顺序分别表示载荷值及载荷保持时间,如640HV300/20。

3)维氏硬度特点与应用。维氏硬度保留了布氏硬度与洛氏硬度的优点,解决了布氏硬度中负载和压头直径的问题规定条件的约束,统一了硬度值,可以测量任何软硬的材料,负荷大小也可任意选择,但也存在生产效率低的问题。

维氏硬度计多用于金属表面硬度、薄层金属(如化学层)测量。小负荷维氏硬度计可用于显微组织测量。

4.4 热处理工艺

4.4.1 钢的热处理方法概述

(1)加热

加热是以一定的加热速度把零件加热到规定的温度范围,加热温度是热处理工艺的重要参数之一,选择合适的加热温度是保证热处理零件具有良好质量的关键所在。加热温度随被处理的金属零件的材质和热处理目的的不同而异,但一般均在相变温度以上,以获得高温组织。作为金属热处理的重要工序之一,加热的方法很多,早期是采用木炭和煤作为热源,进而发展为液体和气体燃料,随着对电的应用,加热更加易于控制,且无环境污染。除对上述热源的直接应用,金属的加热也可以通过熔融的盐或金属,通过浮动粒子间接进行加热。在加热过程中,暴露在空气中的零件极易发生氧化、脱碳(使钢铁零件表面碳含量降低),这对热处理后零件的表面性能有很不利的影响,因此对金属零件的加热一般应在可控气氛、保护气氛、熔融盐或真空气氛中进行,也可采用涂覆涂料或包装的方法对零件进行保护加热。

(2)保温

保温是零件在规定温度下,恒温保持一定时间,使零件内外温度均匀,这是因为零件在加热过程中组织转变需要一定的时间,因此当零件表面达到要求的加热温度时,还须在此温度保持一定时间,使内外温度一致,使显微组织转变完全。当采用高能密度加热和表面热处理时,加热速度极快,无需保温阶段,但在采用化学热处理时保温时间往往较长。

(3)冷却

冷却是指保温后的零件以一定的速度冷却下来。冷却也是热处理工艺过程中不可缺少的步骤,冷却方法因工艺不同而各不相同,其中控制冷却速度是这一步骤的关键所在。一般退火的冷却速度最慢,正火的冷却速度较快,淬火的冷却速度更快,但也因钢种不同而略有差异,例如空硬钢就可以用和正火一样的冷却速度进行淬硬。

4.4.2 钢的热处理工艺常用术语

(1)正火

正火是将钢材加热到临界点 A_{c3} 或 A_{ccm} 以上 30～50℃,或者更高温度,保温足够时间,然后在静止空气中冷却的热处理工艺。

(2)退火

退火是将钢加热到临界点 A_{c1} 以上或以下的一定温度,保温一定时间,然后缓慢冷却,以获得接近平衡状态的组织。退火分为以下几类。

1)完全退火:将亚共析钢加热至 A_{c3} 以上 20～30℃,保温足够时间,奥氏体化后,随炉缓慢冷却(或埋在砂中或石灰中冷却),从而获得接近平衡的组织。

2)不完全退火:将亚共析钢在 A_{c1}～A_{c3} 之间或将过共析钢在 A_{c1}～A_{ccm} 之间的两相区加热,保温足够时间,进行缓慢冷却的热处理工艺。所谓"不完全"是指在两相区加热,只有部分组织进行了重结晶。

3)等温退火:将亚共析钢加热到 A_{c3} 以上 30～50℃或将共析钢和过共析钢加热到 A_{c1} 以上 20～40 ℃,保温一定时间后随炉冷却至稍低于 A_{r1} 的某一温度进行等温转变,然后在空气中冷却。

4)球化退火:将共析钢或过共析钢加热至 A_{c1} 以上 20～40 ℃,热透后降温至 A_{c1} 以下 20～30 ℃,等温保持一段时间后缓慢冷却。

5)扩散退火:将钢加热至 A_{c3} 以上 150～200 ℃,长时间保温后缓慢冷却。常用的扩散退火温度是 1 100～1 200℃,保温时间为 10～15 h。

6)低温退火:将钢件加热到低于 A_{c1} 温度退火,包括软化退火、去应力退火和再结晶退火。常用的软化退火温度为 650～720℃,保温后出炉空冷。去应力退火是将钢加热到 A_{c1} 以下 100～200 ℃,热透后空冷或炉冷至 200～300℃,再出炉空冷。再结晶退火又称中间退火,是将加工硬化后的钢材加热至 A_{c1} 以下 50～100 ℃,热透后空冷。

(3)淬火

淬火是指将亚共析钢加热到 A_{c3} 以上 30～50 ℃或将过共析钢加热到 A_{c1} 以上 30～50 ℃保温一段时间,奥氏体化后,置于水、油等冷却介质中快速冷却,使其发生马氏体等不稳定组织结构转变。根据冷却方式不同,淬火可分为以下几种。

1)单液淬火:将加热奥氏体化后的工件投入一种淬火介质中,冷却直至室温,称为单液淬火。

2)双液淬火:为了利用水在高温区快冷的优点,同时避免水在低温区快冷的缺点,可以采用先水淬、后油冷的双液淬火法。双液淬火法适用于处理淬透性较小、尺寸较大的碳素工具钢和低合金结构钢等工件。

3)分级淬火:将奥氏体化的工件淬入高于或略低于 M_s 的低温盐浴或碱浴中,等温停留一段时间,使工件内外温度均匀,然后取出空冷。

4)等温淬火:将奥氏体化的工件淬入略高于 M_s 的等温盐浴中,停留足够时间,使过冷奥氏体等温转变成下贝氏体,然后取出空冷。

(4)回火

回火是指将预先经过淬火或正火的钢重新加热到 A_{c1} 以下适当温度保温后以适当速度冷却,以达到预期的强度和硬度,并提高钢的塑性和韧性。

(5)调质处理

淬火与高温回火相结合的热处理称为调质处理。调质处理广泛应用于各种重要的结构零件,特别是那些在交变负荷下工作的连杆、螺栓、齿轮及轴类等。调质处理后得到回火索氏体组织,它的机械性能均比相同硬度的正火索氏体组织好。它的硬度取决于高温回火温度,并与钢的回火稳定性和工件截面尺寸有关,一般在 HB200～350 之间。

(6)淬透性

淬透性是指奥氏体化后的钢接受淬火的能力,其大小用一定条件下淬火时钢的淬透层深度来表示,主要取决于钢的临界冷却速度。

(7)淬硬性

淬硬性是指钢在理想条件下淬火后达到的最高的硬度。

(8)有效淬硬深度

有效淬硬深度是指从淬硬的工件表面量至规定硬度值(550HV)的垂直距离。

(9)固溶热处理

固溶热处理是指将合金加热至高温单相区恒温保持,使过剩相充分溶解到固溶体中,然后快速冷却,以得到过饱和固溶体的热处理工艺。

(10)时效

时效是指合金经固溶热处理或冷塑性形变后,在室温放置或稍高于室温保持时,其性能随时间变化的现象。

(11)时效处理

时效处理是指在强化相析出的温度加热并保温,使强化相沉淀析出,得以硬化,提高强度。

(12)钢的碳氮共渗

碳氮共渗是向钢的表层同时渗入碳和氮的过程。习惯上碳氮共渗又称为氰化,目前以中温气体碳氮共渗和低温气体碳氮共渗(即气体软氮化)应用较为广泛。中温气体碳氮共渗的主要目的是提高钢的硬度、耐磨性和疲劳强度。低温气体碳氮共渗以渗氮为主,其主要目的是提高钢的耐磨性和抗咬合性。

4.4.3 热处理工艺分类

金属热处理工艺一般分为三类:整体热处理、表面热处理和化学热处理。根据加热介质、加热温度和冷却方法的不同,上述的每一类热处理工艺又可分为若干不同的热处理工艺。同种金属采用不同的热处理工艺,可获得不同的组织,从而具有不同的性能。

(1)整体热处理

整体热处理是对工件整体加热,然后以适当的速度冷却,以改变其整体力学性能。钢铁的整体热处理分为退火、正火、淬火和回火 4 种基本工艺。

1)退火。退火是将零件加热到适当温度,根据零件的材质和尺寸选择保温时间,然后进行缓慢冷却的热处理工艺,其目的是使金属内部组织达到或接近平衡状态,获得良好的工艺性能和使用性能,或者为进一步淬火做准备。

2)正火。正火是将工件加热到适宜温度,保温适当的时间后在空气中冷却的热处理工艺。正火的效果与退火相似,但得到的组织更细,常用于改善材料的切削性能。由于正火不是随炉冷却的,所以其生产效率高、成本低,因此在满足性能要求的前提下,应尽量采用正火,故对一些要求不高的零件常用正火作为最终热处理工艺。

3)淬火。淬火是将工件加热保温后,在水、油或其他无机盐、有机水溶液等淬冷介质中快速冷却的热处理工艺。淬火的目的是提高零件的硬度与耐磨性。

4)回火。回火是为了改善淬硬工件的脆性而将淬火后的工件置于 650℃以下的某一适当温度进行长时间的保温,再冷却的热处理工艺。根据回火加热温度的不同,回火可分为以下 3 种:低温回火(回火温度为 200～250 ℃,主要是为了在保持零件的高硬度和高耐磨性的基础上降低零件的内应力和脆性)、中温回火(回火温度为 350～500 ℃,采用此种回火工艺可清除工件中大部分内应力,使其具有一定的韧性和高弹性)、高温回火(回火温度为 500～650 ℃,采用此种工艺回火后的工件具有良好的综合力学性能)。

上述的退火、正火、淬火、回火构成了整体热处理中的“四把火”，随着加热温度和冷却方式的不同,“四把火”又演变出不同的热处理工艺:为了获得一定的强度和韧性,而将淬火和高温回火结合起来的调质处理;为了提高合金的硬度、强度或电性磁性,而将经淬火后形成过饱和固溶体的合金置于室温或稍高的适当温度下保持较长时间的时效处理;为了使工件获得良好的强度、韧性,而将压力加工与热处理紧密结合的形变热处理;为了使工件不发生氧化、脱碳,保持表面的光洁度并提高工件性能,而将工件置于负压气氛或真空中的真空热处理等。

(2)表面热处理

表面热处理是指仅加热工件表层,以改变其表层力学性能的金属热处理工艺。为了只加热工件表层而不使过多的热量传入工件内部,使用的热源须具有高的能量密度,即在单位面积的工件上给予较大的热能,使工件表层或局部能短时或瞬时达到高温。表面热处理的主要方法有火焰淬火热处理和感应加热热处理,常用的热源有氧乙炔或氧丙烷等火焰、感应电流、激光和电子束等。

(3)化学热处理

化学热处理是改变工件表层化学成分、组织和性能的金属热处理工艺。化学热处理与表面热处理的不同之处是前者改变了工件表层的化学成分。化学热处理是将工件放在含碳、氮或其他合金元素的介质(气体、液体、固体)中加热,保温较长时间,从而使工件表层渗入碳、氮、硼和铬等元素。渗入元素后,有时还要进行其他热处理工艺(如淬火及回火)。化学热处理的主要方法有渗碳、渗氮、渗金属。

4.4.4　常用热处理设备

1. 加热设备

热处理炉是热处理加热的专用设备,根据热处理方法的不同,所用加热炉也不同,常用的加热炉有盐浴炉、井式炉、气体渗碳炉、箱式炉、真空炉等。

(1)盐浴炉

盐浴炉是用熔盐作为加热介质的炉型。根据工作温度不同可分为高温、中温、低温盐浴炉。根据炉子的工作温度,通常选用氯化钠、氯化钾、氯化钡、氰化钠、氰化钾、硝酸钠、硝酸钾等盐类作为加热介质。

1)特点。盐浴炉的加热速度快,温度均匀。工件始终处于盐液内加热,工件出炉时表面又附有一层盐膜,因此能防止工件表面氧化和脱碳。但盐浴炉加热介质的蒸气对人体有害,使用时必须通风。

2)应用。鉴于上述特点,盐浴成为中小型工具、模具的主要加热方式,可用于碳钢、合金钢、工具钢、模具钢和铝合金等的淬火、退火、回火、氰化、时效等热处理加热,也可用于钢材精密锻造时少氧化加热。

3)盐浴炉的分类。盐浴炉分内热式和外热式两大类,内热式盐浴炉又分为电极盐浴炉和电热元件盐浴炉两种。

A. 内热式盐浴炉。

内热式浴炉是将热源放在介质内部,直接将介质熔化,并加热到工作温度。

a. 电极盐浴炉。

电极盐浴炉是通过金属电极将低压 (5.5～36 V)大电流交流电引入炉内,电流流过盐液发热。盐液既是发热体，又是对工件加热的介质。盐液温度根据盐液成分而不同，一般在150～1 300℃之间。磁场能使盐液循环翻动，有利于盐液温度均匀，还能提高工件的加热速度。电极盐浴炉由电极、耐火炉衬、密封金属炉罐、绝热层和炉壳构成，由专用变压器供电。固态盐不导电，开炉时先向起动电极送电，利用起动电极的电阻发热使一部分盐先熔化，然后接通主电极使电流通过熔盐发热工作。主电极有插入式和埋入式两种结构形式。对于插入式电极，其电极从炉口插入炉内。这种电极结构简单，装卸方便。而埋入式电极，其电极埋在盐中，不接触空气，使用寿命较长。这种电极的炉膛容积利用系数高，但电极拆卸较困难。两种电极都可用碳钢或耐热钢锻成，也可铸造。

在热处理实习中，常用高温和中温盐浴炉，其结构如图 4－11 所示。这两种盐浴炉均采用电极的内加热式，把低电压、大电流的交流电通入置于盐槽内的两个电极上，利用两电极间熔盐电阻的发热效应，使熔盐达到预定温度。将零件吊挂在熔盐中，通过对流、传导作用，使工件加热。

高温盐浴炉的使用温度范围是 960～1 350 ℃，用于高合金工具钢、不锈钢、特种钢淬火加热，如高速钢、Cr12MoV、2Cr13、9Cr18MoV、H13、3Cr2W8V 等。其加热速度快、效率高、温控精度高，可有效保证高温加热时间，且在加热过程中能隔绝氧气，故在当前工程制造领域中，尤其在高速钢热处理中，它是性能最佳的专用设备，但在热处理过程中存在轻微污染，且对加热零件的尺寸有所限制。

中温盐浴炉的使用温度范围是 700～960 ℃，多用于碳钢、合金结构钢以及部分合金工具钢的淬火加热，如 45 钢、T8、T10、65Mn、60Si2Mn、Cr15、40Cr、CrWMn、30CrMnSi、9CrSi 等，其特点和高温盐浴炉相同。

图 4－11　盐浴炉

b. 电热元件盐浴炉。

电热元件盐浴炉由管状电热元件、金属槽(锅)、搅拌器、隔热层和炉壳构成。通电后元件发热将盐熔化。这种炉多用硝盐，故又称硝盐炉。硝盐最高工作温度不超过 550℃。温度超过此限会加剧硝盐分解，发生事故，因此需要设置超温报警装置。如将硝盐改为苛性钠或苛性钾，则成为碱浴炉，这种炉子适用于钢的光亮淬火。

B. 外热式盐浴炉。

外热式盐浴炉的金属炉罐(坩埚)放在炉膛内,用电或火焰进行加热,热效率较低,仅在小型盐浴炉上使用。低温盐浴炉通常采用电阻丝外加热的加热片式。

(2)井式炉

井式炉是周期式作业炉,适用于杆类、长轴类零件的热处理。井式炉的炉身是圆筒形的深井,工件由专用吊车垂直装入炉内加热,由于炉体较高,一般均置于地坑中,仅露出地面 600~700 mm。可使用煤气、煤油或电作为热源进行加热。

采用电作为热源的井式炉称为井式电阻炉。以下主要介绍一种常用的井式电阻炉——井式回火炉。井式回火炉的外形如图 4-12 所示,主要用于钢件回火、铝合金淬火。加热温度低于 700℃。其装炉量大,温控精度高,炉温均匀性好。将井式炉电阻丝和炉体改造后可供长形工件淬火用。

图 4-12 井式回火炉

(3)气体渗碳炉

气体渗碳炉是新型节能周期作业式热处理电炉,其外形如图 4-13 所示,主要供钢制零件进行气体渗碳。气体渗碳炉的炉温均匀性好、升温快、保温效果好,工件渗碳速度快,碳势气氛均匀,渗层均匀,有效提高了工件的生产效率和渗碳质量。用于要求心部具有良好冲击韧性、表面耐磨的材料渗碳,如 20Cr、20CrNiMo、20CrMo 等。淬硬性差的大尺寸 Cr15 经渗碳和淬火的双重热处理工艺后,其表面硬度明显提高,且性能优于表面感应淬火。

图 4-13 气体渗碳炉

(4)箱式电阻炉

箱式电阻炉根据使用温度不同,可分为高温(温度高于 1 000℃)、中温(温度在 600~1 000℃)、低温(温度低于 600 ℃)箱式电阻炉。它是将电流通过布置在炉膛内的电热元件使其发热，通过辐射或对流作用，将热量传递给工件，使工件加热。

箱式电阻炉外壳由优质冷轧钢板和型钢焊接而成，炉衬采用耐火与保温材料制成，电热元件布置在炉膛两侧和炉底，热电偶从炉底或后壁插入炉膛，通过仪表显示和控制温度。

由于箱式电阻炉常用于钢铁材料和非铁材料（有色金属）的退火、正火、淬火、回火热处理工艺的加热，故在热处理行业应用广泛，可加工大型工件，但在加热过程中存在炉温均匀性差、温控精度低、氧化脱碳严重等问题，因此常用于加工余量大的工件。

(5)真空炉

一般金属材料在空气炉中加热，由于空气中存在氧气、水蒸气、二氧化碳等氧化性气体，这些气体与金属发生氧化作用，易使被加热的金属表面产生氧化膜或氧化皮，完全失去原有的金属光泽。同时这些气体还要与金属中的碳发生反应，使其表面脱碳。如果炉中含有一氧化碳或甲烷气体，还会使金属表面增碳。对于化学性质非常活泼的 Ti、Zr 以及难溶金属 W、Mo、Nb、Ta 等，在空气炉中加热，除了要生成氧化物、氢化物、氮化物外，还要吸收这些气体并向金属内部扩散，使金属材料的性能严重恶化。这些氧化、脱碳、增碳、吸气甚至产生腐蚀等弊病，在可控气氛炉或盐浴炉中有时也难以避免。

真空炉由于其内部环境真空，无氧气等气氛，因此可实现无氧化、无脱碳、无渗碳，可去掉工件表面的磷屑，并有脱脂除气等作用，从而达到表面光亮净化的效果。真空炉类型众多，有真空淬火炉、真空回火炉、真空渗碳炉、真空渗氮炉、真空退火炉等。除了具有无氧加热的优点外，设备的自动化程度高，采用程序控制，减少了工人的劳动量。但存在生产周期长、效率低、设备造价高、维护成本大、工艺曲线与实际工艺差异大、高合金工具钢开裂风险大等缺点，适用于高精密合金结构钢热处理，广泛应用于航天、航空领域。其设备如图 4-14 所示。

图 4-14 真空炉

2. 冷却设备

淬火槽包含淬火油槽和淬火水槽，主要用于需淬火工件加热后的冷却。根据淬火材料的不同需选用适合的淬火介质，一般合金钢淬火采用油淬，碳钢和一些淬透性不好的合金钢采用盐水作为冷却介质，铝及铝合金则会采用加热至一定温度的清水作为淬火介质。

4.4.5 $Fe-Fe_3C$ 合金相图

铁碳相图($Fe-Fe_3C$)是指各成分的铁碳合金在平衡条件下各个不同的温度区间存在不同组织的关系图,也是钢铁材料热处理的依据。

钢液在接近平衡状态缓慢凝固冷却时,以及经过热处理形成的显微组织,由一个或数个结构和成分均匀的组分组成,这些组分称为相。结合图 4-15 所示的铁碳相图,分别进行如下说明。

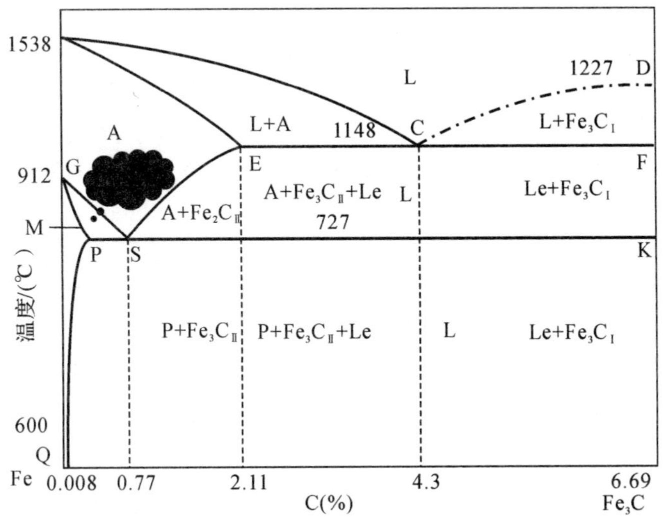

A—奥氏体
F—铁素体
P—珠光体
L—莱氏体
S—共析点
C—共晶点
G—α与γ同素异构转变点

图 4-15 $Fe-Fe_3C$ 合金相图

相图左侧边界线代表纯铁,其含碳量为0;将其从室温加热至912℃(G点)这一温度区间,铁的原子排列变为体心立方点阵,称为 α-Fe;912℃以上温度,铁的原子排列变为面心立方点阵,称为 γ-Fe,这种转变称为铁的同素异构转变。随着相图边沿右移,合金中碳含量不断提高,直至碳含量为6.67%,其合金的内部组织为100%的渗碳体。表4-1和表4-2分别描述了铁碳相图($Fe-Fe_3C$)中的特征点和特征线。

表 4-1 $Fe-Fe_3C$ 相图的特征点

特征点	温度/℃	含碳量/(%)	说 明
A	1 538	0	纯铁熔点
C	1 148	4.30	共晶点 $Lc \rightleftharpoons \gamma_E + Fe_3C$
D	1 227	6.67	渗碳体(Fe_3C)的熔点
E	1 148	2.11	碳在 γ-Fe 中最大的溶解度
F	1 148	6.67	共晶转变线与渗碳体成分的交点
G	912	0	$\alpha-Fe \rightleftharpoons \gamma-Fe$ 同素异构转变点(A_3)
M	770	0	α相磁性转变点(A_2)

续表

特征点	温度/℃	含碳量/(%)	说　明
P	727	0.021 8	碳在 α 相中的最大溶解度
S	727	0.77	共析点 $\gamma_S \rightleftharpoons \alpha_P + Fe_3C(A_1)$
K	727	6.67	共析转变线与渗碳体成分的交点
Q	600	0.005	碳在 α 相中的溶解度

表 4-2　$Fe-Fe_3C$ 相图的特征线

特性线	说　明
ACD	液相线，在此成分的所有金属与合金加热到该线时，便会全部熔化转变成液体，液体冷却到该线时，便要开始结晶出固体
AECF	固相线，合金冷却至此线时，便要全部凝固成为固体，合金加热到此线时，便要开始熔化
GP	温度高于 A_1 时，碳在 α 相中的溶解度线
GS	含碳量低于 0.77%的钢，加热到该线时铁素体全部转变成奥氏体，该线称为 A_{C3} 线
ES	碳在 γ 相中的溶解度线，含碳量大于 0.77%至 2.11%的钢加热到该线时，渗碳体全部溶解，该线称为 A_{cm}
PQ	温度低于 A_1 时，碳在 α 相中的溶解度线
ECF	$Lc \rightleftharpoons \gamma_E + Fe_3C$ 共晶转变线
MO	α-Fe 磁性转变线(A_2)
PSK	$\gamma_S \rightleftharpoons \alpha_P + Fe_3C$ 共析反应称为 A_1
230℃线	Fe_3C 的磁性转变线(A_0)

以下将着重介绍钢铁在各种状态下的组织：

1)奥氏体：碳在 γ-Fe 中的间隙固溶体，属面心立方结构，在高温下稳定存在。用符号“A”或“γ”表示。碳在其中的溶解极限为 2.11%。奥氏体的硬度较低，为 170～220HBS。钢在高温下可呈单相奥氏体状态，由于面心立方的滑移系较多，所以奥氏体具有很大的塑性，此时可对钢实施锻造成形和各种热加工。从奥氏体区冷却，可实现由奥氏体向其他多种组织的转变。

2)铁素体：碳在 α-Fe 中的间隙固溶体，呈体心立方结构，在低温下稳定存在。碳在其中最大的溶解度仅为 0.02%。随着温度的降低，在铁素体晶界上析出 Fe_3C 或 θ-碳化物相，碳在 α-Fe 中的溶解度逐渐减小。铁素体在室温下硬度低，一般为 80～120HBS，抗拉强度也较低，约为 250 MPa，但韧性好，具有很好的延展性。但在低温受载和高变形速率时，经常会出现脆性破坏的现象。

3)渗碳体：渗碳体是铁与碳的一种复杂的化合物，晶体结构属正交系，碳的含量为6.67%，用 Fe_3C 表示。在铁碳合金的金相组织中，随着含碳量和温度的不同，相应地会出现一次渗碳体(初生渗碳体)、二次渗碳体和三次渗碳体。渗碳体是一种硬度高、脆性大的组织,硬度可达800HBW。一次渗碳体是当含碳量超过4.3%的过共晶铁水冷却时,直接从熔液中析出的渗碳体,一般在原生铁中或在铸造时出现白口时,才存在这种组织。二次渗碳体是含碳量超过0.77%的过共析钢奥氏体在冷却过程中析出的,它的形态呈网状,冷却速度越慢,含碳量越高,网络越厚,数量越多。这种组织的出现会使钢的性能变坏,需通过合适的热处理工艺将二次网状渗碳体消除,变成均匀分布的颗粒二次渗碳体。三次渗碳体是由铁素体在723℃以下缓慢冷却时析出的渗碳体,其含量很少,形态呈粒状或网络状。因其量少,往往又与其他组织中的渗碳体混合在一起,不易区分,对铁碳合金的性能影响不明显。

4)珠光体:铁碳合金的奥氏体含量为0.77%时,在727℃时必然转变为铁素体和渗碳体,这种转变过程称为共析反应。珠光体就是由共析反应的产物铁素体和渗碳体组成的机械混合物,用符号"P"表示。珠光体的性能与它的形态有关,呈片状形式的珠光体比粒状珠光体的强度、硬度高,片状珠光体的硬度为190~230HBS,粒状珠光体的硬度为160~190HBS,但对于韧性而言,粒状珠光体比片状珠光体好,因此在机械制造中,预备热处理常采用调质或球化退火工艺,目的是使钢件获得粒状珠光体。

5)莱氏体:它是一个双相共晶结构组织,是含碳量为4.3%的铁碳合金在平衡状态下,温度为1 147 ℃,由熔液同时结晶出奥氏体和渗碳体的机械混合物,用符号"L"表示。莱氏体的硬度高且脆性大,硬度一般为700HBS。随着温度下降,当温度低于723℃时,莱氏体中的奥氏体发生共析反应而转变为珠光体,因此室温下的莱氏体是渗碳体与珠光体的机械混合物,称为变态莱氏体(或称低温莱氏体),用符号"Ld"表示。

4.4.6 钢的过冷奥氏体转变

把奥氏体化的钢急冷至临界点以上某一温度,并在该温度下保持,测定在此温度的开始与终止时,转变时间和转变量随时间的变化,然后把各个温度的开始和终止转变点或等量转变点连成曲线,即可得到过冷奥氏体的等温转变图,称为C曲线。图4-16所示为共析钢的C曲线。

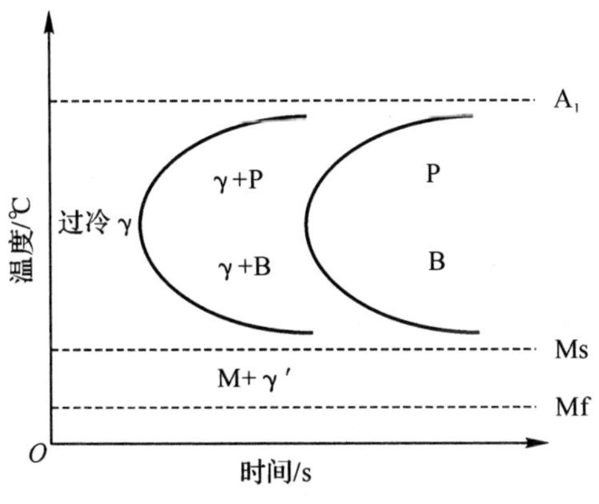

图4-16 共析钢的C曲线

由图4-16可知,除了铁碳相图中所述的钢的基本组织外,奥氏体转变过程中还会出现贝氏体和马氏体等组织。

1)贝氏体:在较低转变温度下,铁原子的扩散能力减弱,奥氏体转变成铁素体晶体结构,变化的机制由扩散型转化为切变型,但仍可发生碳的扩散或形成碳化物,只是所形成的渗碳体分割成点状,而非连续层状。这种由切变和扩散形成的碳的过饱和 α-Fe 和碳化物的机械混合物就是贝氏体。

在钢中存在两种形态的贝氏体:一种是上贝氏体,在相对高的温度(稍低于珠光体形成温度)下生成,包含有许多平行铁素体条的小区域,从铁素体中析出的碳聚集在铁素体间,形成比较粗的渗碳体粒子;另一种是下贝氏体,在更低温度下形成,其铁素体具有板条形态,而渗碳体在此板条中呈极细微粒子。下贝氏体互成一定角度,其显微组织呈针状,而非上贝氏体呈块状或羽毛状。

2)马氏体:马氏体是碳在 α-Fe 中的过饱和固溶体,是靠无扩散的奥氏体切变方式在钢中形成的相,是淬火钢的基本组织。碳存在于八面体间隙位置,导致体心立方晶体结构的铁素体过饱和,使马氏体晶格结构为体心四方结构。钢中的马氏体分为两种形态:形成于低碳钢或中碳钢中的板条马氏体和形成于高碳钢中的片状马氏体(也称孪晶马氏体)。

亚共析钢和过共析钢的过冷奥氏体等温转变与共析钢略有不同。亚共析钢的转变特征是经过一段孕育期后形成先共析的铁素体,然后才发生奥氏体向珠光体的转变;过共析钢则是先形成先共析的渗碳体,然后才发生奥氏体向珠光体的转变。

4.4.7 合金元素对相图及过冷奥氏体转变的影响

合金元素加入钢中对相图的影响,主要是对相图各线、点的温度和位置的影响。如钢中加入 Ni、Mn、Co,降低了 A_{c3}、A_{c1} 的相变温度点,并扩大了奥氏体区,使钢的淬火加热温度降低。当钢中加入了 Si、Cr、Mo、W、V 时,使 A_{c3}、A_{c1} 的相变温度点升高,并缩小了奥氏体区,使钢的淬火加热温度升高。同时,合金元素的加入使共析成分碳的含量减少,S 点碳的浓度点向左移动,如含碳量较低的 4Cr13 等。

当奥氏体中溶解了合金元素后,过冷奥氏体的等温转变曲线向右移,延迟了珠光体的转变时间,也就是说提高了钢的淬透性,但当加入 Al 或 Co 时,珠光体的转变曲线会向左移动,从而降低钢的淬透性。部分合金元素的加入会使 C 曲线的形态发生变化,由一个 C 曲线变为两个,即分离为珠光体转变 C 曲线和贝氏体转变 C 曲线。还有的合金元素如 Mo、W、Ni、B、Si、Mn 的加入,使珠光体 C 曲线右移,钢加热奥氏体化后空冷,就会产生贝氏体转变,形成贝氏体钢。有的合金元素加入后使珠光体 C 曲线和贝氏体 C 曲线同时右移,钢加热奥氏体化后空冷只有马氏体的转变,该钢便是马氏体钢。有的合金元素加入后不但使珠光体 C 曲线、贝氏体 C 曲线右移,还使马氏体转变温度点(M_s)降低至室温以下,当钢加热到奥氏体化后空冷时,不发生任何组织转变,高温奥氏体保留在室温,得到奥氏体钢。

4.5 金属金相组织制备方法及显微组织观察

在化学成分一致的情况下,金属材料的性能取决于其组织形态,而组织形态取决于其加工工艺。故通过不同的热处理工艺,可以改变金属的内部组织形态,从而达到改变金属性能的目的。这里所说的组织形态就是金属的金相组织。

金相组织是金属内部的微观成分、结构、形貌特征的总和。随着对材料需求的不断增加,人们对材料的研究更加深入，而金相组织作为材料研究中重要的对象，其研究手段也越来越完善，从最初的光学金相显微镜发展到如今的扫描电镜(Scanning Electron Microscope，SEM)、透射电镜(Transmission Electron Microscope，TEM)等。

用光学显微镜观察并研究金相组织的方法称为光学金相技术，其他的称为电子金相技术。目前生产上对原材料的复验、产品检验、故障分析大都采用光学金相显微镜。

4.5.1 金相制备

用光学金相显微镜观察金属显微组织时，需要对试样表面进行处理。一般包括以下步骤：取样—镶样—磨光—抛光—腐蚀。

(1)取样

选择合适的、有代表性的金相试样是金相研究中至关重要的一步。取样分为系统取样和指定取样两种，系统取样是指试样必须能表征被检验材料的特点，即要有代表性，而指定取样则是根据所研究的问题，有针对性地选取试样。

取样方法一般可分为机械切割(砂轮切割、手锯切割、电锯切割、机床切割、打断)、线切割、气焊切割、电弧切割等，但无论采用何种方法切割试样，均应保证被切取的试样观察面的组织不受切割的影响。

(2)镶样

为了便于试样的准备，对试样有一定尺寸的要求，尤其是对机械制备试样来说，一般为Φ12 mm×12 mm的圆柱体或12 mm×12 mm×12 mm的立方体。但当试样形状不规则或太小(如线材、细小棺材、薄板等)、较软、易碎或者边缘需保护时，必须将试样镶嵌起来，变成易于制备的试样；对于需要研究表面组织的试样，还可以使用机械夹具将试样夹持起来，以保持试样边缘的平整；另外在试样表面镀上一层硬度与试样表层相近的镀层，在磨制、抛光时可以保护试样边缘；对于薄层组织，如镀层、渗层、变形层等，由于太薄，观察和测量都有一定困难，目前采用锥形截面来增加观察厚度。锥形截面可利用倾斜镶样法获得，被观察试样借助于支持物，倾斜地放入塑料中，倾斜角为α，若薄层厚度为d，倾斜镶样时的表面厚度为L，则$L=d/\sin\alpha$。

试样镶嵌的方法有很多，其中最常用的是将试样镶在有机材料里，有机材料镶嵌法按使用材料和工艺不同，可分为冷镶法和热镶法。

热镶法用热固性塑料(胶木粉或电木粉，即酚醛树脂)或热塑性材料(聚乙烯聚合树脂、醋酸纤维树脂)等作镶嵌材料。在模具内加热加压成型，热固性塑料需加热到110～150℃，热塑性塑料加热温度更高，达到140～165℃。此法的优点是硬度较高，抗酸和碱的腐蚀，但需要专用设备——金相镶样机，同时又要加热。对于某些材料，镶样机加热时的温度会使其组织发生变化，因此该法并不适用于所有材料。

对于不适用热镶法镶样的材料可采用冷镶法，常用的冷镶材料有环氧树脂和牙托粉。使用环氧树脂镶嵌材料时，固化剂的用量要适当，采用牙托粉镶嵌试样时，牙托水的用量也要适当。

(3)磨光

1)粗磨。

粗磨是试样制备的第一道磨制工序，取样后试样表面的粗糙不平度主要在粗磨时去掉。

粗磨可采用手工和机械两种方法。

较软的金属如铅、铜等，应用锉刀或在铣床、车床上修平，不能用砂轮磨平，因为软金属容易填塞砂轮孔隙，造成磨削刀具钝化，使试样表面变形层加厚。

硬的金属试样通常在磨床或砂轮机上进行粗磨。磨制过程中为防止产生大量磨削热并尽量减少磨面的变形层，要求磨具锐利，每次磨削量要小，同时还要充分冷却。

2)细磨。

粗磨后的试样表面磨痕粗糙，变形层较深，试样表面仍是凹凸不平的，需要经过不同粒度砂纸磨细，以得到磨痕较细、变形层较浅的试样表面，方便后续抛光的进行。细磨时常用 SiC 砂纸，由粗砂至细砂多道次进行磨制。砂纸的标号越大，磨粒粒度越细，其对应关系见表 4-3。

表 4-3　SiC 砂纸标号及磨粒平均粒度

砂纸标号	180 目	220 目	320 目	400 目	600 目	1000 目
平均粒度/μm	75	60	47	40	26	18

针对实习中所用的 45 钢及合金钢，在粗磨后可分别选取 100 目、600 目、1 000 目的砂纸依次分道次水磨。磨制时单手持紧试样，沿同一方向进行，切忌来回反复磨制，磨样力度要均匀，待试样表面划痕呈均匀同一方向时，将试样转 90°，即与前一道砂纸磨痕方向垂直后按上述方法在更细力度的砂纸上继续磨制，后续磨制同前述方法。

(4)抛光

抛光是将试样上磨制产生的磨痕及变形层去掉，使其表面光滑如镜面。金相试样的质量由抛光质量决定，而抛光前试样表面的平整程度及产生的变形层又会直接影响抛光质量。因此，为得到良好的表面，磨制与抛光工序均应得到重视。

机械抛光是抛光微粉(磨料)与磨面间发生相对机械作用而使磨面变成光滑镜面的过程。在抛光中合理选用抛光微粉和抛光织物对试样质量很重要。抛光微粉是抛光过程中的切削刀具，因此要求微粉强度、硬度高，颗粒均匀，磨料外形呈多角形，且不易破碎，如此才能保证切削效果。

微粉粗细粒度有很多种，一般直径小于 28 μm 的微粉就可以用作抛光。常见的磨粒材料有氧化铝、氧化铬、氧化镁、氧化铁、碳化硅(金刚砂)、金刚石等。

抛光织物在抛光过程中起储存磨料、润滑剂及使织物绒毛与试样磨面摩擦成镜面的作用，要求织物纤维柔软，但应混有硬纤维。

(5)金相腐蚀

金相腐蚀是金相样品制备中的最终工序，分为两种方法：化学腐蚀法和电解腐蚀法。

1)化学腐蚀。化学腐蚀是将抛光好的样品磨光面在化学腐蚀剂中腐蚀一定时间，从而显示出其试样的组织形貌。

纯金属及单相合金的腐蚀是一个化学溶解的过程。由于晶界上原子排列不规则，具有较高自由能，所以晶界易受腐蚀而呈凹沟，使组织显示出来，在显微镜下可以看到多边形的晶粒。若腐蚀较深，则由于各晶粒位向不同，不同的晶面溶解速率不同，腐蚀后的显微平面与原磨面的角度不同，在垂直光线照射下，反射进入物镜的光线不同，可看到明暗不同的晶粒。

两相合金的腐蚀主要是一个电化学腐蚀的过程。两个组成相具有不同的电极电位，在腐蚀剂中,形成极多微小的局部电池。具有较高负电位的一相成为阳极,被溶入电解液中而逐渐凹下去;具有较高正电位的另一相为阴极,保持原来的平面高度,因此在显微镜下可清楚地显示出合金的两相。

多相合金的腐蚀也是一个电化学的溶解过程。在腐蚀过程中,腐蚀剂对各个相有不同程度的溶解。必须选用合适的腐蚀剂,如果一种腐蚀剂不能将全部组织显示出来,就应采取两种或更多的腐蚀剂依次腐蚀,使之逐渐显示出各相组织,这种方法也叫选择腐蚀法。另一种方法是薄膜染色法。此法是利用腐蚀剂与磨面上各相发生化学反应,形成一层厚薄不均的膜(或反应沉淀物),在白光的照射下,由于光的干涉使各相呈现不同的色彩,从而达到辨认各相的目的。

化学腐蚀的方法是显示金相组织最常用的方法。其操作方法是:将已抛光好的试样用水冲洗干净或用酒精擦掉表面残留的脏物,然后将试样磨面浸入腐蚀剂中或用竹夹子或木夹夹住棉花球沾取腐蚀剂在试样磨面上擦拭,抛光的磨面即逐渐失去光泽;待试样腐蚀好后,马上用水冲洗干净,用滤纸吸干或用吹风机吹干试样磨面,即可放在显微镜下观察。试样腐蚀的深浅程度要根据试样的材料、组织和显微分析的目的来确定,同时还与观察者所需要的显微镜的放大率有关,即高倍观察时腐蚀稍浅一些,低倍观察时则应腐蚀较深一些。

2)电解腐蚀。电解腐蚀所用的设备与电解抛光相同,只是工作电压和工作电流比电解抛光时小。这时在试样磨面上一般不形成一层薄膜,由于各相之间和晶粒与晶界之间电位不同,在微弱电流的作用下各相腐蚀程度不同,因而显示出组织。此法适于抗腐蚀性能强、难以用化学腐蚀法腐蚀的材料。

不同金属材料所需的腐蚀剂的种类、配比并不相同,需要根据材料的种类及加工工艺进行选择。常见的腐蚀剂有:硝酸酒精溶液,它可侵蚀碳钢及低合金钢,能清晰地显示铁素体晶界;氢氧化钠水溶液,它可显示铝合金的组织。

4.5.2 显微组织观察

1.显微组织观察设备——光学金相显微镜

光学金相显微镜是研究金属显微组织最常用且重要的设备。其主要结构包括放大系统、照明系统、载物台及镜体。放大系统主要包括物镜和目镜。物镜是显微镜成像质量的关键,通常由固定在金属筒内相隔一定距离的复式透镜组成。目镜是将物镜放大的中间成像再次放大。因此显微镜的放大倍数等于物镜放大倍数与目镜放大倍数的乘积,用“×”表示,如放大400倍,写成400×。

2.金相显微组织鉴别

金属的种类主要分为黑色金属和有色金属两大类,这里着重介绍黑色金属的组织鉴别。

(1)铁碳相图中的平衡组织形貌

对于钢铁材料,经过侵蚀的金属表面在显微镜下组织的颜色通常分为黑与白,以下为本章第4.4.5节所述的钢铁的平衡状态下显微组织形貌。

1)奥氏体:其组织形态是在其晶粒内部出现平行的双晶线,如图4-17所示。

2)铁素体:其组织中铁素体呈白色颗粒状分布,并有明显的曲折黑色晶界线(见图4-

18)，常见于退火组织中。

图 4-17　奥氏体的金相显微组织

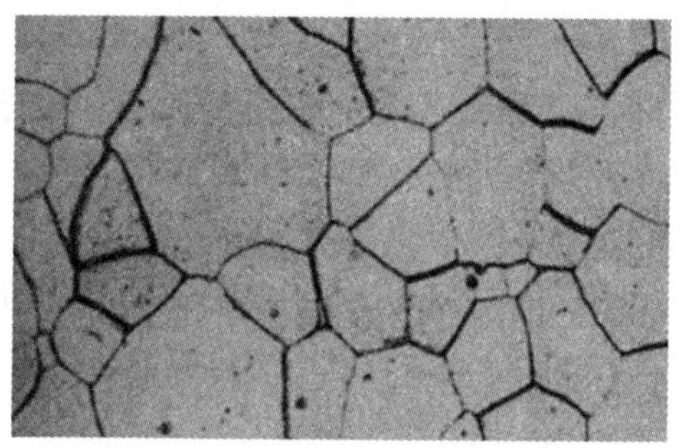

图 4-18　铁素体的金相显微组织

3)渗碳体：一次渗碳体在金相显微镜下呈白色长条块状分布，二次渗碳体在金相显微镜下呈白色网状，三次渗碳体量少且不易区分，形态呈粒状或网状，如图 4-19 所示。

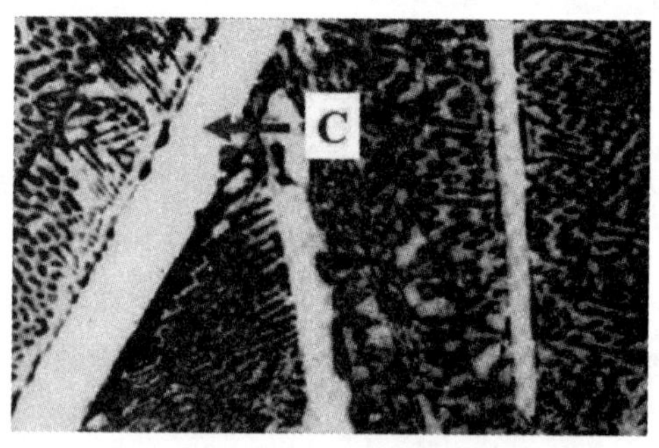

图 4-19　渗碳体的金相显微组织

4)珠光体：片状珠光体的金相组织如指纹层层排列，它是一层铁素体和一层渗碳体相间排列的机械混合物(见图 4-20)。组织中白色为铁素体，黑色部分为渗碳体及界面，这是因为金属在侵蚀过程中，铁素体条宽面大，会因均匀侵蚀而整体下陷，在侵蚀时间合适时，铁素体仍能保持凹洼的平面，因而发生反射，在光镜下呈白色；渗碳体的条面较窄，且其电位较高不宜腐蚀(铁素体电位：-0.4～-0.5 V；渗碳体电位：+0.37 V)，尤其是低倍下和界面混在一起观察到的就是一条黑线条纹。放大倍数较低时，珠光体中的铁素体与渗碳体也无法分辨，珠光体呈一片黑色。

珠光体的另一种形态是粒状珠光体(见图 4－21)。其中白色基底为铁素体,呈球粒状的是渗碳体颗粒。

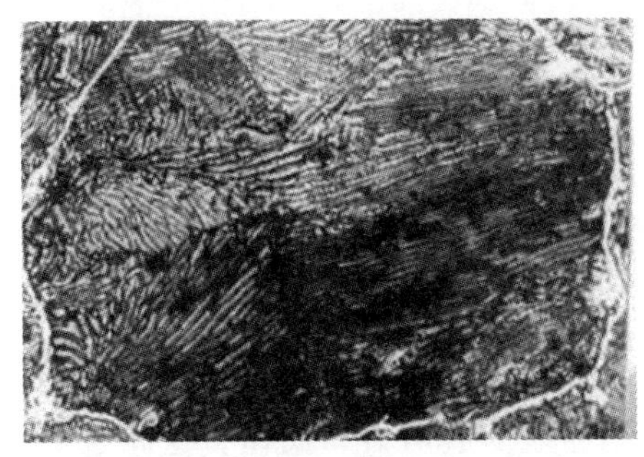

图 4－20　片状珠光体的金相显微组织

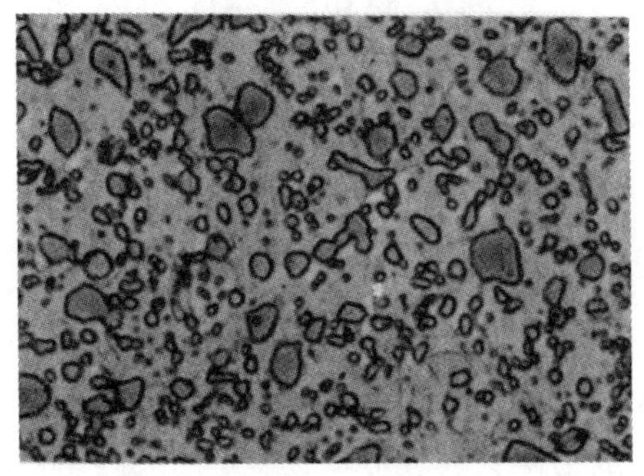

图 4－21　粒状珠光体的金相显微组织

5)莱氏体:室温下莱氏体的显微组织是渗碳体和珠光体的机械混合物,如图 4－22 所示。

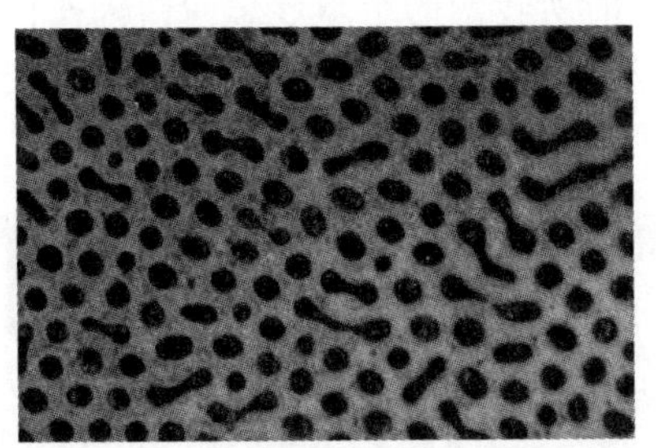

图 4－22　莱氏体的金相显微组织

(2)钢的淬火、回火金相组织形貌

除铁碳合金平衡状态下的金相组织以外,钢铁材料在经过不同的热处理后会得到一些非平衡组织,正是由于这种非平衡组织的形成,经热处理后材料的力学性能会发生改变。常见的非平衡组织包括马氏体、托氏体等。

1)马氏体:对于板条马氏体,其组织内部马氏体很细,而且同方向生长,成为平行排列的细条(见图 4－23)。这些同方向平排的细条马氏体组成集合体,而在一个晶粒里包含有许多个这样的集合体。进一步提高放大倍率,可以看到板条马氏体内部存在大量的高密度位错。对于针状马氏体(见图 4－24),其光镜下的组织一般呈针状或竹叶状,中间有一根筋,把马氏体分割成两半,针状马氏体的精细结构是孪晶。针状马氏体形态区别于板条马氏体的主要特征是每一片马氏体针相互有一定的角度,马氏体针对奥氏体晶粒有分割作用,因此后形成的马氏体比先形成的小,后形成的马氏体冲击先形成的马氏体而停止。

2)淬火钢回火后的金相组织:正常情况下淬火钢的金相组织全部或极大部分是马氏体。马氏体在随后的回火加热过程中将分解并析出渗碳体,同时马氏体过饱和程度降低,随着回火温度升高,马氏体开始再结晶,逐渐变为不含碳的铁素体,渗碳体也随回火温度升高不断地析出并结晶长大。根据回火温度不同,马氏体转变程度与形态不同,可分为回火马氏体、回火托氏体、回火索氏体、回火珠光体。

图 4-23　板条马氏体的金相显微组织

图 4-24　针状马氏体的金相显微组织

A. 回火马氏体。

一般钢淬火后在 80～300℃回火时，淬火马氏体逐渐变成回火马氏体。这时过饱和 α 固溶体析出细小质点的碳化物。在金相显微镜下观察，仍具有针状特征，但经侵蚀后显示，回火马氏体针的颜色比淬火马氏体深。这是由于回火析出第二相产生电位差，其抗蚀性差。

B. 回火托氏体。

淬火钢在 300～500℃回火时所转变的组织形态叫回火托氏体。这时马氏体已经分解，碳化物已经逐渐析出并长大，回火托氏体的金相特征是针状形态已经逐渐消失，但仍隐约可见，碳化物很细小，在金相显微镜下仍难以分辨，如图 4-25 所示。

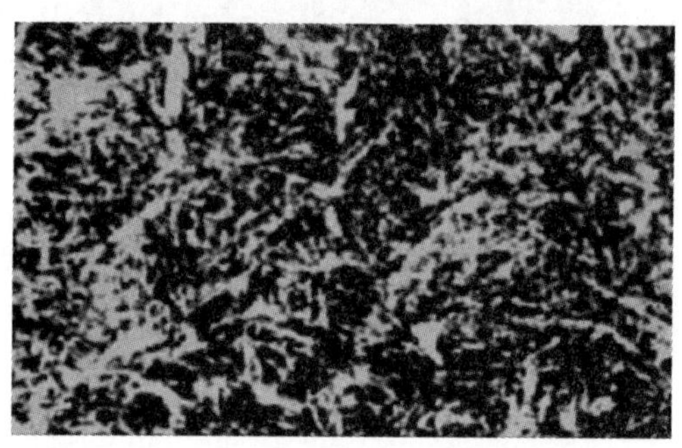

图 4-25　回火托氏体的金相显微组织

C. 回火索氏体。

淬火钢在 500～600℃回火时所转变的产物叫作回火索氏体。回火索氏体的高倍金相特征是：铁素体与颗粒状细小碳化物，细小碳化物质点已较清晰，如图 4-26 所示。

图 4-26　回火索氏体的金相显微组织

D. 回火珠光体。

将淬火钢在650℃以上的温度回火，回火组织中渗碳体已经长大，称为回火珠光体或粒状珠光体，这与球化退火后所得到的金相组织相同，在铁素体的基体上分布着颗粒状的碳化物。

4.5.3 钢材常见的组织缺陷

材料内部组织中，对性能有不利影响的组织称为组织缺陷。钢材常见的组织缺陷有魏氏组织、过热组织、过烧组织、带状组织、网状组织、钢材表面脱碳、钢材表面增碳、钢中非金属夹杂物、非所需组织等。

1)魏氏组织：魏氏组织是在钢材锻造时，终锻温度较高，冷速一定时出现。此外热处理时，温控不当使炉温偏高也会形成魏氏组织，其金相组织是钢中的铁素体(亚共析钢)或渗碳体(过共析钢)在晶界析出，像针一样伸向晶内。它严重损害钢的韧性，可采用正火方法消除。

2)过热组织：钢在锻造或热处理时，加热温度过高，使钢中的晶粒粗化，称为过热，可采用适当的正火或退火方法消除。

3)过烧组织：钢材加热温度过高以及在高温下停留时间过长，晶界处发生氧化而破坏了金属基体的连续性，称为过烧。此时会得到粗大的奥氏体晶粒，晶粒被强烈氧化，晶界出现氧化层。发生过烧的组织无法补救，使材料报废。

4)带状组织：钢材在冶炼时成分控制不严、不均匀，钢锭组织偏析。在轧制时，亚共析钢中的珠光体与铁素体呈带状分层排列，过共析钢中珠光体与渗碳体也是分层呈带状分布排列的组织，称为带状组织。这种组织造成不同方向机械性能的差异。沿着带状纵向的抗拉强度高，韧性也好，但横向的强度差，韧性也差。带状组织可以通过锻造来减轻或消除。

5)网状组织：钢材在锻造时，终锻温度高，或有的工件渗碳表面浓度高，冷却速度慢，铁素体或渗碳体沿晶界析出，把整个晶粒包围起来，像网络一样，这样的组织称为网状组织。可采用高温正火或淬火的方法加以消除。

6)钢材表面脱碳：钢材在氧化性气氛中加热时(热轧、锻造、热处理)，钢表面的碳与氧结合而损失称为脱碳。采用金相检查时发现表面铁素体量增多，此时可判断为表面脱碳。钢材表面脱碳会严重影响机械性能，同时还会引起淬火裂纹，因此应尽量避免此种现象的发生。当工件表面已发生脱碳时，若工件尺寸有加工余量，则可将脱碳层去掉；当工件尺寸无加工余量时，工件报废。

7)钢材表面增碳：钢材在热处理时，若某工序操作不慎，表面含碳量增加，不仅组织发生变化，而且机械性能会变差，这种现象称为表面增碳缺陷。

8)钢中非金属夹杂物：存在于钢中的非金属夹杂物，如氧化物、硫化物、硅酸盐等，这些夹杂物在钢中与基体结合力太差，因此破坏了机体的连续性，在金属受力时，夹杂物造成应力集中，使钢的机械性能变差，尤其是使疲劳强度变差。非金属夹杂物控制的关键在于冶炼过程中对有害杂质的控制。

9)非所需组织：材料、构件的形状以及热处理工艺等因素，造成构件组织不是所设计的组织，从而使构件的寿命降低。

4.6 高合金工具钢淬火质量控制要点

高合金工具钢的材料特性是含碳量高、合金元素多，通常多用于刃具或模具制造。这类材料具有良好的红硬性、耐磨性，热处理淬透性和淬硬性好，材料价格高，但是热处理的加工风险也大。

此类材料常见热处理缺陷主要有变形、裂纹、使用时刃口掉渣等，除原材料组织、结构、工序合理性等因素以外，热处理淬火环节的质量是控制高合金工具钢性能挖掘和避免缺陷产生的重要环节。了解并掌握其要点，可提升工程技术人员解决产品缺陷和失效的能力，也为学生提供了一种分析和解决问题的渠道。

以 M2Al 和 Cr12MoV 两种材料的热处理淬火操作为例，通过示范和学生操作，分步骤了解该类材料热处理淬火的几个重要环节。

高合金工具钢的淬火生产过程为：淬火准备阶段→预热→等温加热→淬火加热及保温→等温冷却→油冷→空冷→稳定化处理→清洗。

(1)淬火准备阶段

1)根据零件技术要求和结构状态，应选择合理的淬火设备，一般的高合金材料淬火前粗加工已完成，通常留的加工余量必须考量热处理变形、氧化量，以及热处理后的磨削量。余量是考察工艺技术人员水平的重要指标。

2)盐浴炉是处理刃具和模具最佳的设备，尤其是对加工精度要求高的零件，温控准，不脱碳，不氧化。淬火设备选择不合适会导致诸多问题，如过热、过烧。氧化、脱碳也是零件开裂的原因之一。

3)绑扎零件是控制变形的必要手段，对直径和长度比超过 1:5的零件，垂直加热和冷却在绑扎时就应体现。该阶段也可采用夹具装夹，以有效控制零件变形，这是准备阶段最必要的工作。

(2)预热

预热的目的一方面是消除零件切削加工应力，另一方面是减少加热温差。通常，钢件应在井式回火炉中保温 8 h 以上，一定要热透。预热时间可依装炉量或零件厚度按 5 min/mm 计算，温度为 450～500 ℃，既要消除钢件应力又要保证氧化量可控。该阶段具有减缓开裂倾向的作用。

(3)等温加热

等温加热的温度为 800～860 ℃，时间是淬火保温时间的 2 倍。厚零件或高速钢的保温时间相应延长，在此阶段，部分组织先溶解，以减少变形倾向。

(4)淬火加热及保温

不同的高合金工具钢淬火温度通常为 1 000℃以上，M2Al 这类高速钢淬火温度：做刀具时为 1 210～1 220℃，淬火后硬度为 64～68 HRC；做模具时为 1 140～1 170℃，淬火后硬度为

60～64HRC。Cr12MoV淬火温度为1 020～1 065℃。淬火温度应根据零件要求、工作状态、受力情况而定，原则为，突出耐磨性温度采用上限，要求有一定韧性温度采用下限。淬火温度是调整材料性能的手段之一。合金工具钢淬火保温时间尽可能短。

1)只要保证淬火硬度时间、越短越好，温度尽可能低。

2)有时考虑其变形还可采用亚温淬火或不完全加热淬火的方法。

淬火温度及保温时间是高合金工具钢淬火最重要的质量控制环节，既决定了零件的硬度和组织，又是控制开裂、变形、过热、过烧的关键步骤。

实践表明，温控的准确性也是控制的关键，盐浴炉温控采用单控加监控校对的方法，大功率输出方法采用单相移相输出调解的温控仪或工控机来保证温控的精度。通过光学辐射计校温，用硬度测量检查和比对工艺，这样才能全面保证温度的精度要求。但不可过分相信传感器和设备，有时热电偶放置的深浅不同，也会发出不准的信号，要用多种手段来检查。

(5)等温冷却

淬火的目的是获得淬火马氏体，马氏体转变根据材料不同，需不同的过冷度。高合金工具钢合金元素多，因此有良好的淬透性，冷却可采用油冷或空冷，但800～600℃冷却速度太慢会造成碳化物在晶界析出形成网状碳化物，因此800℃以上降温时可空冷或等温冷却，使用加热等温盐炉，同时进行冷却等温。采用此种工艺能减缓变形，等温温度为860 ℃。

(6)油冷

油冷是在860～800℃放入油槽至400 ℃左右出油，其标志是出油3～5 s零件能自燃，同时用吸铁石检查零件是否有磁性。此时零件组织状态仍为奥氏体，若无磁，说明淬火温度合适且冷却合理，M2Al会有少许磁性，含Cr量高的Cr12MoV由于Cr的存在会扩大奥氏体区，磁性开始转变时间会稍长。采用此种工艺，能阻止网状组织生成，提高机体韧性，并能核实材料与工艺是否对应，有时还可在此环节查出错料。

(7)空冷

油冷后，M2Al这类高速钢应立即进入回火炉保温，高速钢马氏体开始转变温度为270～300℃，显微组织为针状，非常危险，会形成显微裂纹，放置在室温，显微裂纹会扩展为宏观裂纹。Cr12MoV马氏体点在230℃出油后会保持一段时间才会转变。

(8)稳定化处理

高速钢空冷后放入回火炉，低温回火温度应在其马氏体点以上，一般为320 ℃。时间为3.5 h以上。Cr12MoV同理，温度为250 ℃，时间为3.5 h。其作用是：稳定组织，均匀零件组织转变应力，降低或消除热应力和组织应力对零件的影响，提高金属疲劳强度。

从高合金工具钢中刃具和模具两种材料的热处理淬火看，每个步骤环环相扣，每个参数都有理论支持，因此学好理论是指导实践的前提。

金属热处理淬火仅是一个环节，零件的最终性能还需要回火调整，工艺方法很多，可参阅相关资料。

4.7 实习纲要

4.7.1 实习内容

1)热处理的作用及钢铁常用热处理方法。

2)常用热处理设备、淬火介质及安全技术。

3)金属热处理的工艺特点及应用。

4)钢铁常规性能以及相互关系,布氏、洛氏、维氏硬度的表示方法。

5)钢铁的火花鉴别。

6)合金钢的淬火工艺、45 钢淬火前后的硬度测试,金相组织的观察。

4.7.2 实习目的和要求

1)了解热处理的基本知识、工艺特点及其应用。

2)认识热处理常用设备,懂得热处理安全操作规程。

3)掌握退火、正火、淬火及回火的工艺特点。

4)了解金属材料的性能指标,认识强度、硬度、塑性、韧性之间的关系。

5)了解布氏、洛氏、维氏三种硬度的表示方法以及应用范围,并掌握洛氏硬度计的操作方法。

6)了解火花鉴别钢铁的基本原理;

7)了解金属材料的常见组织,掌握金相样品的制作方法。

4.7.3 实习材料、设备及工具

1. 材料

45 钢、合金钢(Cr12MoV)。

2. 设备

(1)加热设备

中、高温盐浴炉,井式回火炉,箱式炉,气体渗碳炉,真空炉。

(2)冷却设备

淬火油槽、淬火水槽。

(3)检测设备

1)火花鉴别:砂轮机。

2)硬度测试:布氏硬度计、洛氏硬度计、维氏硬度计、显微维氏硬度计。

3)金相检测:金相显微镜。

3. 其他辅助设备及工具

金相预磨机、抛光机、挂图等。

4.7.4 实习安排

实习安排列于热处理实习教学指导过程卡片中，见表 4 - 4。

表4-4 热处理实习教学指导过程卡片

西北工业大学 工程实践训练中心			热处理实习教学指导过程卡片		共2页 第1页	训练类别：8周
					教学时间	2天
序号		教学形式	教学内容	教具设备	教学目的	课时/min
第一天上午	1	教师讲授	1）确认教学班级，由班长清点人数； 2）讲解热处理的工艺特点及其应用； 3）讲解钢铁常用热处理方法	1）真空淬火炉 2）井式回火炉 3）箱式炉 4）盐浴淬火炉 5）表面渗炭炉	了解热处理的基本知识及其应用	8:30~9:15 课间休息10 min
	2	讲授示范	1）了解和掌握热处理常用设备； 2）讲解热处理安全操作规程		1）认识热处理常用设备； 2）懂得热处理安全操作规程	9:25~10:10 课间休息20 min
	3	讲授示范 学生操作	1）结合实际零件分析热处理工艺及流程； 2）学生参与前期热处理工艺		增强学生动手能力，加深对热处理工艺的认知	10:30~11:15 课间休息10 min 11:25~12:10
中午休息						12:10~14:00
第一天下午	1	学生练习	学生进行淬火、回火等工艺操作	1）盐浴淬火炉 2）箱式炉	通过亲自动手，掌握热处理工艺操作方法	14:00~14:45 课间休息10min 14:55~15:40 课间休息10min 16:00~17:00 课间休息10min
	2	一天工作讲评	互动交流，答疑解惑		总结	17：10~17：30
	3	收尾	收拾工具清扫场地，养成良好的工作习惯			17：30~17：40

续表

西北工业大学　工程实践训练中心			热处理实习教学指导过程卡片		共2页　第2页	训练类别：8周
					教学时间	2天
序号		教学形式	教学内容	教具设备	教学目的	课时/min
第二天上午	1	讲授示范 学生练习	1）金属材料分类、性能、牌号，及不同材料的热处理工艺特点； 2）常用金属材料的鉴别及现场火花鉴别	1）砂轮机 2）布氏硬度计 3）洛氏硬度计 4）维氏硬度计	1）使学生了解各种金属材料，及不同材料的热处理工艺； 2）学会简单的金属材料鉴别	8:30~9:15 课间休息10min 9:25~9:50
	2	讲授示范 学生练习 操作	1）了解金属材料的强度、硬度、塑性、韧性之间关系； 2）掌握布氏、洛氏、维氏硬度计的原理，三种硬度的表示方法、应用范围及使用方法； 3）对前面所做的零件进行硬度检测		掌握测量硬度的各种方法，为专业理论学习奠定基础	9:50~10:10 课间休息20min 10:30~11:15 课间休息10min 11:25~12:10
中午休息						12:10~14:00
第二天下午	1	讲授示范 学生练习	1）讲解金属材料的金相组织与性能之间的关系； 2）演示金相试样的制作过程	金相显微镜	了解材料性能与金相组织之间的关系	14:00~14:45 课间休息10min 14:55~15:40 课间休息10min
	2	学生练习	学生进行金相试样的制作并观察和分析金相组织		观察经不同工艺的45钢试样的金相显微组织	16:00~17:00 课间休息10min
	3	成绩评定	撰写实习报告			
	4	工作收尾	清洁仪器设备，打扫地面卫生	清洁工具	养成良好的工作习惯	17：10~17：30
	5	工作讲评	互动交流，答疑解惑、布置作业		形成对热处理工作的全面认识水平	17：30~17：40

在热处理实习中，钢的热处理依据生产状况分为两种：①45 钢的热处理；②合金钢的热处理。对于 45 钢，除进行热处理外还应对材料进行硬度和金相测试。由于合金钢热处理工艺复杂因而只进行热处理。

4.7.5 安全操作规程

1)进入热加工实习区域必须穿戴好必要的劳动防护用品,夏季不得穿凉鞋。

2)操作期间必须戴手套,不能随意触碰工件和夹具。

3)开关高温设备应在了解使用要求的前提下进行操作,服从指导老师的安排;

4)在使用盐浴炉过程中应防止高温盐浴飞溅。

5)在保证自身安全的前提下,确保零件的技术安全。

6)学生禁止在行车吊钩下活动。

7)爱护精密测量仪器,操作前熟记使用方法及步骤。

第5章 陶　　瓷

5.1 陶瓷概述

我们说陶瓷:“古老而又年轻,高雅而又朴素,‘卑贱’而又高贵,是实用品又是艺术品,它是一种特殊的‘世界语’。”

人类的生存发展与陶瓷息息相关,日常生活中到处是陶瓷的身影。从古到今,还没有一种人工制造的器物像陶瓷那样与人类构成如此广泛而密切的关系。

陶瓷古老而又年轻。说它古老,是因为早在新石器时代,陶器就已出现,它是人类最早的文明成果之一,是远古先民富有创造性的见证;瓷器之所以具有这样的恒久魅力,一个重要原因在于它体现了独具魅力的中国美学思想,承载着独具特色的中国哲学智慧。

瓷器早在中国的商代就已经萌芽,在汉代则已成熟。说陶瓷年轻,是因为直到今天它还与我们朝夕相处,还不断地进行花样翻新,丰富和美化着我们的物质和精神生活,给我们以特殊的艺术享受,似乎没有一样器物有如此长久而旺盛的生命力。

陶瓷高雅而又朴素。它被陈设在博物馆里,安置于大雅之堂,它是那样富于美的气质,卓尔不群;但它又是最通俗的,朴素到日常生活处处可见,每个人、每天都离不开它,还没有哪种器物竟然把高雅与通俗结合得如此和谐自然。

陶瓷“卑贱”而又高贵。普通陶瓷联系着普通人的生存,自古以来它就与人的吃喝拉撒等最基本的生存状态发生着联系,它价廉到几乎人人可以拥有;但是陶瓷珍品却价值连城,甚至是无价之宝,以至其赝品、仿制品屡禁不止。似乎也没有同一类器物在高贵与卑贱之间形成如此大的反差。

陶瓷是实用品又是艺术品。人类依照自己的需要,任意捏塑和把玩手中的泥土,几乎任何东西都可以用陶瓷来制作,以满足自己不断发展的需要。人类不仅仅满足于陶瓷的实用价值,还把它作为审美对象,作为装饰陈设品,在陶瓷艺术品中积淀着美学情趣,在陶瓷工艺中淋漓尽致地发挥着艺术想象性和创造性。陶瓷以它无可代替的风姿和品格在艺术园地里占有一席之地,并沟通着生活与艺术之间的联系,似乎也没有一样器物将实用与审美融合得如此完美。

陶瓷在时间的维度上联系着远古与现在,在空间维度上沟通着不同民族、不同国度人们的共同情趣和审美心理。

陶瓷作为集实用与艺术于一体的特殊物品,作为审美对象,以独特方式提供了人类历史发展过程中的特殊信息。这些信息包括材料、工艺、技术等物质生产方面的信息,但更重要的是蕴含着人的精神、文化方面的信息。

陶瓷是中国文化“五行”之艺,金、木、水、火、土,缺一不能制成精美的陶瓷品。

陶瓷不是中国独有的器物,但在世界上,中国是较早发明了陶器又最早发明了瓷器的国度,是最充分地发展了陶瓷艺术的国度。所以,中华文明和中国艺术之源的回溯,不能离开对中国陶瓷的重新观照。

中国是陶瓷王国,中国也将陶瓷推进了艺术的王国。

陶器是全世界所共有的,但瓷器却是中国汉代最早烧制出的,随着我国制瓷技术的不断发展,有了唐代“一枚胎片,如花黄”的唐三彩,有了宋代享誉中外的“官哥汝定钧”五大窑,有了“晕如雨后霁霞红,出火还加微炙工。世上朱砂非所拟,西方宝石致难同”的钧窑,有了“雨过天晴云破处,这般颜色做将来”的青瓷,元明有了“白如玉,明如镜,薄如纸,声如磬”的景德镇瓷器,有了“白釉青花一火成,花从釉里透分明”的青花瓷,清代有了“夕吹撩寒馥,晨曦透暖光”的珐琅彩……

陶瓷艺术,如诗,如画,如美酒,如窈窕淑女风姿绰约;类玉,类银,类冰雪,类青山翠峰清气挺拔……中国陶瓷给人的艺术品味和审美感受是难以言说的,更是难以言尽的。

陶瓷美是典型的形式美。它通过塑造特殊的形象,以具体的形式体现美学蕴含和审美意识,它通过特殊的材料和技艺手段使人对美的追求物态化,通过特殊的载体和语言使之呈现出来,成为观赏和品评的对象。

陶瓷艺术有自己的独特语言,即相辅相成、相得益彰的造型与装饰。陶瓷造型千姿百态、千变万化,陶瓷装饰姹紫嫣红、五彩缤纷,作为审美意识的物化语言,其所具有的丰富的表达能力,在所有艺术门类中是独一无二的,不可替代的,也是极为出色的。我们对陶瓷艺术的欣赏,首先要找到这种特殊的语言和特殊的创作、表达方式,发现这种表达中所独具的美学精神和韵味。揭示陶瓷艺术独特的表达语言和审美韵味,发掘陶瓷审美作为一种特殊的人生实践,在促进人类达到自由境界过程中的独特功能,是陶瓷美学的主要任务。

瓷器的发展史也是一部人类的进步史,它是世界各大文明智慧的结晶。有人说,人类早在宋朝时就能生产出瓷器,简直就是一个奇迹,就像今天我们能造出航天飞机一样,其成就超越了无限的想象。

在实践过程中,本书将按照以下过程较为完整地展示陶瓷的制作工序:塑形→半干燥→修整、雕刻、黏接零部件→陶瓷装饰→干燥→素烧(预烧)→釉下彩绘→施釉→本烧(最终烧成)→完成(也可进行釉上彩绘和釉中彩的制作)。

让我们跟随课程一起,去探索中国陶瓷独特而又持久的魅力!

5.2 陶瓷的概念

“陶瓷”是陶和瓷的总称,广义的陶瓷是用陶瓷生产方法制造的无机非金属材料、固体材料和制品的统称,其中最少含有30%的结晶体,根据我们现在的认知,按照概念和用途可以将其分为普通陶瓷和特种陶瓷。

普通陶瓷是指所有以黏土与其他天然矿物为主要原料,经过粉碎、混炼、成形、煅烧等过程制成的各种制品。普通陶瓷是人们生活和生产中最常见和最常使用的陶瓷制品。根据使用领域不同,普通陶瓷分为日用陶瓷(包括艺术陶瓷)、建筑卫生瓷、化工陶瓷、化学瓷、电瓷,它们原料基本相同,生产工艺接近。

特种陶瓷应用于各种现代工业和尖端科学技术，原料和生产工艺技术已经不同于普通陶瓷，特种陶瓷又可以根据其性能及用途的不同细分为结构陶瓷和功能陶瓷。结构陶瓷主要作为工程结构材料使用，要求其具有高强度、高硬度、高弹性模量，以及耐高温、耐磨损、耐腐蚀、抗氧化、抗热震等特性；功能陶瓷具有声、光、电、磁、热、化学、生物、超导、核能等一种或多种特性并具有相互转化功能。陶瓷的分类如图 5-1 所示。

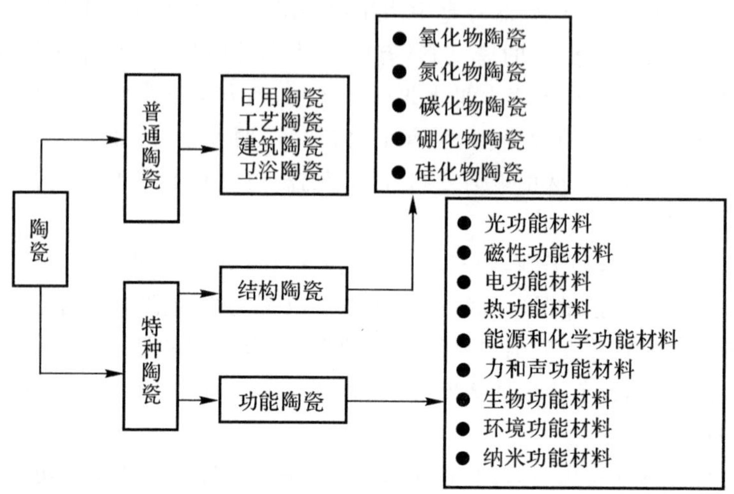

图 5-1 陶瓷的分类

普通陶瓷和特种陶瓷在原料、成形方式、烧成温度、加工方式方法和用途等方面都有巨大的差异，见表 5-1。本书将主要针对普通陶瓷的制作与烧成进行叙述。

表 5-1 普通陶瓷与特种陶瓷的区别

生产工序	普通陶瓷	特种陶瓷
原料	天然矿物原料（黏土、长石、石英）	人工精制合成原料（氧化物和非氧化物两大类）
成形	可塑、注浆、压制为主	压制、热压铸、注射、轧膜、流延、等静压为主
烧成	温度一般在 1 350℃以下，燃料以煤、油、气为主	结构陶瓷常需要 1 600℃左右高温烧成，功能陶瓷需要精确控制温度，以电、气、油加热为主
加工	一般不需要加工	常常需要切割、打孔、研磨和抛光等
用途	日用陶瓷、艺术陈设、建筑卫生、化学化工、电瓷等	结构陶瓷、功能陶瓷

普通陶瓷按所用原料及坯体致密程度的不同分为两大类：陶器和瓷器。陶器坯体烧结程度差，断面粗糙无光泽，机械强度低，吸水率大，无半透明性，敲击时声音粗哑、沉浊。瓷器的坯体致密，玻璃化程度高，吸水率小（基本不吸水），有一定的透光性，断面细腻呈贝壳状或石状，敲击时声音轻脆。其具体区别见表 5-2。

表 5－2　普通陶瓷按所用原料及坯体致密度分类

类别	陶器			瓷器		
	粗陶	普陶	精陶	炻器	普瓷	细瓷
特征	坯体未烧结，疏松多孔，吸水性大，有色，不施釉	坯体未烧结，疏松多孔，但较土器致密，釉色，施釉或不施釉	坯体未烧结或只有部分烧结，有空隙，一般呈白色，施釉	坯体烧结，致密，接近瓷器，施釉或不施釉，不受酸腐蚀	介于精陶器与瓷器之间，仍有一定吸水率	坯体完全烧结，有半透明性，断面致密，呈贝壳状，色白，施釉、耐酸碱
使用原料	易熔黏土	可塑性高的难熔黏土、石英、熟料等	可塑性高的难熔黏土、石英、熟料等	可塑性高的难熔黏土、石英、熟料等	高岭土、瓷石、可塑性高的难熔黏土、石英、长石等	高岭土、瓷石、可塑性高的难熔黏土、石英、长石等
烧成温度/℃	850～1 000	900～1 200	素烧 1 100～1 300 釉烧 1 000～1 200	1 200～1 300	1 250～1 320	1 320～1 450；1 250～1 320；1 120～1 250；1 200～1 300；
颜色	黄色、红色、青色、黑色；	黄色 红色 灰色	白色 浅色	乳黄色 浅褐色 灰色 紫色	白色	白色
吸水率/(%)	>15	>15	<12	<3	<1	<0.5
用途	砖、瓦 盆、罐	日用器皿、美术陶、紫砂陶			日用器皿、建筑制品	日用器皿、艺术瓷、电瓷、化学瓷

5.3　陶瓷原料与坯料

5.3.1　黏土类原料

陶瓷的各种原料的作用是形成合理的组成，使得陶瓷材料有合理的晶相和玻璃相，有起到“骨架”作用的瘠性原料——石英，有助溶作用的长石和熔剂型原料黏土。普通陶瓷的岩相成分主要有晶相、玻璃相和气孔。

(1)晶相

晶相主要有莫来石、石英、方石英、少量原料残骸，以及熟料粒(以长石质瓷为例)。

(2)玻璃相

1)陶器:玻璃相含量为25%～70%(少数大于70%),玻璃相少,只够黏结晶粒,胎体气孔多。

2)不致密炻器:玻璃相增多,除黏结晶粒外,还能填充部分晶粒间隙,使胎体气孔减少。

3)致密炻器、瓷器:玻璃相很多,胎体几乎无气孔。

(3)气孔

1)闭气孔:与大气不通,不吸水。

2)开气孔:与大气相通,吸水。气孔率越大,越吸水。

因此,传统陶瓷是由晶相、玻璃相、气相构成的不均匀多相系统。

5.3.1.2 黏土类原料的分类

黏土是一种颜色多样、细分散的多种含水铝硅酸盐矿物的混合体,其矿物粒径一般小于2μm,主要由黏土矿物以及其他一些杂质矿物组成。

黏土根据成因可分为风化残积型、热液蚀变型和沉积型。黏土的种类不同,物理化学性能也各不相同。黏土可呈白、灰、黄、红、黑等各种颜色。有的黏土疏松柔软且可在水中自然分散,有的黏土则呈致密坚硬的块状。

(1)风化残积型——一次黏土

一次黏土指岩浆岩(如花岗岩、伟晶岩、长英岩等)在原地风化后即残留在原地,多成为优质高岭土的主要矿床类型。风化型黏土矿床主要分布在我国南方(如景德镇高岭村、晋江白安、潮州飞天燕等地),一般称为一次黏土(也称为残留黏土或原生黏土)。

(2)热液蚀变型

高温岩浆冷凝结晶后,残余岩浆中含有大量的挥发成分及水分,温度进一步降低时,水分则以液态存在,但其中溶有大量其他化合物。当这种热液(水)作用于母岩时,会形成黏土矿床,这就称为热液蚀变型黏土矿,如苏州阳山土、衡阳界牌土。

(3)沉积型黏土矿床——二次黏土

二次黏土是指风化了的黏土矿物在雨水或风力的搬运作用下搬离原母岩后,在低洼的地方沉积而成的矿床,也称沉积黏土或次生黏土,如南安康垅土、清远源潭土。

5.3.1.3 黏土的化学组成

黏土的性能取决于黏土的组成,包括黏土的矿物组成、化学组成和颗粒组成。其主要化学成分为SiO_2、Al_2O_3和结晶水(H_2O)。黏土含有少量的碱金属氧化物K_2O、Na_2O,碱土金属氧化物CaO、MgO,以及着色氧化物Fe_2O_3、TiO_2等。风化残积型黏土矿床一般SiO_2含量高,而Al_2O_3含量低。

化学组成在一定程度上反映其工艺性质。

1)SiO_2:若以石英状态存在的SiO_2较多时,黏土可塑性降低,但干燥后烧成收缩小。

2)Al_2O_3:Al_2O_3含量多时,耐火度增高,难烧结。

3)$Fe_2O_3<1\%$,$TiO_2<0.5\%$时瓷制品呈白色,含量过高时,瓷制品颜色变深,还会影响电绝缘性。

4)CaO、MgO、K_2O、Na_2O能降低烧结温度,缩小烧结范围。

5) H_2O和有机质可提高可塑性,但制品收缩率大。

5.3.1.4 黏土的矿物组成

黏土很少由单一矿物组成，它是多种微细矿物的混合体。因此，黏土所含各种微细矿物的种类和数量是决定其工艺性能的主要因素。

黏土矿物主要为高岭石类(包括高岭石、多水高岭石等)、蒙脱石类(包括蒙脱石、叶蜡石等)和伊利石类(也称水云母)等。

矿物原料作为人类最宝贵的财富之一，被广泛应用于我们生活的方方面面，腹泻的时候吃的蒙脱石散就是主要由蒙脱石或膨润土构成的，高岭土除了用作陶瓷原料，还可作为吸附剂和填充剂在化妆品中广泛使用。

你知道高岭土为什么被称为高岭土吗？高岭土也称为瓷土，其化学式为 $Al_2O_3 \cdot 2SiO_2 \cdot 2H_2O$。作为制作陶瓷必要的原料，它是以景德镇的高岭地区命名的，高岭土是花岗岩风化形成的，由于成分不同，高岭土的质量也有差异。由于其各种成分的比例恰到好处，是最佳的陶瓷制作原料，因此世界各地挖掘出的类似于高岭土结构的土都被称为高岭土。景德镇边上有一座高岭山，那里的渡口在运输已经开采的高岭土，那些高岭土至今还在使用。在景德镇，质量上乘的高岭土并不只在高岭山上才有，而是到处都能找到。据估计，照现在的速度开采最好的高岭土，开采其储量的3%，能持续开采1万年。

1)高岭土类：高岭石族矿物包括高岭石、地开石、珍珠陶土和多水高岭石等。高岭石是黏土中常见的黏土矿物，主要由高岭石组成的黏土称为高岭土。

2)蒙脱石类：蒙脱石也是一种常见的黏土矿物，以蒙脱石为主要组成矿物的黏土称为膨润土，一般呈白色、灰白色、粉红色或淡黄色，被杂质污染时会呈现其他颜色。

3)伊利石类：伊利石是白云母经强烈的化学风化作用而转变为蒙脱石或高岭石过程中的中间产物。其组成成分与白云母相似，但比正常的白云母多 SiO_2 和 H_2O，而少 K_2O。与高岭石比较，伊利石含 K_2O 较多而含 H_2O 较少。

黏土矿物是具有层状结构的硅酸盐矿物，其基本结构单位是硅氧四面体层和铝氧八面体层，四面体层和八面体层的结合方式、同形置换以及层间阳离子等的不同，构成了不同类型的层状结构黏土矿物，不同的黏土矿物结构如图5-3所示。

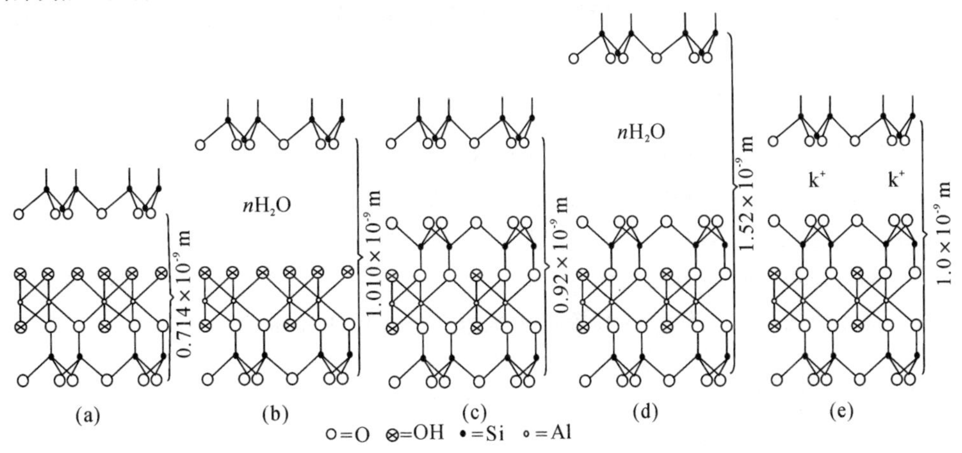

图5-3 不同黏土矿物结构

(a)高岭石；(b)多水高岭石；(c)叶腊石；(d)蒙脱石；(e)白云母、伊利石、绢云母

5.3.1.5 黏土的工艺性质

(1)可塑性

可塑性是指黏土粉碎后用适量的水调和、混练后捏成泥团,在一定外力的作用下可以任意改变其形状而不发生开裂,除去外力后,仍能保持受力时的形状的性能。

(2)结合性

黏土的结合性是指黏土能结合非塑性原料形成良好的可塑泥团,并且有一定干燥强度的能力。

(3)离子交换性

黏土颗粒带有电荷,其来源是其表面层的断键和晶格内部被取代的离子,因此必须吸附其他异号离子来补偿其电价,黏土的这种性质称为离子交换性。

(4)触变性

黏土泥浆或可塑泥团受到振动或搅拌时,黏度会降低而流动性会增加,静置后又能逐渐恢复原状。反之,相同的泥料放置一段时间后,在维持原有水分的情况下会增加黏度,出现变稠和固化现象。上述情况可以重复无数次。黏土的上述性质统称为触变性,也称为稠化性。

(5)膨胀性

膨胀性是指黏土吸水后体积增大的现象。这是由于黏土在吸附力、渗透力、毛细管力的作用下,水分进入黏土晶层之间或者胶团之间,因此可分为内膨胀性与外膨胀性两种。

(6)收缩

黏土泥料干燥时,因包围在黏土颗粒间的水分蒸发、颗粒相互靠拢而引起的体积收缩称为干燥收缩。黏土泥料煅烧时,发生一系列的物理化学变化(如脱水作用、分解作用、莫来石的生成、易熔杂质的熔化,以及熔化物充满质点间空隙等),使黏土再度产生的收缩,称为烧成收缩。这两种收缩构成了黏土泥料的总收缩。

(7)烧结性能

烧结性能是指黏土在烧结过程中所表现出的各种物理化学变化及性能。

(8)耐火度

耐火度是耐火材料的重要技术指标之一,它表征材料无荷重时抵抗高温作用而不熔化的性能。

5.3.1.6 黏土在陶瓷生产中的作用

1)黏土的可塑性是陶瓷坯泥赖以成型的基础。

2)黏土使注浆泥料与釉料具有悬浮性与稳定性。

3)黏土一般呈细分散颗粒,同时具有结合性。

4)黏土是陶瓷坯体烧结时的主体。

5)黏土是形成陶器的主体结构和瓷器中莫来石晶体的主要来源。

5.3.2 石英类原料

5.3.2.1 石英矿石的类型

二氧化硅(SiO_2)在地壳中的丰度约为60%。含二氧化硅的矿物种类很多,一部分以硅酸盐化合物的状态存在,构成各种矿物、岩石,另一部分则以独立状态存在,成为单独的矿物实体，其中结晶态二氧化硅统称为石英。由于经历的地质作用及成矿条件不同，石英呈现多种状态，并有不同的纯度，主要有水晶、脉石英、砂岩、石英岩、石英砂5种，图5-4所示为石英和水晶。

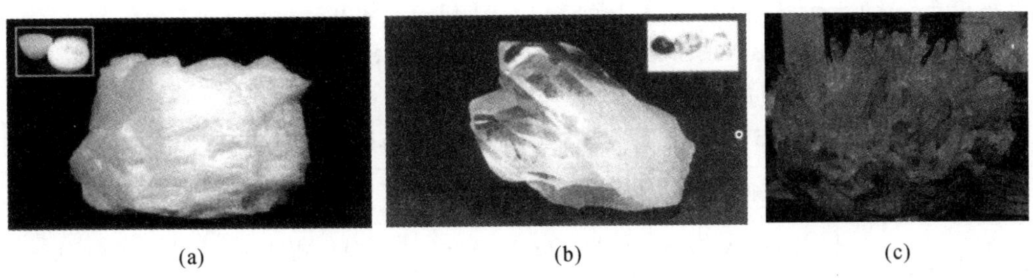

(a) (b) (c)

图5-4 石英和水晶

(a)石英；(b)水晶(1)；(c)水晶(2)

5.3.2.2 *石英的性质*

石英的主要化学成分为 SiO_2，但是常含有少量的 Al_2O_3、Fe_2O_3、CaO、MgO、TiO_2 等杂质成分。二氧化硅在常压下有7种结晶态和1个玻璃态。结晶态包括：α-石英、β-石英；α-鳞石英、β-鳞石英、γ-鳞石英；α-方石英、β-方石英。石英具有很强的耐酸侵蚀能力(氢氟酸除外)，但与碱性物质接触时能起反应而生成可溶性的硅酸盐。高温下，石英易与碱金属氧化物作用生成硅酸盐与玻璃态物质。石英材料的熔融温度范围取决于二氧化硅的形态和杂质的含量。

【小知识】

可能大家都听过石英钟，石英钟是一种计时的器具，最好的石英钟，每天的计时能准到十万分之一秒，也就是经过差不多270年才差1 s。它的原理是什么呢?

其工作原理是压电效应，即石英晶体在某些方向受到机械应力后，便会产生电偶极子，相反，若在石英某方向施以电压，则其特定方向上会产生形变，这一现象称为逆压电效应。若在石英晶体上施加交变电场，则晶体晶格将产生机械振动，当外加电场的频率和晶体的固有振荡频率一致时，则出现晶体的谐振。由于石英晶体在压力下产生的电场强度很小，因此仅需很弱的外加电场即可产生形变，这一特性使压电石英晶体很容易在外加交变电场激励下产生谐振。

5.3.2.3 *石英在陶瓷生产中的作用*

1)石英是瘠性原料，可对泥料的可塑性起调节作用。

2)在陶瓷烧成时，石英影响陶瓷坯体的体积收缩。

3)在瓷器中，石英对坯体的力学强度有着很大的影响 。

4)石英对陶瓷釉料的性能有很大影响。

5.3.3 长石类原料

1.长石的种类和性质

长石是陶瓷生产中的主要熔剂性原料，一般用作坯料、釉料、色料熔剂等的基本成分，用量较大，是日用陶瓷的三大原料之一。自然界中长石的种类很多，归纳起来都是由以下四种长石组合而成的：

钠长石(Ab) —— $Na[AlSi_3O_8]$或$Na_2O \cdot Al_2O_3 \cdot 6SiO_2$

钾长石(Or) —— $K[AlSi_3O_8]$或$K_2O \cdot Al_2O_3 \cdot 6SiO_2$

钙长石(An) —— $Ca[Al_2Si_2O_8]$或$CaO \cdot Al_2O_3 \cdot 2SiO_2$

钡长石(Cn)—— $Ba[Al_2Si_2O_8]$或$BaO \cdot Al_2O_3 \cdot 2SiO_2$

长石类矿物的化学组成与矿物物理性质见表 5－3。

表 5－3 长石类矿物的化学组成与矿物物理性质

名称		钾长石	钠长石	钙长石	钡长石
化学通式		$K_2O \cdot Al_2O_3 \cdot 6SiO_2$	$Na_2O \cdot Al_2O_3 \cdot 6SiO_2$	$CaO \cdot Al_2O_3 \cdot 2SiO_2$	$BaO \cdot Al_2O_3 \cdot 2SiO_2$
晶体结构式		$K[AlSi_3O_8]$	$Na[AlSi_3O_8]$	$Ca[Al_2Si_2O_8]$	$Ba[Al_2Si_2O_8]$
理论化学组成/(%)	SiO_2	64.70	68.70	43.20	32.00
	Al_2O_3	18.40	19.50	36.70	27.12
	$RO(R_2O)$	K_2O 16.90	Na_2O 11.80	CaO 20.10	BaO 40.88
晶系		单斜	三斜	三斜	单斜
密度/$(g \cdot cm^{-3})$		2.56～2.59	2.60～2.65	2.74～2.76	3.37
莫氏硬度		6～6.5	6～6.5	6～6.5	6～6.5
颜色		白、肉红、浅黄	白、灰	白、灰或无色	白或无色
热膨胀系数$(\alpha \times 10^{-8} \cdot ℃^{-1})$		7.5	7.4		
熔点/℃		1 150(异元熔融)	1 100	1 550	1 725
附注		碱性长石系列：$KAlSi_3O_8$－$NaAlSi_3O_8$，包括透长石、正长石、微斜长石、歪长石、条文长石及钠长石			
			斜长石系列：$NaAlSi_3O_8$－$CaAl_2Si_2O_8$，包括钠长石、更长石、中长石、拉长石、培长石及钙长石		

2. 长石的熔融特性

1)钾长石的熔融温度不是太高，且其熔融温度范围宽。

2)钠长石的开始熔融温度比钾长石低，其熔化时没有新的晶相产生，液相的组成和熔长石的组成相似，即液相很稳定，但形成的液相黏度较低。

3)钙长石的熔化温度较高，熔融温度范围窄，高温下熔体不透明，黏度也小，冷却时容易析晶，化学稳定性也差。

4)钡长石的熔点更高，其熔融稳定范围不宽，普通陶瓷产品不采用它。

3.长石在陶瓷生产中的作用

1)长石在高温下熔融,形成黏稠的玻璃熔体,是坯料中碱金属氧化物(K_2O,Na_2O)的主要来源,能降低陶瓷坯体组分的熔化温度,有利于成瓷和降低烧成温度。

2)熔融后的长石熔体能熔解部分高岭土分解产物和石英颗粒。

3)长石熔体能填充于各结晶颗粒之间,有助于坯体致密和减少空隙。

4)在釉料中,长石是主要熔剂。

5)长石作为瘠性原料,在生坯中还可以缩短坯体干燥时间、减少坯体的干燥收缩和变形等。

除了黏土、石英和长石三大主要原料,还有很多其他的矿物原料都可以作为陶瓷制作的原材料。

5.3.4 陶瓷坯料的制备

坯料是指将陶瓷原料经过配料和加工后,得到的具有成型性能的多组分混合物,坯料由几种不同的原料配制而成。性能不同的陶瓷产品,其所用原料的种类和配比也不同,即坯料组成或配方不同。配方的设计与计算是获得好产品的一个关键性内容。

1.坯料种类

根据成型方法的不同,普通陶瓷坯料通常分为3类,见表5-4。

1)注浆坯料:其含水率为28%~35%,如生产卫生陶瓷用的泥浆。

2)可塑坯料:其含水率18%~25%。如生产日用陶瓷用的泥团(饼)。

3)压制坯料:含水率为3%~7%,称为干压坯料;含水率为8%~15%,称为半干压坯料,如生产建筑陶瓷用的粉料。

表5-4 坯料的分类

坯料种类		含水量/(%)
注浆坯料		28~35
可塑坯料		18~25
压制坯料	半干压坯料	8~15
	干压坯料	3~7

2.坯料的质量要求

为了使后续工序能顺利进行和保证产品质量,坯料应符合以下基本要求。

(1)配方准确

坯料的组成能满足配方的要求(准确称量,符合配方比例,避免杂质)。

(2)组分均匀

各种组分混合均匀,包括主要原料、水分及添加剂,在坯料中都应均匀分布,若组分出现离析,会使半成品或者成品出现缺陷,从而影响性能。

(3)细度合理

坯料各组分的颗粒达到要求的细度,并具有合理的粒度分布,保证产品的性能和后续工序的进行。

(4)空气含量少

各种坯料中或多或少都含有一定量的空气,这些空气的存在对产品质量和成形有不利的影响,应尽量减少。

对各类坯料的具体要求见表 5-5。

表 5-5 对各类坯料的具体要求

坯料类别	注浆坯料	可塑坯料	压制坯料
系统组成	固相+添加剂在水中的悬浮分散体系	固相+液相+气相组成的塑性-黏性系统	固相+添加剂组成的弹性系统
质量要求	流动性好; 悬浮性好; 触变性适当; 虑过性好; 泥浆含水量少	可塑性好; 形状稳定性好; 含水量适当; 坯体的干燥强度高; 收缩率低	流动性好; 堆积密度大压缩比小; 含水率及水分均匀

学生热加工实习课程的坯料制作方式主要涉及注浆坯料和可塑坯料。

5.3.5 陶瓷可塑法成型

陶瓷可塑法成型具有多种实用方法,如手工成型、拉坯成型、滚压成型等。

1. 拉坯成型

拉坯成型是利用拉坯机旋转的力量,配合双手的动作,将转盘上的泥团拉成各种形状的成型方法,也叫轮制法。它是利用拉坯机快速旋转所产生的离心力,结合双手控制挤压泥团,掌握泥巴的特性和手与机器之间相互的动力规律,将泥团拉制成各种形状的空膛薄壁的圆体器型。拉坯是陶艺制作中较常用的一种方法,但由于它的技术要求较高,练习者需要花较长的时间才能掌握。拉坯可以制作杯、盘、碗、瓶等简单的造型,也可以利用拉坯成型后再进行切割的方法,组合成各种复杂的造型。

2. 拉坯成型工艺要点

图 5-5 为拉坯成型环节的照片。拉坯成型法主要包括揉泥、把正、拔柱、开孔、作底五个环节。

1)揉泥——把泥料揉均匀,排除泥料中的杂质和气泡。

2)把正——将揉好的泥料固定在转台的中心。

3)拔柱——使泥料在转台中心转动。

4)开孔——将泥坯做成中空的。

5)作底——将泥坯内部的底做平、压实。

在拉坯的过程中非常考验手与脑的协调能力,双手的力道要适中,对壁的厚薄程度也要有精准的把握。壁越薄,泥的支撑力越小,过薄的壁无法支撑上面泥的重量,坯体会塌下来,也容易破损。在向内收时也要注意速度不要过快,防止断掉。

拉坯成型法应该说是陶瓷制作的各种成型技法中比较难以掌握的一种,初学者应注意以

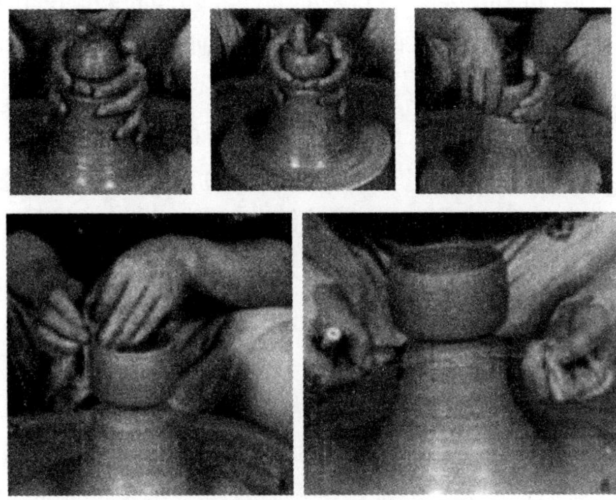

图5-5 拉坯成型

下事项：

1)最好使用比较软的泥块，并要充分地揉，使泥块温度均匀，气泡完全排出，内部无杂质。

2)保持良好的坐姿，双肘抵住大腿，保持重心稳定，以易于控制摇晃的泥柱。

3)拉坯时手与泥柱间保持润滑，但也不易过多加水，可以适当使用刮下的稀泥浆，同时随时清除轮盘手上的泥浆，养成良好的习惯。

4)在拉坯过程中注意调整转速，在扶正阶段速度可以稍快，开口定型时要调慢转速，以免离心坯体变形或飞出。

3. 拉坯成型常见问题

1)由于用力不当，大拇指未收拢，常会产生火山口。

2)用水过少或双掌根用力过大，导致拔下部分泥柱。

3)左肘脱离腿部，用力不均，使泥柱中心不稳。

4. 拉坯完成后的修坯

修坯成型是一种古老的传统手工操作方法(称琢器成型)。

由于拉坯完全依赖于双手，成型后的坯体表面相对粗糙，要制作极为精细的瓷器，会显得力不从心，因此后来出现了利坯这项技艺，使陶瓷成型的精细化程度大为提高。

利坯又叫修胚，是手工成型的第二步，也是精成型的过程。和手拉坯一样，利坯也是在轮车上完成的，坯体在旋转的过程中，用特制的金属刀具(利坯刀)对坯体进行精修。远远看去，有点像在高速的电轮上打磨刀具，只是飞溅出来的不是火花，而是粉尘，如图5-6所示。

拉坯必须泥湿的时候进行，利坯则需坯体干至七八分时才可以操作。这时的坯体有点像软饼干，拿起来没问题，但稍一用力，就成了粉末。要把一个碗或盘之类的坯体利得又薄又均匀，这对利坯师父的技艺是个考验。稍有不慎，就可能利破坯体。

利坯的作用一是使器形更为精确，二是使瓷胎表面更加平整，三是使瓷器更薄。这道工艺的产生，就成型而言，是陶瓷史上的一个重大的进步，也是陶瓷工艺不断发展的结果。工具的革新起到了决定性的作用，这就是利坯刀。实际上，根据不同的器形乃至不同的部位，都需要一定形状的利坯刀来完成，以至于在历史上产生了一个专门生产利坯刀的特殊行业——坯刀店。它完全从铁匠行业中分离出来，并形成了独有的行业规范。

5.3.6 陶瓷手工成型工艺

陶瓷传统制作工艺在陶瓷艺术创作中占据重要地位，最常见传统陶瓷艺术品的成型工艺有三大类：手工制作技法、拉坯制作技法与模具制作技法。在陶瓷艺术教学中，手工制作技法又可分为捏塑成型、泥条成型与泥板成型三种。随着陶艺教学的流行，由此诞生了泥条机、泥板机等陶艺设备。

1. 捏塑成型

这是最基本的陶瓷成型技法之一。将一小块的泥团捏成一件动物或人物是许多儿童学习陶艺制作的第一步，图 5－7 是学生正在捏塑成型。熟练的民间艺人可以用捏塑的方法做出许多复杂的造型。还有一些当代陶艺家们采用捏塑的方法创作大型作品，或者用捏塑的方法做成许多小部件，再装配成一件大雕塑。捏塑是很有表现力的技法。捏塑时留下的指印，也可以形成十分有趣的肌理效果。

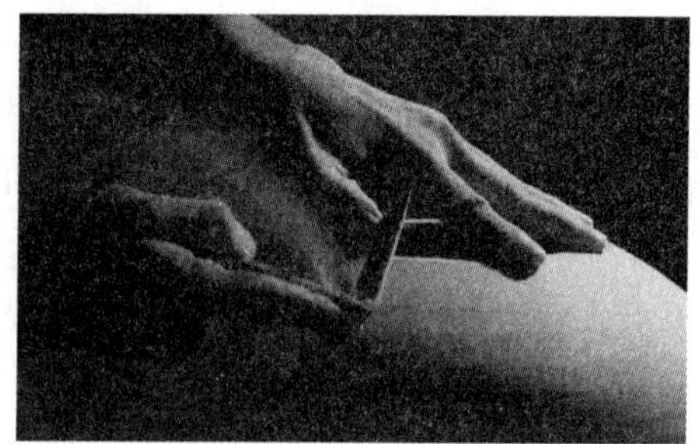

图 5－6 修坯

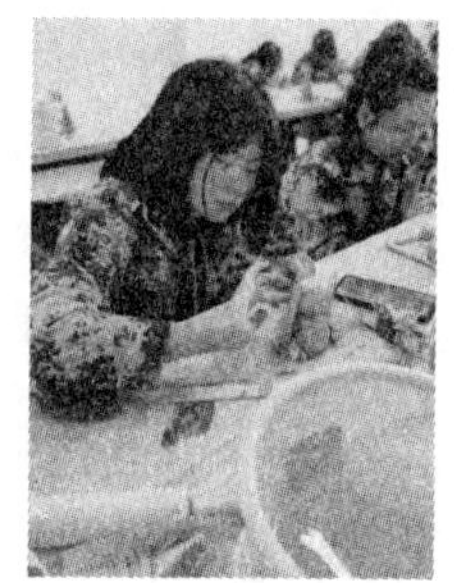

图 5－7 学生捏塑成型

2. 泥条成型

许多民间陶器作坊至今仍有采用泥条成型工艺的。制作者将泥团搓成粗细均匀的泥条，然后将泥条按照所需要的造型盘圈垂直重叠，可以将器物表面的水平状条纹用手或工具修光，也可以将部分条纹留作装饰。用泥条成型法可以做小件作品，也可以做大件作品。作品的大小取决于泥条的粗细。也就是说，作品较小，泥条就搓得细一些，作品较大，泥条就搓得粗一些。如今，各地均有手动的或电动的泥条机出售，用机械方法替代手工制作泥条，制作的作品也远远超出传统的圆形器皿的范畴。

3. 泥片成型

这是传统陶瓷成型技法之一。一般来说，制作者可以用擀面棍滚压，用钢丝切割，或用泥拍打取得泥片。泥片成型颇似量体裁衣，是最常见的雕塑或容器的手筑成型技法。从简单的方形陶盒到复杂的人体造型均可使用泥片成型的工艺。泥片成型也是宜兴紫砂壶的传统工艺之一。图 5－8 所示为学生泥片成型作品。如今，各地

图 5－8 学生泥片成型作品

均有泥片机出售，用机械方法替代擀面棍的作用，这种泥片机是制作大型作品的好帮手。

4. 陶瓷手工成型注意事项

1）制作过程中注意水分的控制：水分过多，超过陶瓷泥坯的液限会导致泥坯失去塑性流动；水分过少，低于泥坯的塑限容易导致开裂，水分不均匀也会导致干燥过程中局部开裂。

2）注意控制泥坯厚度：泥坯过厚会导致其在干燥过程中内部水分散失过慢引起开裂，尽量使泥坯厚度小于 3 cm，对过厚的泥坯可以采用“包包子”的方式填充报纸，采用报纸作为支撑，在填充报纸后扎孔，防止烧成过程中内部气体膨胀引起炸坯。

3）注意黏结：黏结部位需要采用工具划毛，破坏黏结处的光滑界面，防止其在干燥机烧成过程中收缩不同步，并适当添加黏结泥浆以帮助黏结。

4）注意不要跟无吸水性材料长时间接触，防止泥坯黏结在无吸水性材料的界面上。

5.3.7 陶瓷注浆成型

1. 陶瓷注浆成型流程

注浆成型是把泥浆浇注在石膏模中使之成为制品的一种方法，适用于形状复杂或大件制品的批量成型。它的制作大致为：配料加水—坯泥—注浆成型—干燥—烧制。

在配料中加入较多水分（25%～32%），调成泥浆，注入有吸水性的石膏模子内，吸去一部分水分，脱模即得生坯。坯泥做好后，就可以把它做成各种器物的形状，这项工作在陶器工厂中称为成型。一般根据使用不同将其分为空心注浆和实心注浆，空心注浆成型流程如图 5-9 所示。

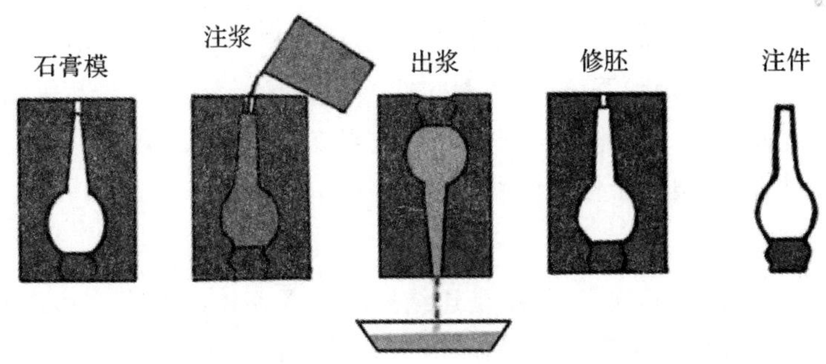

图 5-9 空心注浆成型流程

空心注浆一般用来制作空心腔体，如瓶、壶等，实心注浆一般用于制作壶把、壶盖等部位，如图 5-10 所示。

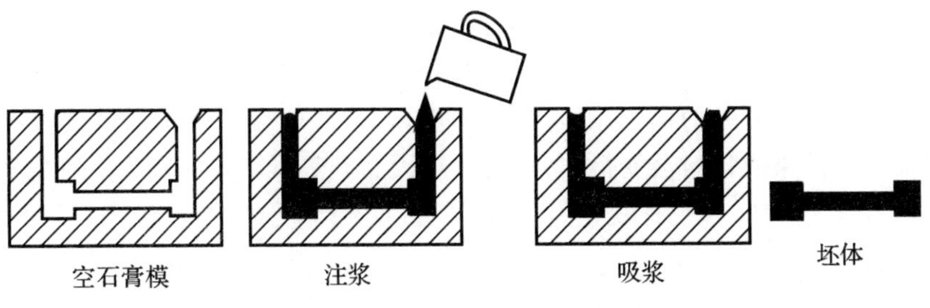

图 5-10 实心注浆成型流程

2. 注浆的缺点

1)由于泥料含水率高,因此坯体不易干燥,容易变形。

2)需要庞大的模型。

3)占用面积较大。

4)泥浆性能较难控制。

5)劳动强度较大。

近年来,陶瓷工业对注浆成型工艺进行了一系列的改革,这些改革主要集中在两个方面。

1)注浆方法的改革:一些陶瓷厂已经试制成功注浆成型自动线,并开发出压力注浆、离心注浆等新方法,大大提高了工作效率,改善了产品质量,降低了劳动强度。

2)模具的改革:有些工厂把即将浇注的石膏浆在真空中进行脱气处理,或将纤维素的衍生物、硅化合物、丙烯酸树脂等的溶液添加在石膏浆中,以增加石膏模的强度。此外,采用其他材料代替石膏模,例如用石英、长石、滑石、氧化铝等无机物作为无机填料,用酚醛树脂、尿醛树脂作为有机结合剂,成型后在 180℃温度下固化,制成模型,据说这种无机材料模使用次数可高达两万次以上。

5.4 陶瓷釉料及施釉

5.4.1 陶瓷釉料

1. 陶瓷釉料的概念

釉是熔融在陶瓷制品表面的一层很薄的均匀玻璃质层,是用矿物原料(长石、石英、滑石、高岭土等)和原料按一定比例配合(部分原料可先制成熔块),经过研磨制成釉浆,施于坯体表面,经一定温度煅烧而成的。釉能提升制品的机械强度、热稳定性和介电强度,还具有美化器物,以及使其便于拭洗、不被尘土侵蚀等优点。

2. 釉料的组成

釉料是重要的陶瓷组成元素,其作用是连结坯体并在坯体的外表面形成一层光洁的保护膜,典型的釉料通常包含三种主要的原料:玻璃成型剂、熔块以及稳定剂。玻璃成型剂是酸性物质,熔块是碱性物质,稳定剂是中性物质。硅是最常见的玻璃成型剂,其作用是使釉料硬化、光滑以及不透水。但由于硅的熔点极高,因此必须添加熔块辅助其熔融。熔块具有调节釉料熔点的作用。铝和黏土都可以作为稳定剂,其作用是使釉料和坯料的结合更加"适宜"及可以控制釉料的黏稠度,正是在稳定剂的作用下,釉料才得以牢固地附着在坯体的外表面上。

除了釉料本身所含有的各种成分外,还有很多因素都会影响釉料最终的烧成效果。同一种釉料在不同的烧成温度及不同的烧成环境(氧化气氛、还原气氛、柴烧、盐烧等)下会呈现出全然不同的面貌。举个简单的例子:通过快速降温,能彻底改变一种釉料的烧成效果,原本应当呈现出缎面亚光效果的釉料会变得非常光洁,或因受到热震的影响而出现釉面开裂的情况。

3. 釉料的分类

釉的种类很多,按坯体类型可分为瓷釉、陶釉及炻器釉;按烧成温度可分为高温釉、低温釉;按外表特征可分为透明釉、乳浊釉、颜色釉、有光釉、无光釉、裂纹釉(开片)、结晶釉等;按釉料组成可分为石灰釉、长石釉、铅釉、无铅釉、硼釉、铅硼釉等。

1)唐三彩,盛行于唐,系素烧胎体涂白、绿、褐、黄色釉,1 100 ℃窑温烘烤,当时多用作陪葬品;

2)釉上彩,在烧好的素器上彩绘,再经低温烘烧而成,因彩附于釉面上,故名釉上彩,最早见于宋代;

3)釉下彩,于生坯上彩绘,后施釉高温烧成,彩纹在釉下,永不脱落;

4)釉里红,以氧化铜为色剂在胎上彩绘,施釉后高温烧造出白底红花,始于元代景德镇;

5)斗彩,在坯体上以青花勾绘花纹轮廓线,施釉烧成陶瓷后,于轮廓线内填以多种色彩,再经低温度炉火二次烧成,画面呈现釉下青花与釉上色彩比美相斗,故名斗彩,始于明成化年间;

6)开片,即冰裂纹,釉面裂纹形同冰裂。因胎、釉膨胀系数不同,过早出窑遇冷空气产生,宋代哥窑的物器以此为主要特征;

7)青花,釉下彩品种之一,以氧化钴为色剂,在坯胎上作画,罩以透明釉,经 1 280～1 320℃高温烧成,蓝白相映,是明清两代主要的瓷器;

8)釉中彩:在上好釉的瓷器上进行装饰,然后高温烧成,彩料或者釉料融进先前的釉中,貌似在中间,和釉上彩工艺相似,但又和釉上彩有区别。

4.釉的作用

1)使坯体对液体和气体有不透过性,能提高化学稳定性。

2)覆盖于坯体表面,给瓷器以美感。

3)防止沾污坯体,光滑釉面易洗涤。

4)使产品具有特定物化性能。

5)能改善陶瓷制品性能。

5.4.2 陶瓷施釉方式

1.施釉前的处理

施釉工艺是古陶瓷器制作工艺技术的一种,是指在成型的陶瓷坯体表面施以釉浆的过程。施釉是陶瓷工艺中必不可少的一项工艺,在施釉前,生坯或素烧坯均需进行表面清洁处理,以除去积存的污垢或油渍,保证坯釉结合良好。清洁的方法,一般使用压缩空气在通风柜内进行吹扫,或用海绵浸水后抹湿,然后干燥至所需含水率。

施釉方法有蘸釉、荡釉、浇釉、刷釉、吹釉、喷釉、轮釉等多种。按坯体的不同形状、厚薄,采用相应的施釉方法。

2.浸釉

浸釉法是将坯体浸入釉浆,利用坯体的吸水性或热坯对釉的黏附而使釉料附着在坯体上,又称蘸釉,如图 5－11 所示。

在釉下彩上施釉时,如彩料中已调入了黏性剂,不采用浸釉法;如彩料中没有施加黏性剂,或在已经上釉的坯件上彩绘,则应采用喷釉法。

3. 浇釉(淋釉)

浇釉又称为淋釉，是将釉浆浇到坯体上，对于无法采用浸釉、荡釉等大型器物，一般采用这种方法，如图 5－12 所示。

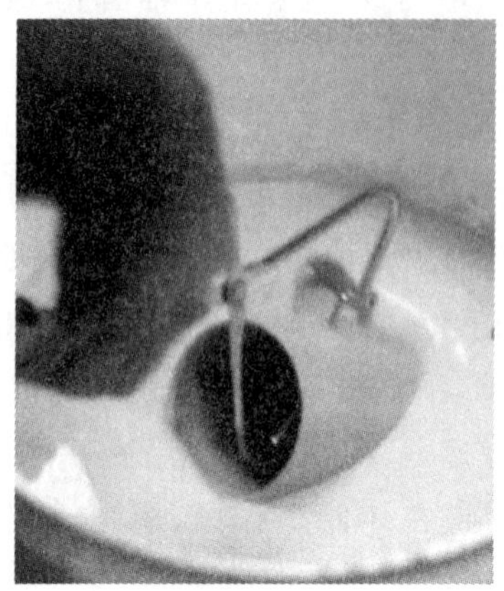

图 5－11　浸釉(蘸釉)

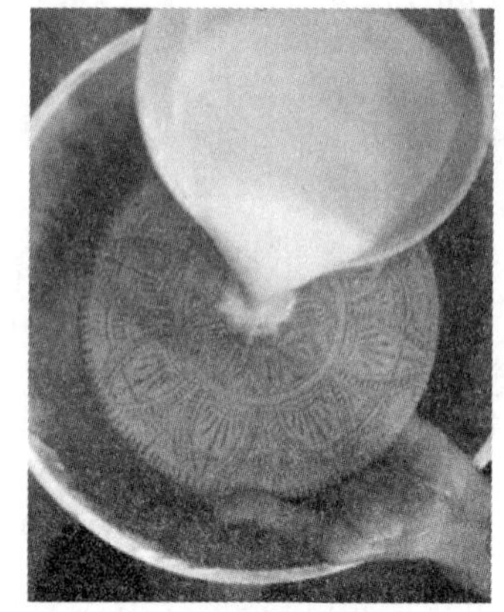

图 5－12　浇釉(淋釉)

4. 荡釉

对于中空制品如壶、花瓶及罐、缸等，对其内部进行施釉，采用其他方法无法实现或比较困难时，应采用荡釉法。荡釉操作是指将一定浓度及一定量的釉浆注入器物内部，然后上下左右摇动，使釉浆布满其内部，然后将余浆倒出，如图 5－13 所示。

图 5－13　荡釉

5. 涂刷釉

涂刷釉是指用毛刷或者毛笔浸釉后再涂刷在坯体表面。此法多用于在一坯体上施几种不同釉料形成特厚釉层以及补釉操作。

采用此法施釉，釉浆的相对密度通常很大。

6. 喷釉

喷釉工艺是利用压缩空气将釉浆通过喷枪或喷釉机喷成雾状，使之黏附于坯体上，坯体与喷枪的距离、喷釉压力、喷釉次数以及釉浆的相对密度决定了釉层的厚度，如图 5-14 所示。

这种方法适用于大型、薄壁及形状复杂的坯体，特别是对于薄壁、小件、易脆的生坯更为合适，这种坯体如果采用浸釉法，则可能因为坯体吸水过多而造成软塌损坏。

图 5-14　喷釉

7. 其他施釉方式

其他施釉方式还有甩釉法，釉料以点状形式施加于坯体上。采用此法可以获得釉斑，也可以获得花岗石等效果的装饰釉面。

除此之外，还有旋转圆盘施釉法、滚压法、溅射施釉法，以及静电施釉、干法施釉等，通常这些方法都可以在工业生产中见到。

5.5 陶瓷颜色

陶瓷的颜色是陶瓷色彩美学最重要的环节，颜色具有神奇的力量，它能触动我们的情感，吸引我们的注意力，影响我们的行动和心理。在课程中加入颜色环节，旨在引导学生在实践中通过对颜色的选择、搭配和操作，提升自身设计能力、创造能力和创新意识。

5.5.1 陶瓷颜色与釉料发展史

从古埃及绚丽的蓝绿色釉和绿色釉到唐代的三彩杰作，再到闻名世界的明代青花，颜色无疑是釉料发展史上的核心因素。生活在不同地域、不同文化背景下的先民们，花费数个世纪的时间和精力来钻研和开发丰富多彩的釉料配方。即便是进入 21 世纪，陶艺家们仍然在努力探索，试图研发出独特的、有价值的、富有神秘感的釉料。

用颜色装饰陶瓷坯体表面的历史比用釉料装饰陶瓷坯体表面的历史要久得多。借助红色颜料和黑色颜料在陶坯的外表面上绘制几何纹样及动物纹样，这种彩绘陶器出现在中国的新石器时期(距今 10 000～2 000 年前)。除了坯体外表面上的装饰纹样外，坯体本身的颜色也具有重要的审美价值。尽管在工艺上还很不成熟，但这种新石器时期的赤陶(暖色)，以及同一时期日本的绳纹陶器(中性色调)都具有极高的审美价值，能打动人们的内心，其影响至今依然存在。陶艺家在选择原料时通常都会考虑:是选用带有“原始感”的陶泥,还是选用“古朴”的瓷泥呢?抑或是选用介于两者之间的泥料呢?

(1)最古老的釉料

颜色釉的发展史可以说就是可熔性陶原料的发现史。釉料的发展取决于那个时代人类的生活水平及所掌握的技术。公元前5000年,埃及人发明了世界上最早的釉料。不久之后,人们通过往碱性釉料配方中添加氧化铜的方法成功配制出了世界上最早的颜色釉——亮丽的蓝绿色釉。在接下来的几个世纪,古代近东人及亚述人又发明了很多新釉色,到公元1世纪时,人们利用铜、锰、铁、钴等金属元素研发出了很多低温颜色釉(这4种金属元素分别能生成翠绿色、棕色、橙色及蓝色)。汉代的中国人从亚述人那里了解到铅可以生成明艳、饱满光滑的釉色,且其釉面不像碱基釉料那么容易开裂,因此铅熔块在汉代盛极一时。

(2)釉料发展简述

中国古代的阶梯窑出现时间约为公元前1500年,由耐火材料搭建而成,可以烧高温。燃料是木柴,人们发现飘落在坯体表面上的木灰可以在降温的过程中形成一层具有玻璃质感的保护膜。木灰可以形成诸如绿色、黄色、褐色甚至蓝灰色等多种釉色,釉色类型取决于坯料的组成成分、燃料的类别及烧成温度。

从汉代(前206—220年)开始一直到六朝(220—589年)时期,由于使用了铜和铁,窑工又发明出了多种釉色。唐三彩上的釉色包括由低温铅釉生成的绿色、棕橙色及具有乳浊效果的白色;高温影青釉的配方中含有铁,可以模仿玉石的通透颜色,其呈色包括黄色、绿色、灰色及蓝色。从唐代开始,由于原料提纯技术的发展,中国陶工发明了瓷器。到了宋代(960—1279年),陶工在陶瓷领域取得了非凡的成就,宋代瓷器具有以下优点:坯体内不含任何杂质,烧成后极具玻璃质感,釉色通透,呈色鲜艳。宋代的中国陶工在釉料方面也取得了空前的成就,他们配制出了众多历史上有名的釉色,包括钧窑瓷器的代表性釉料——天青、亮紫,含铁量极高的兔毫、天目及釉层极厚的龙泉影青釉。

(3)创新与发展

中国瓷器在全世界闻名遐迩。明代(1368—1644年)景德镇建起了规模各异的陶瓷企业,陶瓷艺术取得了空前的成就。首先,陶工生产出了白度和呈色极好的外销瓷。这些外销瓷先是进入伊斯兰国家,随后又进入欧洲市场,这类瓷器的坯料用的是陶泥,釉料是低温白色釉,以锡作为乳浊剂,以各类氧化物作为着色颜料,装饰纹样极其华美。在这之后,陶工又借助银及氧化铜在还原气氛中成功烧成了光泽彩瓷器。

就在同一时期,由普鲁士人发明的钴蓝装饰传入远东地区,中国陶工利用该装饰技法生产出了闻名全球的青花瓷器。对陶瓷的狂热遍及近东及欧洲,上述地区的陶工努力探寻骨质瓷及轻质瓷的奥秘,并在锡白釉陶器(意大利)、代尔夫特陶器(荷兰)、彩陶器(意大利北部及法国)等以陶泥为坯料、以锡为釉料的陶瓷类型方面取得了一定的成就。上述陶器的釉色主要包括由铜生成的绿色,由钴生成的蓝色,由锰生成的紫色,由铁生成的橙色,由亚锑酸铅生成的拿浦黄色(锑黄色)。在明代还成功烧制了高温铜红釉及由铁生成的一系列黄色釉料。

15世纪,在德国的莱茵河畔诞生了一种以盐釉装饰的炻器,灰褐色的坯体上绘有钴蓝色的纹样,釉面的肌理上带有一层光泽。这种盐釉炻器后来在英国及美国的殖民时代盛极一时。清代(1644—1911年)的中国瓷器在低温釉上彩方面取得了很多成就,再一次影响了欧洲的陶瓷。当欧洲掌握了瓷器生产技术之后,涌现出了一大批著名的日用瓷及陈设瓷生产企业,例如德国的梅森瓷厂及法国的塞夫勒皇家瓷厂。代表性釉色主要包括由金和氯化锡生成的粉色，由铬生成的黄色及绿色。18世纪，英国陶工用铬和锡配制出了粉色。

(4)近代陶瓷业取得的成就

由于铅有毒，于是人们研发了很多替代品。锌的助熔效果不错，但是其特性不太稳定，对某些颜色能起到提亮呈色的作用，而对某些颜色来讲却会令其转变为难看的褐色。作为铅的替代品，硼不会从根本上改变一种釉料的呈色，但却会令其发色偏冷。釉色研发工作历久而弥新。很多陶瓷原料都属于有毒物质，因此既要保证配釉环节的安全性，又要保证烧成后使用环节的安全性。最有代表性的一个例子是20世纪初期，人们用氧化铀配制出鲜亮的黄色釉，不久之后科学界报道铀具有放射性，对人体健康的危害极大。

1845—1940年，人们又发明了很多新釉色。用诸如钕、镨、铒等稀士元素可以生成鲜亮柔和的粉色、紫色及具有霓虹视觉效果的黄色和绿色。同时还发现将钒和锆混合使用时可以生成亮黄色、绿色及蓝绿色，将镉和锶混合使用时可以生成适用于低温烧成的鲜红色、橙色及黄色。值得注意的是，钒和镉属于有毒元素，因此在接触这两种物质时必须做好安全防护工作。

最近200年来，各类釉料及陶瓷着色剂新配方层出不穷，而且随着全球一体化的速度不断加快，全球陶艺工作者的交流空前加快。现代陶瓷企业生产的着色剂不但呈色类别丰富，而且烧成效果极其稳定。尽管我们已经在陶瓷釉色方面取得了很多成就，但是直至今日各大陶瓷企业以及陶艺家们仍然在努力探寻新的釉色。陶瓷原料的神秘面纱还未被完全揭开，对于陶颜色的探索工作还未结束。

5.5.2　陶瓷颜色及相应釉料的制备

1.白色

尽管白色看上去无色，但实际上它却是光谱中所有颜色混合而成的。其形成是由于所有的光色都被反射出来，不同的光色混合在一起就形成了白色。提到白色，我们常用的一个词为“空白”，白色因此象征着空虚、缺乏个性。然而白色也象征着洁净、纯洁及和平。诸如医生身穿白大褂，面盆及马桶等陶瓷洁具也都是白色的，在这里白色是无菌的象征……。在20世纪、21世纪，很多艺术家都将白色作为其作品的主体色调。

2.白色釉料的制备

如今，只需在透明釉配方中添加一些乳浊剂就能生成白色。氧化锡、二氧化钛以及各种硅酸锆类陶瓷原料都是现代陶艺家常用的乳浊剂。乳浊效果的形成原因包括以下两种：乳浊剂浮于釉层表面；釉料内部或者釉层表面在降温阶段生成结晶。现代陶艺家和现代陶瓷企业通常会通过往白色坯体上罩透明釉的方法令作品呈现出白色外观效果。

3.黑色

黑色颇具神秘感，其形成是由于所有的光色都被吸收了，由于没有光便形成了黑色，将所有的颜色混合在一起也能生成黑色。黑色象征着空虚、阴暗、神秘、邪恶。但是，黑色也代表着思想深度，是成熟老练的标志。因此，法官的袍子是黑色的，领结是黑色的，牧师的制服也是黑色的。黑色的衣服能让穿着者的身材显得更瘦，在时尚方面，黑色代表了冷酷、高档及优雅。不过，黑色也能让物体看上去显得更重一些。黑色还能增加空间的纵深感，同时减弱物体的可见性。

4.黑色釉料的制备

很多基础釉与其他陶瓷原料混合后都能生成黑色。其中以含铁釉料的呈色最黑。将铁与氧化钴、氧化锰、氧化铬混合,或者将后三种原料混合后就能生成黑色。与其他颜色的着色剂相比,黑色着色剂比较好配制,但是其价格相对较高。

5.蓝色

蓝色是人们最喜欢的颜色之一,它能让人感受到舒适、清凉及洁净。蓝色的象征意义通常都是正面的,例如力量、智慧、安宁和尊贵,不过在美国,蓝色也象征着心情低落。深蓝色在韩国象征着哀伤。当我们面对蓝天及湖水时,内心会充满平静和振奋的情绪。

6.蓝色釉料的制备

青花瓷的主要颜色就是蓝色。钴是配制蓝色釉料的主要成分,借助钴可以轻而易举地配制出蓝色釉料,其呈色丰富多样且适用于各种烧成温度,钴与绝大多数基础釉混合后都能生成蓝色。钴的发色能力极强,其常规使用量为0.25%,最多也不超过1%。将钡和氧化铜混合后也能生成蓝色,但是这种蓝色却具有金属元素析出的缺陷,因此用上述两种元素配制的蓝色釉料在使用之前一定要做金属元素析出实验,否则会对使用者的身体健康造成危害。将金红石与深褐色、褐色及粉色着色剂混合后也可以生成蓝色,且这种蓝色具有流动性,适用于还原烧成气氛的蓝色影青釉配方中含有少量铁(1%~2%)。

7.绿色

绿色象征着新生、春天、大自然,同时还具有和谐、希望和平静的寓意。

8.绿色釉料的制备

很多氧化物都能生成绿色,例如氧化镍、氧化铬、氧化铁。铜(特别是碳酸铜)是最主要的绿色生成剂。在影青釉配方中加入少量的氧化铁并高温烧制可以生成淡绿色,除此之外,借助很多着色剂都能配制出绿色的釉料。

9.黄色

黄色能引发多种反应。黄色是所有颜色当中最鲜亮的一个,在阳光的照射下黄色颇具暖意,能给人带来愉悦感。黄色笑脸标志象征着快乐,黄色玫瑰象征着友谊和快乐。从物理学的角度讲,人眼对黄色的捕捉率是所有颜色之中最快的一个,它能在第一时间受到我们的关注。在车流中黄色的出租车总是很显眼,黄色警告标识也让人过目难忘。

10.黄色釉料的制备

20世纪,陶工用氧化铀配制出了类似于蛋糕的黄色,作为高温着色剂,氧化铀曾盛极一时,但是科学家发现这种元素具有放射性,对人体的危害极大,所以后来陶工便不再用氧化铀配制黄色釉料了。其他氧化物,例如氧化镍、金红石、氧化铬、氧化锰、氧化钒、氧化钛等,将它们混合后都能生成黄色。现代的黄色釉料中含有氧化铁,但黄色商业着色剂更受青睐。过量使用黄色着色剂能让作品呈现出一种“土质感”。由稀土元素氧化镨生成的黄色具有极高的饱和度。

11.橙色

橙色通常象征着温暖、兴奋、欢乐。橙色也象征着秋天、大丰收及万圣节。鲜亮的橙色会刺激人的眼睛。与其他颜色相比，橙色显得格外瞩目，因此交通障碍物、救生艇、警察的背心及警告标识都是橙色的。橙色的衣着容易引起别人的注意，所以某些囚服是橙色的；猎人穿橙色衣服同样是为了引起其他猎人的注意，以避免不必要的伤亡。

12.橙色釉料的制备

相对于其他颜色来讲，橙色不好配制。将金红石与氧化物混合后可以生成无光橙色，除此之外还包括一些商业着色剂以及密封着色剂。有些原本发其他颜色的釉料也能转化为橙色釉料，例如含铁量极高的志野釉中就有一种柿黄色釉料，其发色既可以是黑色，也可以是乳黄色，有时还会发橙色。当釉料配方中含有铁及其他黏土、泥浆类杂质时，借助盐烧、苏打烧及柴烧就能得到视觉效果极佳的亮橙色。赤陶呈亮橙色，除此之外还包括由红色陶泥泥浆化妆土装饰的陶器，由于坯体中含有大量铁，所以在烧成后外观颇像橙色釉料。低温氯化铁匣钵烧成后亦能生成不同的橙色色调。

13.红色

从生理学的角度上讲，红色能让人感到兴奋和振作。红色能提高人呼吸及脉搏的频率，加快人的新陈代谢，提高人的血压。红色能鼓舞人的斗志和信心，能让人战胜恐惧。红色象征着强烈的爱和热情，象征着火焰和感情的力量。

14.红色釉料的制备

将各类氧化物混合在一起就能配制出适用于各种烧成温度和气氛的红色釉料。大约在14世纪，我国明代陶工配制出了视觉效果极佳的铜红色釉料，该釉色具有无穷的魅力。铜红釉的配方中含有氧化铜，只有在高温还原气氛中才能烧成。铜红釉的种类很多，包括牛血红（饱和度高、颜色较深、有光泽）、桃花红（颜色较淡，带有透明感的绿色斑点与粉色、红色交织在一起）、祭红（颜色艳丽，带有蓝色及紫色斑点）

除此之外，其他国家的陶工也配制出一种著名的红色釉料——柿子红釉，其别称有很多种，我们将其称为番茄红釉，釉色浓重、有光泽、有红褐色斑点。密封着色剂可以生成鲜亮的、均匀的红色。经过煅烧的红色着色剂可以生成柔和的亮红色，由镉和硒配制出来的红色有毒，氧化铅可以生成浓郁的、类似于祭红釉的红色。

15.粉色/紫色

粉色即浅红色，但人们通常将粉色作为一种独立的颜色，且赋予其独特的含义。粉色象征着愉悦、美味、风趣、青春。研究发现，人在粉色的房间中会感到平静和放松。

紫色象征着皇权、创造力、魔力及智慧。紫色具有凝神功效，特别是薰衣草，薰衣草呈淡紫色，常用于芳香按摩，能使人感到舒缓。不同色温的紫色能让人感受到不同的情绪：乡愁、浪漫、抑郁、失落。

16.粉色及紫色釉料的制备

和其他颜色一样，市面上有很多粉色及紫色的商业着色剂和密封着色剂。将氧化钴与白云石或者滑石混合在一起就能生成具有亚光效果的紫色。在铜红釉配方中添加氧化钴可以将红色转变为紫色，在铜红釉配方中添加氧化钛可以将釉色转变为粉色。用金红石和氧化锰也能配制出粉色及紫色的亚光釉料，在锡白釉配方中添加氧化铬可以生成粉色。

5.5.3 陶瓷中的颜色搭配

1. 补色搭配

互补(或称对比)色是指将色环上相对位置上的两种颜色,搭配在一起,可以打造活力四射的强烈视觉效果,特别是在颜色饱和度最大的情况下。

2. 三角对立配色

采用等边三角上的三种颜色进行搭配,可以在维持色彩协调的同时,制造强烈的对比效果。即便采用淡色或者不饱和色,这种搭配也可以营造出生气盎然的效果。

3. 类似色搭配

选择色环上相邻的 2~5 种(最好是 2~3 种)颜色进行搭配,可以打造出一种平和而又可爱的印象。

4. 分裂补色搭配

补色搭配的变种。选定某主色之后,选择色环上与它的补色相邻位置上的两种颜色与之搭配。此种搭配既有对比,又不失和谐。如果读者对补色搭配没有自信的时候,不妨用此方案代替。

5. 裂补色搭配

选定主色及其补色之后,第三种颜色可选择色环上与主色相隔一个位置的颜色,最后一个颜色选择第三种颜色的补色,在色环上正好形成一个矩形。

6. 正方形配色

利用色环上四等分位置上的颜色进行搭配。这种方案,色调各不相同但又互补,可以营造出一种生动活泼又好玩的效果。

7. 各种颜色的搭配推荐

白色:可搭配任何颜色,特别是蓝色、红色和黑色。

米色:可搭配蓝色、棕色、祖母绿、黑色、红色、白色。

灰色:可搭配紫红色、红色、蓝紫色、粉红色、蓝色。

粉红色:可搭配棕色、白色、薄荷绿、橄榄色、灰色、绿松石(青绿色)、浅蓝色。

紫红色:可搭配灰色、黄褐色、绿黄色、薄荷绿、棕色。

红色:可搭配黄色、白色、茶色、绿色、蓝色、黑色。

番茄红:可搭配青色、橄榄绿、沙色、乳白色、灰色。

樱桃红:可搭配天蓝色、灰色、浅橙色、沙色、浅黄色、米色。

覆盆子红:可搭配白色、黑色、大马士革玫瑰色。

棕色:可搭配亮青色、奶油色、粉红色、浅黄褐色、绿色、米色。

浅棕色:可搭配浅黄色、乳白色、蓝色、绿色、紫色、红色。

深棕色:可搭配绿黄色、青色、薄荷绿、紫色。

红褐色:可搭配粉红色、深褐色、蓝色、绿色、紫色。

橙色:可搭配青色、蓝色、丁香紫、蓝紫色、白色、黑色。

浅橙色:可搭配灰色、棕色、橄榄绿。

深橙色：可搭配浅黄色、橄榄绿、棕色、樱桃红。

黄色：可搭配蓝色、丁香紫、淡青色、蓝紫色、灰色、黑色。

柠檬黄：可搭配樱桃红、棕色、蓝色、灰色。

浅黄色：可搭配紫红色、灰色、棕色、红色系、黄褐色、蓝色、紫色。

金黄色：可搭配灰色、棕色、天蓝色、红色、黑色。

橄榄绿：可搭配橙色、浅褐色、褐色。

绿色：可搭配金棕色、橙色、沙拉绿、黄色、棕色、灰色、奶油色、黑色、乳白色。

沙拉绿：可搭配褐色、黄褐色、浅黄褐色、灰色、深蓝色、红色、灰色。

绿松石(青绿色)：可搭配紫红色、樱桃红、黄色、褐色、奶油色、深紫罗兰色。

青色：可搭配红色、灰色、褐色、橙色、粉红色、白色、黄色。

深蓝色：可搭配浅紫色、青色、黄绿色、褐色、灰色、浅黄色、橙色、绿色、红色、白色。

丁香紫：可搭配橙色、粉红、深紫罗兰色、橄榄绿、灰色、黄色、白色。

深紫色：可搭配金棕色、浅黄色、灰色、绿松石(青绿色)、薄荷绿、浅橙色。

黑色：属于通用颜色，尤其适合搭配橙色、粉色、沙拉绿、白色、红色、淡紫色或黄色。

5.6 陶瓷的干燥与烧成

5.6.1 陶瓷的干燥

1. 干燥的目的

陶瓷干燥是为了排除坯体中的自由水分，同时赋予坯体一定的干燥强度，满足搬运以及后续工序(修坯、粘结、施釉)的要求。

2. 干燥的过程

坯体干燥的过程可以分为四个阶段，分别是升速阶段、等速阶段、降速阶段和平衡阶段。每个阶段的坯体含水率、干燥速度及坯体表面温度变化如图5-15所示。

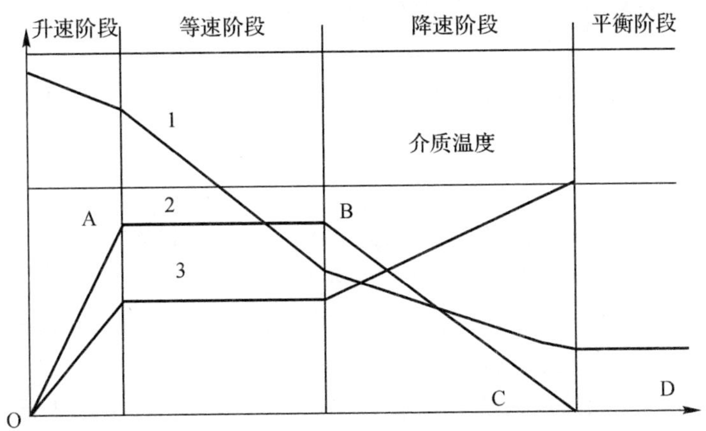

图5-15 坯体的干燥过程

1—含水率；2—干燥速度；3—表面温度变化

干燥速度取决于内部扩散速度和表面汽化速度。干燥过程可分为四个阶段。

(1)升速阶段

短时间内,坯体表面被加热到等于干燥介质湿球的温度,水分蒸发速度很快增大,到A点后,坯体吸收的热量和蒸发水分耗去的热量相等。该阶段时间短,排除的水量不大 。

(2)等速干燥阶段

坯体表面蒸发的水分由内部向坯体表面不断补充,坯体表面总是保持湿润。

干燥速度不变,坯体表面温度保持不变,水分自由蒸发。

到临界水分点B点后,坯体内部水分扩散速度开始小于表面蒸发速度,坯体水分不能全部润湿表面,干燥开始降速,体积收缩不大。

(3)降速干燥阶段

表面停止收缩,继续干燥仅增加坯体内部孔隙。干燥速度下降,热能消耗下降,坯体表面温度提高。

(4)平衡阶段

坯体表面水分达到平衡水分时,干燥速度为0。干燥最终水分取决于干燥介质的温度和湿度。

3. 干燥收缩

成型过程中,受力不均,密度、水分不均匀,定向排列等都会造成干燥过程中制品的不均匀收缩。

(1)可塑成型

1)旋坯干燥变形可能性超过滚压成型变形可能性。

2)挤制成型:存在颗粒定向排列,泥段轴向、径向干燥收缩不同。距中心轴不同位置,收缩不一致,距中心轴越远,密度越大,收缩率越小。

(2)注浆成型

注浆成型的过程是颗粒定向排列的过程。其特点为:

1)靠近吸浆面(石膏模工作面)致密度提高,水分下降;

2)远离吸浆面(石膏模工作面)致密度下降,水分增多;

(3)压制成型

压制成型的粉料水分、堆积、受力不均匀,等静压成型的粉料含水率低、密度大且均匀,几乎无收缩变形。

4. 干燥开裂

1)整体开裂:沿整个体积产生不均匀收缩,如超过坯体的临界应力,则导致完全破裂。多见于干燥开始阶段,坯体厚、水分多的坯体开裂概率大。

2)边缘开裂:壁薄、扁平的制品多见,边缘干燥速度大于中心部位干燥速度。边缘开裂多见于坯体表面,边缘张应力大于压应力。

3)中心开裂:边缘干燥速度大于中心部位干燥速度,周边收缩结束,内部仍在收缩,周边限制中心部位收缩,使边缘受压应力,中心部位受张应力。

4)表面开裂:内部与表面温度、水分梯度相差过大,产生表面龟裂,坯体吸湿膨胀而釉不膨胀,使釉由压应力转变为张应力。

5)结构裂纹:常见于挤制成型,泥团组成、水分不均,多见于压制成型,粉料内空气未排除,造成坯体的结构不连续。

5.6.2 陶瓷的烧成

1.烧成的概念

烧成是生产陶瓷制品的主要工序之一。按一定热工制度加热陶瓷坯体,使坯体在高温的特定条件下发生物理化学反应,最终成为体积固定并具有特定性能的陶瓷制品,这一陶瓷生产过程(工序)称为烧成。同时,陶瓷中还有烧结的概念,辨析如下。

1)烧结:在高温下(不高于熔点),陶瓷生坯固体颗粒相互键联,晶粒长大,空隙(气孔)和晶界渐趋减少,通过物质的传递,其总体积收缩,密度增加,最后成为具有某种显微结构的致密多晶烧结体,这种现象称为烧结。

2)烧成:通过高温处理,使坯体发生一系列物理化学变化,形成预期的矿物组成和显微结构,从而达到固定外形并获得所要求效果的工序。

2.坯体在烧成过程中的物理化学变化

以长石质、绢云母质、滑石质、骨灰质、高铝质瓷器为例,烧成过程按照变化特点分为四个阶段。

(1)低温阶段(常温～300℃)

在此阶段排除干燥剩余水分和吸附水,基本不收缩,强度变化很小。

(2)氧化分解阶段(300～950℃)

氧化分解阶段发生的化学变化:

1)黏土和其他含水矿物排除结构水。

$$Al_2O_3 \cdot 2SiO_2 \cdot 2H_2O \rightarrow Al_2O_3 \cdot 2SiO_2 + 2H_2O\uparrow \ (500\sim700\ ℃)$$

$$3MgO \cdot 4SiO_2 \cdot H_2O \rightarrow 3(MgO \cdot SiO_2) + SiO_2 + H_2O\uparrow \ (900\ ℃)$$

2)碳酸盐的分解。

$$CaCO_3 \rightarrow CaO + CO_2\uparrow \ (850\sim1050\ ℃)$$

$$MgCO_3 \rightarrow MgO + CO_2\uparrow \ (730\sim950\ ℃)$$

3)碳素和有机物的氧化。

$$\text{有机物} + O_2 \rightarrow CO_2\uparrow + H_2O\uparrow \ (350\ ℃\text{以上})$$

$$C + O_2 \rightarrow CO_2\uparrow \ (600\ ℃\text{以上})$$

4)硫化物及硫酸盐的氧化分解。

$$FeS_2 + O_2 \rightarrow Fe_2O_3 + SO_2\uparrow \ (350\sim800\ ℃)$$

$$Fe_2(SO_3)_3 \rightarrow Fe_2O_3 + SO_2\uparrow \ (560\sim770\ ℃)$$

5)晶型转变。

$$\beta\text{-石英} \rightarrow \alpha\text{-石英}(573℃)$$

$$\alpha\text{-石英} \rightarrow \alpha\text{-方石英}(870\ ℃)$$

氧化分解阶段发生的物理变化:①质量减轻,气孔率提高,有一定的收缩;②有少量液相产生,后期强度有一定提高。

(3)高温阶段(950℃～烧成温度)

1)1 050 ℃以前继续发生氧化分解反应。

2)硫酸盐的分解与高价铁的还原。

$$MgSO_4 \rightarrow MgO + SO_3 \uparrow$$（900℃以上，还原焰下 1 080～1 100 ℃）

$$CaSO_4 \rightarrow CaO + SO_3 \uparrow$$（1 250～1 370℃，还原焰下 1 080～1 100 ℃）

$$Na_2SO_4 \rightarrow Na_2O + SO_3 \uparrow$$（1 200～1 370℃，还原焰下 1 080～1 100 ℃）

$$Fe_2O_3 + CO \rightarrow FeO + CO_2 \uparrow$$（1 000～1 100℃，还原焰）

3)形成大量液相和莫来石新相。

长石的熔融＋多元低共熔物＋溶解石英和黏土→大量液相＋析出少量莫来石(二次莫来石)

$$3(Al_2O_3 \cdot 2SiO_2) \rightarrow 3Al_2O_3 \cdot 2SiO_2\text{(一次莫来石)} + SiO_2$$

4)新相的重结晶和坯体的烧结。

细小二次莫来石晶体溶解后向大晶粒(溶解度小)沉积，使其重结晶长大，同时液相在表面张力作用下拉近固相并填充气孔，使坯体成为多相有机结合的致密烧结体。

高温阶段的物理变化是气孔率降低，坯体收缩率较大，强度提高，颜色发生变化。

(4)冷却阶段(止火温度～室温)

1)液体逐渐凝固成玻璃体。

2)二次莫来石长大。

3)残余石英晶型转变。

瓷坯冷却前后的变化如图 5－16 所示。

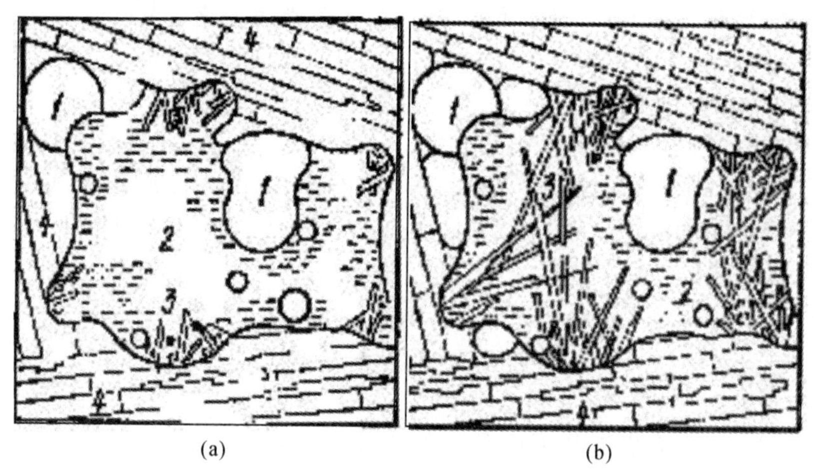

(a) (b)

图 5－16 瓷坯冷却前后的变化

(a)冷却前；(b)冷却后

3.烧成制度

烧成工序是陶瓷生产过程中最重要的工序之一，制定科学合理的烧成制度并准确执行，是产品质量的重要保证。

烧成制度是指烧成过程中各阶段气氛、温度及其温度变化速率的具体要求，包括温度制度、气氛制度和压力制度。

1)温度制度：包括各阶段的升温速度、最高烧成温度和保温时间。

2)气氛制度：各阶段所对应的气氛要求(氧化、中性、还原)。

3)压力制度:为了保证温度、气氛制度的实现,对窑内压力的调节。

烧成温度是指为了达到产品的性能要求,应该烧到的最高温度,烧结温度是指材料加热过程达到气孔率最小、密度最大时的温度。

5.7 陶瓷常见缺陷及补救措施

陶瓷缺陷时有发生,通常分为坯料缺陷和釉面缺陷,本书主要探讨釉烧出现的缺陷。

技术不过关是造成某种釉料出现缺陷最主要的原因,这里所讲的技术包括配釉技术、施釉技术及烧窑技术,因此对于此类缺陷而言,通过改进技术就能避免缺陷。但是还有一些缺陷是原料本身的问题造成的,这类情况相对较难处理。常见的釉料缺陷成因及补救措施见表5-6。

表5-6 常见的釉料缺陷成因及其补救措施

缺陷	表现形式	形成原因	补救措施
釉料起泡 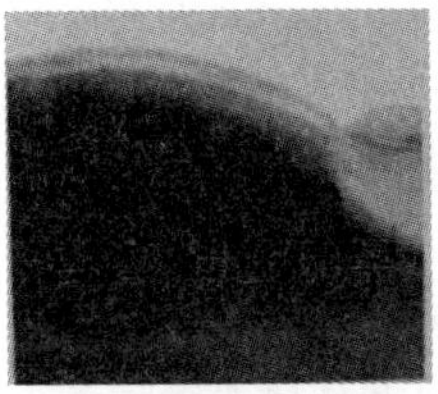	釉面上隆起大气泡,既有可能是封闭的气泡,也有可能是炸开的气泡	从釉料及坯体中蒸发出来的气体试图穿越釉面; 釉料在烧成前未完全干燥;底釉和面釉之间有气泡; 釉料配方中的某种原料含量过高,例如氧化铬	一般来讲,当窑温达到预定的烧成温度后放慢烧成; 速度可以令气体顺利排出,胀起的釉面恢复平整; 尽量少用甚至不用有可能引发缺陷的原料; 永远不要把志野釉当面釉使用
龟裂	釉面上的细小缝隙,其形成原因是坯体的收缩率与釉料的收缩率不一致	釉料的膨胀率及收缩率远远高于坯体的膨胀率及收缩率	对釉料配方作调整,尽量使釉料和坯体的膨胀率及收缩率一致; 试着往釉料配方中添加一些氧化锂或者氧化镁
开片	釉料与坯体分离	坯体的外表面上粘有灰尘或者油脂; 外表面张力过大; 釉层过厚	施釉之前为坯体补水并让其充分干燥; 对釉料配方作调整,降低其表面张力,降低釉层的厚度
针眼 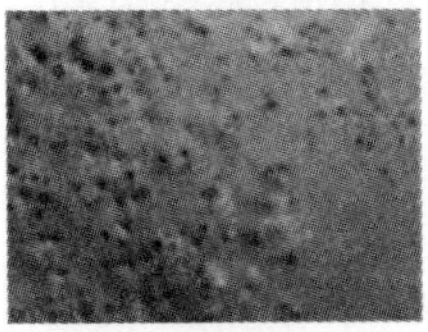	釉面上出现一个个细微的凹坑,透过凹坑的底部可以看到坯体	坯体的外表面上粘有灰尘; 气体排出时形成的孔隙未能完全闭合	施釉之前为坯体补水并让其充分干燥; 当窑温达到预定的烧成温度后长时间保温,可以令气体排出时留下的细小孔洞闭合
爆裂 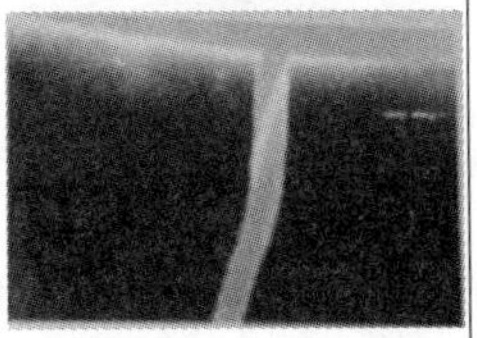	釉面和坯体同时开裂,且断口整齐,有些时候整个坯体会裂成两半	降温过快; 坯釉结合不理想(太紧)	放慢降温速度; 通过调整釉料配方或者坯料配方使二者兼容

续表

缺陷	表现形式	形成原因	补救措施
坯体起泡 	坯体上隆起气泡	坯体在烧成的过程中摄入有机物/碳； 坯体开始熔融并挥发气体； 过烧	对于陶泥而言，可以先把坯体以较高的烧成温度素烧一遍，这样做能起到提前排出碳的作用； 降低烧成温度
金属元素析出 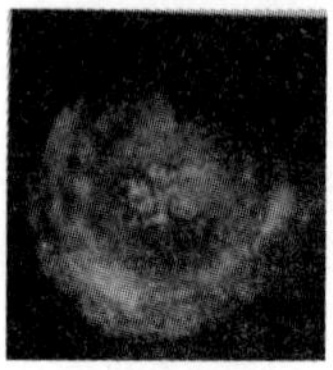	这种缺陷并不常见，主要是釉料原料本身的缺陷； 问题——不同元素混合后生成的效果	由于烧成温度太低或者釉料配方中各类成分的比例失调，某些原料未能充分熔融； 有些原料，例如氧化钡和氧化铅，就算是釉料配方很合理也容易引发金属元素析出现象	烧制这类釉料时需采用更高的烧成温度； 调整釉料配方，以求得到更加合理的原料组合形式； 不用氧化钡、氧化铅或者其他有毒物质配制日用陶瓷类釉料
缩釉 	釉面开裂且与坯体分离，如同旧油漆一样（裂缝的另一侧）	釉料的膨胀率及收缩率远远低于坯体的膨胀率及收缩率	对釉料配方作调整，尽量使釉料和坯体的膨胀率及收缩率一致； 釉料配方中含有锂辉石时，尽量找一种膨胀率和收缩率适中的原料替代它

5.8 复　烧

一般地，可以考虑通过复烧的方式改善常见釉料缺陷。然而诸如爆裂、开片以及缩釉等缺陷是无法弥补的，起泡或者针眼等缺陷是可以通过往缺陷处补釉并复烧的方法修复的。

有些时候复烧也会引发新的问题。釉料中的各类元素在复烧的过程中再次熔融，其外观会因此发生改变——流淌或者析晶。当然这也不一定是坏事，各类陶瓷原料再次经历高温和降温，坯体会变得更加坚固。经过复烧会增加方石英的生成量，坯体和釉料的膨胀率及收缩率剧增，进而导致作品爆裂。有些时候，陶艺家正是利用这一特性创作作品的。

5.9 实习纲要

5.9.1 课程简介

1.“陶瓷制作与烧成”

“陶瓷制作与烧成”课程是以锻炼学生的实践动手能力为目标，培养学生严谨认真的工作态度为主要方向，面向全校学生开设的一门综合类实践选修课。课程内容主要包括陶瓷泥片成型、泥条成型、泥球成型、捏制成型、注浆成型，拉坯、修坯，以及素烧、釉下彩绘、最终烧成等。学生通过实习，能够锻炼实际动手能力，提升独立思考的能力。

2."陶瓷之路:陶瓷发展及微结构"

"陶瓷之路:陶瓷发展及微结构"课程主要是引导学生认识陶瓷材料在人类历史发展过程中的重要推动作用。海上丝绸之路又称为陶瓷之路，承载着东西方文明的交流与共同发展，该课程是"陶瓷之路"系列课程，在讲授陶瓷发展历程的同时，着眼于让学生通过观察陶瓷微结构，探究和思考为什么陶瓷材料具有如此多的优点及其不可替代性。课程在实践层面，通过由低阶向高阶延伸的方式来锻炼学生的综合实践研究能力，同时，制作陶瓷试样并对其表面微结构进行表征，使学生能更系统、全面地认识陶瓷材料。

5.9.2 教学目标

1."陶瓷制作与烧成"课程教学目标

"陶瓷制作与烧成"课程教学目标见表5-7。

表5-7 "陶瓷制作与烧成"课程教学目标

序号	支撑目标点	主要教学内容	预期培养成效
1	家国情怀	我国陶瓷发展史	1)让学生了解我国陶瓷发展的几大历史过程与突破，由陶到瓷，无釉到各种釉，及其对世界各国的重要影响。深刻体会陶瓷的魅力，赋予学生报国使命担当，从而树立学为报国的志向；
2	德、智、体、美、劳	陶瓷成型及上色	2)在陶瓷成型的过程中，学生通过各种成型方式和精细、规范操作过程，避免成型过程中的黏结、开裂、水分不均匀等问题，学生通过釉料颜色选取的了解，促进德智体美劳全面发展
3	追求卓越	烧成问题总结反思	3)学生通过对最终烧成结果缺陷的总结与反思，包括坯体的变形、裂纹、斑点等以及釉烧的缺釉、气孔、橘釉等进行分析与讲解，养成追求卓越、精益求精的工作态度。

2."陶瓷之路:陶瓷发展及微结构"课程教学目标

"陶瓷之路:陶瓷发展及微结构"课程教学目标见表5-8。

表5-8 "陶瓷之路:陶瓷发展及微结构"课程教学目标

序号	支撑目标点	主要教学内容	预期培养成效
1	家国情怀	丝绸之路与陶瓷之路	1) 让学生了解我国陶瓷发展的几大历史过程与突破，以及丝绸之路与陶瓷之路对世界各国及历史发展的重要影响。深刻体会陶瓷的魅力，赋予学生报国使命担当，从而树立学为报国的志向；

续表

序号	支撑目标点	主要教学内容	预期培养成效
2	追求卓越	材料微结构表征	2)材料微结构表征是材料学研究的最基本工具,也是机械、凝聚态物理、生物、航空航天、土木和化工等领域非常重要的基础研究支撑,该课程旨在让学生在本科阶段尽早接触相关内容; 3)学生通过对自己制作的陶瓷材料进行微观形貌表征,实践代入感更强,让学生对电镜领域有所涉猎,更具有持久竞争力
3	持久竞争力	用电镜观测陶瓷表面形貌	

5.9.3 教学内容及要求

1."陶瓷制作与烧成"课程教学内容及要求

(1)课程内容

1)了解陶和瓷的区别及陶瓷的发展。

2)了解陶瓷制作的整体过程。

3)掌握陶瓷成型的多种方法。

4)重点难点:掌握陶瓷釉下彩绘及烧成的工艺。

5)基本要求:提高学生的操作技能,使学生能依照完整流程制作出陶瓷制品。

2."陶瓷之路:陶瓷发展及微结构"课程教学内容及要求

1)陶瓷的历史演化、发展及分类,不同陶瓷材料的特点。

2)丝绸之路与陶瓷之路。

3)了解扫描电子显微镜概述、原理、结构和使用方法。

4)制作陶瓷试样并通过扫描电镜观测其表面、断面形貌。

5)重点难点:掌握扫描样品的制样及电镜观测。

6)基本要求:提高学生的综合实践能力,使学生能依照完整流程制作出陶瓷制品并用电镜对观测结果进行分析。

5.10 教学思政育人

5.10.1 "陶瓷制作与烧成"课程思政育人

(1)目标

1)让学生在课程中深刻理解理论与实践的辩证统一。

2)结合陶瓷具有的独特的传统文化属性进行文化教育,树立学生文化自信。

3)结合我国改革开放后近几十年的陶瓷发展与挑战,赋予学生家国情怀,使学生能勇担使命与责任。

4)培养学生的创新意识与空间想象能力。

“陶瓷制作与烧成”课程将充分发挥学生的想象力和动手能力,让学生在体验陶艺过程的同时,深刻理解我国乃至世界陶瓷发展的历程,了解我国陶瓷发展的魅力,赋予学生时代责任感与使命担当。

(2)教学内容

1)让学生深刻理解理论知识在实践中的指导意义,了解陶瓷的脆性与强度等材料学基本知识。

2)中国的科技发展史上,除了四大发明,最引人瞩目的莫过于陶瓷了,我国的陶瓷有着悠久的历史和光辉成就,在我国的文化和工艺史上都占有着极其重要的地位。通过文化知识的传承与教育,树立学生文化自信。

3)引导学生严谨对待陶瓷制作的每个环节,务必做到安全操作。陶瓷是材料一大分支,在工业生产及实际应用方面的作用无可替代,且扮演着越来越重要的角色。通过对本课程的学习,学生应了解陶瓷在生活中的应用及其对生活的影响。同时,应强化学生“质量无小事”这一重要概念,使学生在今后工作和生活中,认真严谨对待事物,勇于承担责任。

4)陶艺手工制作工艺发展到现代,已经基本脱离了工业生产,更多的是承载个人的想象与情感抒发,通过陶瓷制作,可以培养学生的创新意识与空间想象能力。

5.10.2 “陶瓷之路:陶瓷发展及微结构”课程思政育人

(1)目标

1)弘扬最具特色的中国传统文化、爱国主义情怀,增强民族自信、文化自信。

2)不畏艰难失败,增强学生面对挫折的韧性。

3)切实做到德、智、体、美、劳、全面发展。

4)促进我校学生将美术、艺术、科学、技术相辅相成、相互促进、相得益彰。

“陶瓷之路:陶瓷发展及微结构”课程将充分发挥学生的想象力和动手能力,在学习陶瓷发展历史演化的同时,融入最前沿科学技术分析原理、方法及实践,课程集文化传承、科学研究、实践操作等为一体,从传统陶瓷制作跨越到现代分析技术,寓教于乐、寓研于做、寓创于行,赋予学生时代责任感与使命担当。

(2)教学内容

1)学生需要从陶瓷材料的原料、加工、制备、成型、干燥、烧成、装饰、改性等方面,深刻理解理论知识在实践中的指导意义,了解陶瓷的脆性与强度等材料学基本知识,从而理解实践中的诸多“为什么”。

2)材料性能的本质影响因素是其微观结构,探究组成-结构-性能之间的关系可以让学生更系统、全面地认识现代科学及现代科学研究,了解科技在社会发展中的重要作用。通过扫描电子显微镜的相关学习、发展及使用,使课程深度不断提升,培养学生深度思维能力。

参考文献

[1] 王世刚,王雪峰. 工程训练与创新实践[M].2 版. 北京:机械工业出版社,2017.

[2] 金禧德. 金工实习[M].4 版.北京:高等教育出版社,2014.

[3] 李伯奎,王玲. 金工实习[M]. 北京:高等教育出版社,2015.

[4] 王再友,王泽华. 铸造工艺设计及应用[M]. 北京:机械工业出版社,2016.

[5] 陈维平,李元元. 特种铸造[M]. 北京:机械工业出版社,2018.

[6] 李双寿,李生录. 工程实践和创新教学探索与研究[M]. 北京:清华大学出版社,2014

[7] 吕炎. 锻造工艺学[M]. 北京:机械工业出版社,1995

[8] 李晓芹. TC11 钛合金 B 锻造工艺、组织和性能的关系[J].机械科学与技术. 2000(1):127 - 129.

[9] 中国机械工程学会锻压学会. 锻压手册:第 1 卷[M].北京:机械工业出版社,1993.

[10] 罗子健. 金属塑性加工理论与工艺[M]. 西安:西北工业大学出版社,1994.

[11] 张应立. 焊接设备结构与维修[M]. 北京:化学工业出版社,2018.

[12] 胡绳荪. 焊接制造导论[M].北京:机械工业出版社,2018.

[13] 李祖德. 粉末冶金的兴起和发展[M]. 北京:冶金工业出版社,2016.

[14] 史耀武. 焊接制造工程基础[M]. 北京:机械工业出版社,2016.

[15] 王良栋. 初级电焊工技术[M] . 北京:机械工业出版社,2016.

[19] 李亚运,司云晖,熊信柏,等. 陶瓷 3D 打印技术的研究与进展[J]. 硅酸盐学报,2017,45(6):793 - 804.

[20] 南策文,王晓慧,陈湘明,等. 信息功能陶瓷研究的新进展与挑战[J]. 中国材料进展,2010,29(8):30 - 36.

[21] 李家驹,马铁成,缪松兰,等. 陶瓷工艺学[M].2 版. 北京:中国轻工业出版社,2011.

附录1 热处理知识100问

1. 根据附图1铁碳状态所标示，请指出哪些铁碳合金称为钢？哪些铁碳合金称为铸铁？

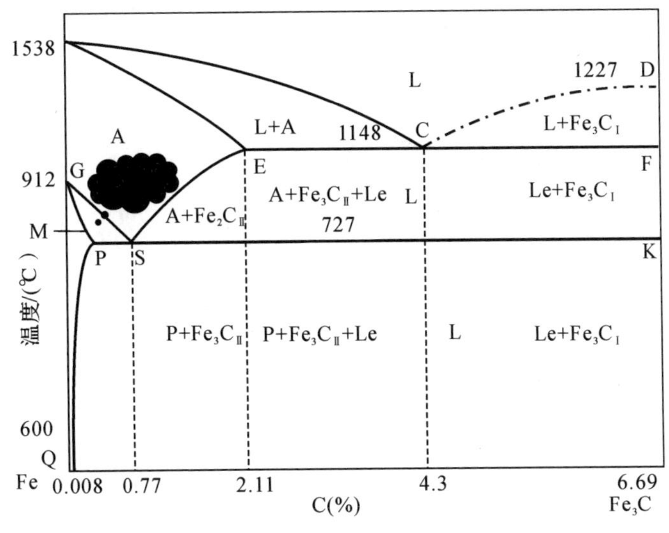

附图1 $Fe\text{-}Fe_3C$ 合金相图

2. 按含碳量的高低，钢分为哪几种？其性能如何？

3. 什么是碳钢？什么是合金钢？

4. 按退火组织状态及其成分，钢分为哪几种？

5. 什么是 α-Fe？什么是 γ-Fe？

6. 什么是同素异构转变？

7 什么是固溶体？它的名称及种类包括哪些？

8. 什么是铁素体？什么是渗碳体？什么是珠光体？什么是奥氏体？什么是马氏体？它们性能如何？

9. 什么是钢的 A_{c1}、A_{c3}、A_{cm} 点？

10. 什么是钢的 A_{r1}、A_{r3}、A_{rm} 点？

11. Ms、M_f 是钢的什么转变点？

12. 什么是晶粒？什么是晶界？

13. 什么是晶粒度？

14. 什么是钢的退火、正火、淬火和回火？它们的目的是什么？

15. 什么是钢的淬透性？

16. 什么是钢的淬硬性？

17. 什么是有效淬硬深度？

18. 什么是钢的调质？它的目的是什么？

19.什么是马氏体临界冷却速度？请在钢的等温转变曲线图(见附图 2)中指出哪一个为临界冷却速度，并说出附图 2 中在各冷却速度线下，钢最后获得什么组织？

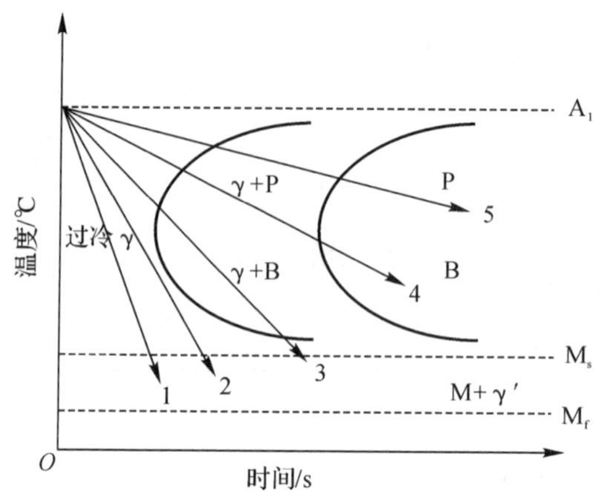

附图 2　钢的等温转变曲线图

20.什么是钢的渗碳？目的是什么？

21.常用的气体渗碳剂都有哪些？

22.甲醇和煤油都是渗碳剂，哪个渗碳能力强？它们在渗碳时一同加入，目的是什么？

23.一般渗碳钢中含碳量都在什么范围？为什么？

24.在钢的内部组织中，什么叫网状渗碳体？对钢的性能有什么影响？

25.在钢的渗碳过程中网状碳化物是在哪几种情况下形成的？如何消除？

26.一般钢进行渗碳时渗碳层表面碳浓度为多少时，其接触疲劳寿命最高？

27.在井式气体渗碳炉渗碳时炉内压力为多少水柱？火苗高度多少？火苗呈什么颜色为合适？

28.渗碳时火苗颜色发白并且有火星冒出，这说明什么？

29.渗碳时渗碳剂滴入量正常，但火苗高度不够，冒出火苗无力，这说明什么？

30.检查渗碳层深度有哪几种方法？目前国际上采用哪种方法？

31.炉前是如何判别、测量渗碳试样的渗碳层深度的？

32.工厂常使用的 20CrNiMo、20Ni4Mo、35CrMo 称为什么钢？它们的含碳量及合金元素各是多少？它们的 A_{c1}、A_{c3} 温度是多少？常在什么状态下使用？

33.钢的性能是由其内部组织所决定的，要求高耐磨性时，其内部应由什么组织组成？

34.钢在渗碳过程中，后面为什么要有一个扩散阶段？

35.钢在装炉进行气体渗碳时，为什么要有一个排气阶段？排气一般采用甲醇，为什么不采用煤油？

36.一般渗碳温度多选择在 910～930℃，为什么不选择更低一点或更高一点的温度？

37.镶齿牙轮采用 20Ni4Mo 制造，渗碳后淬火前采用高温回火的目的有哪些？

38.渗碳过程中，扩散阶段的渗剂滴量及时间如何确定？

39.渗碳件最后淬火温度的选择应考虑哪些因素?

40.渗碳的工件经过淬火后,为什么要冷到室温后才能回火?

41.镶齿牙轮采用 20Ni4Mo 制造,渗碳淬火后为什么要进行两次低温回火?

42.牙轮钻头零件淬火时为什么要在油中激烈摆动,同时还要开动搅拌器对油进行搅拌?

43.电炉的电阻丝常使用什么材料制造?它们的性能如何?

44.气体渗碳炉的坩埚、料框、导风板、风扇、风扇轴及保温包常用什么材料制造?

45.现场使用的盐浴炉,盐的成分及配比是多少?熔点是多少?

46.盐浴炉为什么要配有变压器?

47.启动盐炉时为什么要采用变压器的低档?

48.启动盐炉时,变压器的档位如何确定才能既使盐炉启动快又使启动电阻寿命长?

49.盐炉在加热工件前为什么要进行脱氧?

50.常用的盐浴脱氧剂有哪些?

51.在盐炉中测温的热电偶放在什么位置及插入距离盐浴面的深度多少合适?

52.工件在盐炉中加热前,要在 300～350℃预热 1～2 h,其目的有哪些?

53.工件在盐炉中加热时,放在什么位置合适且安全?

54.工件在盐炉中加热时,为什么每一个钩子所挂的零件之间也要保持一定的距离?

55.外热式的油炉要使油浴达到一定的温度,外热炉膛温度应比油浴所需要的温度高一些还是应相同?

56.热处理的中温炉测量温度的热电偶一般采用什么金属制造?它们的正负极如何辨别?

57.热电偶的测温原理是什么?

58.什么是热电偶的补偿导线?镍铬-镍硅的补偿导线用什么材料制成?其正负极如何辨别?

59.什么是热电偶的分度号?

60.直流电位差计测温的原理是什么?

61.使用直流电位差计测温或校温时,为什么要把测出的毫伏数加上冷端处温度的毫伏数,再从分度号表查出温度值?

62.由钢在砂轮上磨削飞出的火花来鉴别钢含碳量高低的原理是什么?

63.钢中镍、铬、钼、钨等元素对火花特征有什么影响?

64.里氏、洛氏、维氏测量硬度的原理是什么?

65.钢在淬火加热时,其温度与颜色关系如何?

66.钢在低温空气炉回火时,其温度与颜色关系如何?

67.钢按品质的高低分为哪几种?其品质高低与什么有关?

68.普通碳素结构钢按国家标准是如何表示的?

69.特殊性能用钢如不锈钢、耐热钢是如何表示的?

70.什么是比容?

71. 什么是共晶组织？

72. 什么是共析组织？

73. 在光学显微镜下，辨别和区分金属内部组织的原理是什么？

74. 钢在加热时，什么是钢的过热度与过热？它们有什么不同？

75. 什么是钢的氧化与脱碳？

76. 什么是钢的整体热处理？

77. 什么是钢的表面热处理？有哪几种方式？

78. 什么是局部热处理？

79. 什么是化学热处理？

80. 什么是钢的完全退火？它的应用范围如何？

81. 什么是钢的不完全退火？它的应用范围如何？

82. 什么是再结晶退火？它的应用范围如何？

83. 什么是钢的等温正火？冷却方法有哪几种？目的如何？常应用在什么材料上？

84. 什么是钢的回火脆性？有哪几种？如何避免或消除回火脆性？

85. 什么是钢的氢脆？

86. 在工程制造过程中，氢进入钢中的途径都有哪些？尤其是在热处理过程中，哪种工艺容易使氢溶入？

87. 钢的氢脆为什么总会在高硬度、高强度钢中产生？

88. 什么是钢的氮化？其温度如何选择以及有哪些种类？

89. 什么是钢的氮碳共渗？什么是钢的碳氮共渗？

90. 为什么钢经过碳氮共渗要比经过渗碳的耐磨性高、疲劳寿命长？

91. 为什么又把氮碳共渗称为软氮化？

92. 采用预氧化氮化为什么能提高渗速和氮化的均匀度？

93. 钢经过热处理淬火后，为什么有时还要进行冷处理？

94. 什么叫冰冷处理？什么叫深冷处理？它们的区别如何？

95. 弹簧在使用中要保持尺寸的高精度，在热处理工艺上应考虑哪些因素？

96. 一些低碳高合金钢，如 3Cr2W8V，3Cr13，加热到 A_{c1} 温度以上时，两相区为什么没有铁素体？

97. 一些高合金钢采用过度渗碳，为什么没有网状碳化物出现？

98. 常规渗碳钢采用什么工艺进行过度渗碳时，组织中没有网状碳化物？

99. 要获得超高强度和高韧性的钢，其内部应具有什么样的成分和组织？

100. 要获得超高强度和高韧性钢的内部组织，热处理应采用什么样的工艺制度？

附录2　热处理知识100问参考答案

1. 含碳量为0.02%～2.11%的铁碳合金称为钢，含碳量为2.11%～6.67%的铁碳合金称为铸铁。

2. 按含碳量的高低，钢分为低碳钢（含碳量小于0.25%）、中碳钢（含碳量为0.3%～0.6%）、高碳钢（含碳量大于0.6%）。低碳钢其韧性好、硬度低，高碳钢硬度高、脆性大，中碳钢具有一定的硬度和强度，还有一定的韧性，综合机械性能比较好。

3. 含碳量在0.02%～2.11%的铁碳合金称为碳钢。在碳钢的基础上为了获得某种性能有意加入某些合金元素而冶炼出来的钢称为合金钢。

4. 按退火组织状态，钢分有亚共析钢（含碳量小于0.77%的碳钢）、共析钢（含碳量为0.77%的碳钢）、过共析钢（含碳量大于0.77%的碳钢）。

5. 在室温至912℃的温度区间，铁为体心立方点阵的晶体结构，称为α-Fe；在912～1 538 ℃的温度区间，铁为面心立方点阵的晶体结构，称为γ-Fe。

6. 同一种元素的固体物质，在不同的温度条件下，由一种晶体结构变成另一种晶体结构，这种现象称为同素异构转变。例如，铁在912℃以下为体心立方晶体结构，当温度超过912℃以上，转变成为面心立方晶体结构。

7. 在保持着原有的一种元素的晶体结构不变，而另一种或几种元素的原子进入并占据在其晶体的空间或原子的位置，形成匀质的固体物质，这种固体物质称为固溶体。保持晶体结构不变的元素称为溶剂，晶体结构消失的元素称为溶质。

溶质原子占据在溶剂的晶体空间而形成的固溶体称为间隙固溶体。

溶剂原子在晶格中所占据的部分位置，被溶质原子所替换，这样形成的固溶体称为置换固溶体。

8. 碳在α－Fe中的间隙固溶体称为铁素体，呈体心立方结构，碳在其中最大的溶解度为0.02%。铁素体在室温下硬度较低并且具有很好的延展性。

渗碳体是铁与碳的化合物，用符号Fe_3C来表示，晶体结构属正交系，碳的含量为6.67%。它的性质硬而脆，耐磨性较好。

珠光体是铁素体和渗碳体的机械混合物，铁碳合金含碳量为0.77%。它的强度和硬度比铁素体高。

碳在γ-Fe中的间隙固溶体称为奥氏体，呈面心立方结构，碳在其中的溶解极限为2.11%。由于奥氏体是面心立方结构，其滑移系较多，所以奥氏体具有很大的塑性。

马氏体是碳在α-Fe中的过饱和固溶体，是淬火钢的基本组织。它具有高硬度、高强度。

9. 钢在加热时珠光体转变成奥氏体的温度值，称为A_{c1}点。亚共析钢在加热时铁素体完全转变成奥氏体的温度值称为A_{c3}点，过共析钢在加热时渗碳体（Fe_3C）完全溶解到奥氏体中的温度值，称为A_{cm}点。

10. 奥氏体在冷却时，含碳量为0.77%的铁碳合金转变成珠光体的温度值，称为A_{r1}点。奥氏体在冷却时，亚共析钢开始析出铁素体的温度值，称为A_{r3}点。奥氏体在冷却时过共析钢开始析出渗碳体的温度值称为A_{rm}点。

11. M_s是钢在淬火时，马氏体开始转变的温度值，称为马氏体开始转变点。M_f是钢在淬火时马氏体转变终了的温度值，称为马氏体转变终了点。

12. 在多晶体材料内，以晶界分隔，晶体位向相同的小晶体称为晶粒。在多晶体材料中相邻晶粒的界面，称为晶界。

13. 在多晶体内晶粒的大小，称为晶粒度。

14. 将钢加热到相变温度点以上某一温度并保温一段时间，然后随炉冷却，获得珠光体组织。这种热处理操作过程称为钢的退火。退火的目的是降低硬度，消除应力，细化组织，同时还为最终热处理做好组织上的准备。

将钢加热到相变温度点以上某一温度并保温一段时间，然后在空气中冷却，获得细珠光体组织。这种热处理操作过程称为钢的正火。正火的目的也是降低硬度，消除应力，细化组织，为最终热处理做好组织上的准备，同时还可以消除网状渗碳体。

将钢加热到相变温度点以上某一温度并保温一段时间，然后在介质中迅速冷却，使钢获得马氏体组织。这种热处理的操作过程称为钢的淬火。淬火的目的是提高硬度、强度和弹性。

将淬火钢重新加热到 A1 温度以下某一温度并保温一段时间，然后在空气中、油中、水中冷却，这种热处理操作过程称为钢的回火。回火的目的是消除应力，提高韧性，获得所需要的机械性能。

15. 钢在规定条件下淬火所能达到的硬度深度，称为钢的淬透性。

16. 钢在理想条件下淬火后达到最高的硬度，称为钢的淬硬性。

17. 从淬硬的工件表面量至规定的硬度值(550HV)的垂直距离，称为有效淬硬深度。

18. 将钢淬火后再进行高温回火，称为钢的调质，也就是调整钢内部质量的意思，目的是获得综合的机械性能。

19. 马氏体临界冷却速度是指钢在淬火时可抑制非马氏体组织转变的最小冷却速度。钢的等温转变曲线图中 3 的冷却速度为该钢的马氏体临界冷却速度。1、2、3 冷却速度可使钢获得马氏体组织，4 和 5 冷却速度可使钢获得珠光体组织。

20. 将钢放入一定的介质中加热和保温，使钢的表面碳含量增加，这种热处理操作称为钢的渗碳，目的是使钢件的表面获得高硬度、耐磨性与疲劳强度。

21. 常用的气体渗碳剂有甲苯、二甲苯、焦苯、丙酮、甲醇、煤油等碳氢化合物。

22. 煤油的渗碳能力比甲醇强。甲醇和煤油一同加入进行渗碳的目的有两个：甲醇的加入可以增加产气量，同时可稀释渗碳气氛的碳浓度；煤油的加入可以增加渗碳气氛的碳浓度。

23. 一般渗碳钢的含碳量都在 0.1%～0.25%之间，为低碳钢或低碳合金钢，目的是使渗碳件获得具有一定的强度和韧性的心部，同时也使表面获得高耐磨性和高疲劳性能。

24. 渗碳体沿着晶界面上析出，在光学显微镜下观察像渔网一样，这种组织形态称为网状渗碳体。钢中有网状渗碳体组织存在，会使钢变脆，性能变差。

25. 钢在渗碳过程中渗碳气氛的碳势较高，钢的表面碳浓度超过饱和值后，便开始形成网状碳化物。还有一种情况是渗完碳后由于冷却缓慢，也会使碳化物沿晶界析出，形成网状碳化物。如果是由于冷却缓慢所形成的网状碳化物，可以通过一般正火加以消除。如果是由于渗碳气氛的碳势较高，网状碳化物是在渗碳过程中形成的，就应采用高于渗碳温度加热，使碳化物溶解，进行正火处理加以消除。

26. 一般钢渗碳时，渗层表面的碳浓度控制在 0.85%～1.1%时，其接触疲劳寿命最高。

27. 在井式气体渗碳炉渗碳时，炉内压力应为 20～40 mm 水柱，火苗为 150 mm 高度，火苗呈橘黄色为合适。

28. 渗碳时火苗颜色发白并且有火星冒出，说明渗碳剂的滴量较大，分解出的碳不能被工件吸收而变成炭黑呈火星冒出。

29. 渗碳剂的滴入量正常，火苗高度不够，冒出的火苗无力等，可能有以下几种情况：渗碳炉罐漏气；点火孔太大；水柱压力计无水。

30. 检查渗碳层深度的方法有金相法和硬度法，目前国际上采用的是硬度法。

31. 在炉前检查渗碳试样的渗碳层深度时，将试样从渗碳炉的排气孔中取出，放入水中冷却，然后打断并用带有刻度的放大镜观察和测量渗碳层深度。由于表面渗碳层的碳浓度比心部高，它们的相变温度点不同，渗碳层与心部的晶粒粗细不同，马氏体组织也不同。因此，试样断口中渗碳层与心部的晶粒粗细不同，具有明显的界线。用放大镜从界线测量到试样的表面，便得到渗碳层深度。该界线的含碳量为 0.3%～0.4%，用金相法测量渗碳层深度为过渡区一半位置到表面的距离。用硬度法测量渗碳层深度，该含碳量的钢淬火后其硬度符合 550HV。

32. 20CrNiMo、20Ni4Mo 称为合金渗碳钢。35CrMo 称为合金结构钢。20CrNiMo 含碳量约为 0.2%，Cr 含量约为 0.5%，Ni 含量为 0.5%，Mo 含量约为 0.25%。

20Ni4Mo 含碳量约为 0.2%，Ni 含量约为 3.75%，Mo 含量约为 0.25%。

35CrMo 的含碳量约为 0.35%，Cr 含量约为 1%，Mo 含量约为 0.2%。

20CrNiMo 的 A_{c1} 点为 725℃，A_{c3} 点为 810℃。

20Ni4Mo 的 A_{c1} 点为 665℃，A_{c3} 点为 760℃。

35CrMo 的 A_{c1} 点为 755℃，A_{c3} 点为 800℃。

20CrNiMo 和 20Ni4Mo 常在渗碳淬火加低温回火状态下使用。35CrMo 常在调质状态下使用。

33. 钢的内部应是在马氏体组织的基体上弥散均匀地分布着细小的圆颗粒渗碳体组织。

34. 因为高性能的渗碳件，都要求渗碳层表面有一个合适的碳浓度，同时还要求渗碳层有较平缓的碳浓度梯度，这些都是在扩散阶段来实现的，所以钢在渗碳过程后面都有一个扩散阶段，尤其是深层渗碳更是如此。

35. 在进行气体渗碳时，排气的目的是尽快地排出炉内的空气，建立渗碳气氛。如果排气不好，会造成渗碳速度变慢、渗碳层含碳量低等缺陷。尤其是浅层渗碳要特别注意。

甲醇易分解，产气量高，容易排出炉内空气，同时在排气阶段一般温度都较低，用甲醇排气不容易形成炭黑，而煤油在 850℃才分解，容易形成炭黑。所以，在渗碳时排气都采用甲醇而不采用煤油。

36. 因为钢的渗碳速度是随着温度的升高而增加的，所以渗碳时为了提高渗碳速度，都是采用提高温度来实现的。然而渗碳温度也不能过高，这是因为温度超过 930℃以后渗碳钢的晶粒剧烈长大，使钢的性能变差。加之目前的渗碳设备耐温也是有限的，过高的渗碳温度容易损坏设备。所以渗碳温度一般都选择在 910～930 ℃，温度过低会使渗碳速度变慢，渗碳温度过高会使钢的性能变坏，设备寿命变短。

37. 20Ni4Mo 属于中合金渗碳钢，其中镍的含量较高，由于镍不但是扩大 γ-区稳定奥氏体的元素，同时它会使渗碳层的马氏体 M_s 点下降，甚至使 M_f 点降到冰点以下。因此渗碳层淬火后存在大量的残余奥氏体，造成渗碳层淬火后硬度不足。为了提高渗碳层的硬度，在淬火前增加一道高温回火，目的是使渗碳层碳化物聚集，淬火加热时，奥氏体溶解碳和合金元素减少，淬火冷却后马氏体 M_s 温度点上升，减少了残余奥氏体量，表面硬度得以提高，这是高温回火目的之一。另一个目的是降低硬度以利于机械加工。渗完碳后淬火前采用高温回火目的：第一，提高表面渗碳层淬火后的硬度；第二，降低硬度便于机械加工。

38.如果渗碳炉装有氧探头来自动控制碳势，则强渗时采用碳势为 1.1%，扩散阶段采用碳势为 0.9%。渗碳是采用手动来控制碳势的，扩散阶段煤油滴入量应为强渗时的一半，为了保证炉内压力，可能还要加大甲醇滴入量。扩散时间为总渗时间的 1/3。以上参数应根据中间试样或金相结果进行调整。

39.渗碳件最后淬火温度的选择，应在保证心部组织及机械性能合格的前提下，尽量降低淬火温度，使表面渗碳层获得理想的组织和性能。由于表面渗碳后其各种相变温度点都相应有所降低，因此选择低的淬火温度，组织中的碳化物数量相对要多一些，晶粒较细，容易获得隐晶马氏体，使渗碳层的韧性和耐磨性提高。

40.因为淬火后的马氏体转变属于变温转变，也就是说，随着温度的降低马氏体转变量不断增加，如果温度不下降马氏体转变立即就停止，所以为了获得更多的马氏体，就要使工件的温度冷至室温后再进行回火。

41.20Ni4Mo 钢表面渗碳层淬火后残余奥氏体较多，第一次回火冷却后还有一部分残余奥氏体要转变成马氏体，这时所转变的马氏体属于淬火马氏体，经过第二次回火，这部分淬火马氏体变成回火马氏体。淬火马氏体存在大量的显微裂纹，脆性较大，容易造成磨削裂纹以及使用裂纹，因此要进行两次低温回火。

42.牙轮钻头使用 20CrNiMo 来制造，该材料淬透性并不很高，为了使零件表面硬度以及淬硬层的深度达到技术要求，就需要加快油的冷却速度，其手段就是要使工件在油中来回摆动，开动搅拌器激烈搅拌油，使工件的热量快速地被带走，以保证工件表面达到硬度和淬硬层的深度。

43.电炉的电阻丝常使用 Fe-Cr-Al 系和 Ni-Cr 系两种。铁铬铝电阻丝的优点是价格低廉，使用温度高，耐热性好。缺点是高温强度低，脆性大，加工性能差，急冷时容易脆断。因此，使用铁铬铝系做发热元件的炉子时，不要打开炉门降温。镍铬电阻丝的优点是塑性、韧性好，易于加工，高温强度高，且不容易脆化。缺点是成本高，价格贵。

44.常用耐热铸钢、耐热钢及耐热钢板制造，如 Cr-Mn-N、Cr25Ni20Si2、3Cr24Ni7SiNRE、Cr24Al2Si 等。

45.现场使用的盐浴炉盐的成分分别为 50%的氯化钠和 50%的氯化钾，其熔点为 660℃。

46.因为盐浴炉在工作时，是靠盐浴本身导电升温来加热零件的，工人都是在带电中操作，为了安全就要把高压电变成低压电(20 V 以下)大电流来加热熔盐，所以盐浴炉都配有变压器。

47.盐炉启动就是将固体盐熔化，然后借熔盐导电的作用把电能转变成热能而实现加热，但固体盐是不导电的，因此就需要使启动电阻发热将盐熔化，该启动电阻与变压器的连接处于短路状态，如果采用变压器的高档位就会过高过快地发热从而烧断电阻。因此，启动盐炉时就应采用变压器的低档位。

48.在启动新盐炉时，不要加盐，把变压器的档位调到低档，然后通电观察启动电阻的温度，当启动电阻的温度为 1 100℃时，变压器档位合适，既使盐炉启动快，又使启动电阻寿命长。

49.盐炉里所使用的盐都含有一些氧化物，在盐炉熔化后会分解出氧，如果在加热工件前不把盐浴中的氧除掉，氧就会和工件中的碳作用使工件表面产生脱碳，造成工件表面淬火后硬度不足，因此盐炉在加热工件前都要进行脱氧。

50. 常用的盐浴脱氧剂有硅铁、硅钙铁、二氧化钛、硅胶、黄血盐和木炭等。

51. 在盐炉中测温的热电偶为了测温准确，其位置离电极、炉壁应不小于 40 mm，热电偶插入距盐浴面深度为热电偶保护管直径的 8～10 倍。

52. 工件在盐炉中加热前要在 300～350℃ 预热的目的是减少温差，防止工件变形，另一个目的是烘干工件表面水分，以免在盐炉中飞溅伤人。

53. 工件在盐炉中加热时应放在炉膛的中间，不得与电极、炉壁、炉底相碰。工件与电极的距离不小于 40 mm 为安全。

54. 工件放在盐浴中加热，本身就是一个大的导电体，各处的接触良好，电流才能顺利地通过，如果挂钩之间的零件相碰，非碰状态就会引起电弧烧坏零件，因此在盐炉中，加热钩子所挂的零件之间也要保持一定的距离。

55. 外热式加热炉是热由外传递到里面的油浴中，达到所需要的油浴温度的，这就有热梯度的问题，如果把外热炉膛温度设置成与油浴所需要的温度一样，那么油浴的温度就很难达到所需要的温度，因此外热炉膛温度应比油浴所需要的温度高一些。

56. 测量中温的热电偶最高使用温度一般为 1 100℃，常采用镍铬-镍硅金属来制造，其正极无磁性，负极有磁性。

57. 热电偶的测温原理是利用两种不同成分的金属或合金丝，将两端连接在一起组成闭合回路，当一端温度发生变化时，就有电势产生，金属中电子由电子多的部位向电子少的部位流动，便产生电流。两端的温度差越大，电子流动量越大，产生的热电势就越大。热电偶就是根据温度与热电势这一关系来测量温度的。

58. 在一定温度范围内(包括常温)具有与所匹配的热电偶的热电动势的标称值相同的一对带有绝缘层的导线，用它们连接热电偶与测量装置，以补偿与热电偶连接处的温度变化所产生的误差。

镍铬-镍硅热电偶的补偿导线常用铜与康铜来制造。铜为正极，呈红色；康铜为负极，呈棕色。

59. 每一种热电偶把冷端作为零度，作出温度与热电势的关系表，称为热电偶的分度号表。

60. 直流电位差计测温的原理是，用一个已知的电压降与未知的电势相平衡，从而测出未知的电势，然后从分度号表查出温度值。

61. 所有的热电偶分度号表都是当冷端为零度时作出的，而现场用直流电位差计测出的毫伏数是以冷端为现场温度值测出的，因此现场测出的毫伏数加上现场冷端至零度温度的毫伏数，才是分度号表的毫伏数所对应的温度值。

62. 钢在砂轮上磨削时产生很高的摩擦热，使钢中磨削下来的碳与空气中的氧作用，二氧化碳气体剧烈爆炸便成了火花。含碳高的钢磨削下来的碳量多，火花就多。含碳量低的钢磨削下来的碳量少，火花就少。因此可根据火花的多少来判断钢的含碳量的高低。

63. 镍：火花爆裂特别肥大，呈明亮的花苞，有时花苞呈长方形，当镍含量高时无火花爆裂；铬：火花爆裂非常活泼而正规，分叉多而细；钼：流线变红，呈枪尖尾花，使中部爆花极少；钨：流线呈深红色，根部很细，几乎不发生爆裂，尾部呈狐尾形。

64. 里氏测量硬度的原理是利用一个钢球冲击，用回弹速度与冲击速度之比值来代表硬度。

洛氏测量硬度的原理是在一定的压入力下，用压头压入深浅来代表硬度。

维氏测量硬度的原理是用压力除以压痕的表面积来代表硬度。

65. 钢在淬火加热时，随着温度的升高，颜色由暗红变成鲜红、正红、橘红、鲜橘红、黄、鲜黄。

66.（不锈钢、高合金钢除外）钢在 180℃ 回火时为白黄色，在 250℃ 回火时为褐红色，在 300℃ 回火时为暗蓝色，在 350℃ 回火时为蓝灰色。

67. 钢按其品质的高低分为普通钢、优质钢和高级优质钢。

钢中的一些有害杂质（P、S、O_2、H_2、N_2）和非金属夹杂的含量控制得越严格，钢的质量越高。

68. 普通碳素结构钢是采用钢的屈服强度的屈字汉语拼音头一个字母“Q”，屈服强度的下限值数字，质量等级符号 A、B、C、D（随着字母顺序后排质量不断地提高），钢冶炼时的脱氧方法符号 F、b、Z、TZ（沸腾、半镇静、镇静、特别镇静）等 4 部分按顺序组成，如 Q235 - A. F。

69. 不锈钢、耐热钢含碳量是用千分之几来表示的，含碳量小于、等于 0. 08％时，钢号前面用“0”，含碳量小于等于 0. 03％时，钢号前面用“00”表示，如 2Cr13、0Cr19Ni9、00Cr19Ni11 等。

70. 单位质量的物质所占有的容积称为比容。

71. 金属凝固时，从液相同时结晶出紧密相邻的两种或多种不同的相构成的铸态组织。

72. 固态金属自高温冷却时，从同一母相中同时析出紧密相邻的两种或多种不同的相构成组织，称为共析组织。

73. 金属内部各组织的抗腐蚀能力不同，从而使它们反射光的强弱不同，以此来分辨金属内部组织。

74. 钢在加热时，实际的组织转变温度与理论转变温度之差称为过热度。加热速度越快过热度越大。

过热是指钢加热时，温度过高，晶粒发生粗化现象使钢性能变坏的一种组织缺陷。

过热度与过热是两种本质上不同的概念。

75. 钢在加热时，介质中的氧、二氧化碳和水蒸气与钢表面反应生成氧化物的过程称为氧化。

钢在加热时介质与钢中的碳发生反应，使钢表面含碳量降低的现象称为脱碳。

76. 对钢材或工件进行穿透加热的热处理工艺称为整体热处理。

77. 钢的表面热处理是指仅对工件表面进行加热，以改变其表面的组织和性能的工艺，有火焰表面加热、高频表面感应加热、激光束表面加热、电子束表面加热、离子束表面加热以及太阳能表面加热等。

78. 只对工件的某一部位或几个部位进行热处理的工艺称为局部热处理。

79. 把金属材料或工件放在适当的活性介质中加热、保持，使一种或几种化学元素深入其表面层，以改变其表面化学成分、组织和性能的热处理工艺称为化学热处理。

80. 完全退火是指将钢加热到 A_{c3} 或 A_{cm} 以上某一温度保温一定的时间，然后随炉缓慢冷却的热处理工艺。

完全退火适用于亚共析钢和共析钢，退火后的组织为铁素体加珠光体。完全退火不适用于过共析钢，因为过共析钢加热到 A_{cm} 以上温度后缓慢冷却时，没有碳化物质点作为成核的核心，其二次渗碳体将会沿着晶界析出，使钢的性能变差。

81. 不完全退火是指将钢加热到 A_{c1} 至 A_{c3} 温度区间(对亚共析钢)或 A_{c1} 至 A_{cm} 温度区间(对过共析钢)某一温度，并在此温度保温一段时间，然后缓慢冷却的热处理工艺。

在不完全退火时，原来组织中的过剩铁素体或二次渗碳体不发生转变，只是珠光体转变成奥氏体，因此不完全退火主要适用于原始组织中没有网状渗碳体的过共析钢。

82. 将金属加热到再结晶温度以上某一温度保温一段时间，然后缓慢冷却的热处理工艺称为再结晶退火。

再结晶退火适用于冷变形加工、晶格发生歪扭，以及产生加工硬化后的金属塑性的恢复，但工件的变形度在临界变形度(3%～15%)范围内时不宜采用再结晶退火。

83. 将钢加热到 A_{c3}(亚共析钢)以上某一个温度保温一段时间，然后以稍大的冷却速度冷却到珠光体转变某一温度，并保温一段时间，使其组织完全转变成该温度下的珠光体后，空冷至室温的热处理工艺称为等温正火。

等温正火的冷却有空冷和介质冷两种方法。

等温正火的目的是获得片间均匀一致的珠光体组织，为后面的热处理工序做好组织上的准备，以便减少变形。

等温正火常应用于低碳合金渗碳钢锻造后的正火，目前汽车齿轮大部分都采用该工艺方法。

84. 当钢在某一温度下回火时冲击韧性降低的现象称为回火脆性。钢的回火脆性分为可逆和不可逆两种，某些钢在500～560℃回火后慢冷有脆性，回火后快冷则没有脆性，这种现象称为可逆的，但在300～350℃回火时不管采用慢冷、快冷都有脆性，称为不可逆的。

为了消除可逆的回火脆性，回火后采用快冷的方法便可以实现，但不可逆回火脆性应从图纸设计入手，尽量避免选择在回火脆性温度下回火。从热处理方面入手，应调整淬火温度，以避开在回火脆性温度回火，从而获得所需要的硬度。

85. 氢原子进入钢中使钢塑性下降及脆化开裂的现象，称为氢脆。

86. 在工程制造过程中，氢可以由焊接、酸洗、电镀以及热处理等工序进入钢中。

热处理工艺中如气体渗碳、渗氮快冷，或用氢气、碳氢化合物分解气作为保护气氛加热时，都容易造成钢吸氢。

87. 高硬度、高强度钢的内部原子排列不规则，晶体的缺陷较多、能量高，这些晶体缺陷容易捕捉氢原子以及扩散。一般硬度在36HRC以上的钢容易产生氢脆，硬度在36HRC以下的钢不容易产生氢脆。

88. 将钢放在一定介质中加热保温一段时间，使钢表面增加氮并形成氮化物的热处理工艺称为钢的氮化。

氮化温度选择在500～560℃时，称为抗磨氮化，也称为铁素体氮化。氮化温度选在600～650℃时，称为抗蚀氮化，也称为奥氏体氮化。

89. 将钢在一定介质中加热保温，在其表面同时增加氮和碳的热处理工艺称为钢的氮碳共渗和碳氮共渗。

共渗温度选择在500～580℃时，是以渗氮为主，渗碳为辅，其性能和工艺特点与氮化相同，称为氮碳共渗。

共渗温度选择在820～880℃时，是以渗碳为主，渗氮为辅，其性能和工艺特点与渗碳相同，称为碳氮共渗。

90.因为碳氮共渗层有氮的存在,使其马氏体转变温度降低,心部和表面的马氏体转变温度差大,表面压应力大。同时,氮的存在使板条马氏体增多,韧性提高。所以钢经过碳氮共渗后要比经过渗碳后的耐磨性高、疲劳寿命长。

91.因为氮碳共渗时所形成含碳的氮化物不脆,韧性较好,所以叫软氮化,其实含碳的氮化物并不软。

92.氮化气氛是氨分解物,氨分解出活性氮的同时也大量分解出氢,氢会阻碍氮原子吸附,工件的预氧化膜便于氢还原,因此就减少了工件周围的氢含量,达到增加渗氮速度的目的。与此同时,新生的还原膜非常活泼,吸氮的能力很强,这也是渗氮速度加快和均匀性提高的重要原因。

93.淬火马氏体的转变属于变温转变,有些高合金钢的马氏体转变终了点在冰点以下,为了获得更多的马氏体,淬火后还要采用冰冷处理。

94.把淬火钢用干冰酒精冷至－75℃,称为冰冷处理;用液氮冷至－196℃,称为深冷处理。

通过冰冷处理可以消除残余奥氏体,增加马氏体量,提高钢的硬度和尺寸稳定性,但使钢的韧性下降。

通过深冷处理不但可以消除残余奥氏体,增加马氏体量,提高钢的硬度和尺寸稳定性,还可以弥散地析出碳化物,提高钢的耐磨性和韧性。

95.弹簧热处理工艺的编制,首先要考虑彻底消除内应力,其次要考虑弹簧经过热处理后内部组织均匀,不得有软相存在。组织中的软相无非是铁素体和残余奥氏体。因此,消除铁素体,应选择淬火温度适当高一些,保温时间长一些,淬火冷却速度快一些。然后,采用多次回火工艺来消除残余奥氏体和内应力。

96.3Cr2W8V、3Cr13这些钢加入了大量的合金元素,使钢的共析成分碳含量降低,S点左移使其变成过共析钢,因此将这些钢加热到 A_{c1} 温度以上时,其组织为奥氏体＋碳化物,没有铁素体出现。

97.一些高合金钢的 A_{cm} 温度点都高于渗碳温度,常规渗碳温度只是在该钢的两相区。渗碳时所形成的碳化物围绕其二次渗碳体而形成,不需要往晶界上扩散。因此,一些高合金钢过度渗碳时没有网状碳化物。

98.将渗碳钢进行常规渗碳,冷却后重新加热到 A_{c1} 温度以上、常规渗碳温度以下某一温度进行过度渗碳,此时,渗碳后的组织没有网状碳化物。

99.该钢在冶炼时应是超净化的,含碳量不能高,应在0.25%以下,目的是获得高韧性的低碳马氏体;同时合金元素含量要高一些,目的是获得弥散的碳化物或金属间化合物,利用沉淀硬化来提高钢的强度。也就是说,应在细晶粒条件下的低碳马氏体基体上均匀地、弥散沉淀析出与基体共格的化合物组织。

100.钢坯应经过充分的锻造,使成分、组织均匀。然后将钢加热到 A_{c3} 点以上100～160℃保温淬火＋高温回火,目的是使碳化物或化合物均匀、细化,防止组织遗传性。再将钢加热到 A_{c3} 点以上25～50℃保温淬火,目的是使钢的晶粒细化。将钢放在液氮里在－196℃下进行深冷处理,最好是多次短时间深冷处理。最后再进行时效处理,目的是获得沉淀共格的碳化物,并提高钢的强度。

附录3　国内外热处理常用合金工具钢参考工艺

附表1　常用钢的淬火及回火温度

钢　号	淬　　火		回火温度(±30℃)与硬度(HRC)的关系						
	温度/℃	冷却剂	30～35	35～40	40～45	45～50	50～55	55～60	>60
45	800～820	水,碱	500	440	400	320	200		
60	790～810	水-油,碱	520	460	400	330	250		
40Mn2	840～860	水,油,碱	420	370	320	270			
38CrA	840～860	油,碱	510	480	420	340	200		
40Cr	840～860	油,碱	510	480	420	340	200		
40CrNi	840～860	油,碱	510	460	420	340	200		
20CrNi3A	850～870	油	500	400					
37CrNi3A	830～850	油	570	500	420	350	300		
40CrNiMoA	840～860	油	580	540	480	420	320		
40CrMnMo	840～860	油	550	500	450	400	250		
35SiMn	850～900	水,油	500	450	400	350	200		
30CrMnSi	880～900	油	530	490	430	360	200		
35CrMnSiA	880～900	油	530	490	430	360	200		
38CrMoAIA	920～950	油	620	550	500	410			
65Mn	800～820	油,水,碱	580	520	460	380			
60Si2MnA	850～870	油	600	550	480	430			
50CrVA	840～860	油	560	500	450	380	280		
T7	780～800	水-油,碱	530	470	420	350	300	250	150～180
T8	780～800	水-油,碱	530	470	420	350	300	250	150～180
T10	770～800	水-油,碱	540	490	440	380	320	260	150～180
T12	760～790	水～油	540	490	440	380	320	260	150～180
	780～820	硝盐,碱							
GCr6	810～820	水(≥15mm)油	550	500	460	400	300		
	830～840								
GCr9	820～830	水(≥25mm)	550	500	460	410	350	270	150～180
	840～850	油,硝盐							
GCr15	830～850	油,硝盐	580	530	480	420	350	280	150～180
Cr	820～840	油,硝盐	580	530	480	420	350	280	160～180

续表

钢　号	淬　　火		回火温度(±30℃)与硬度(HRC)的关系						
	温度/℃	冷却剂	30～35	35～40	40～45	45～50	50～55	55～60	>60
CrMn	820～850	油,硝盐,碱	590	540	480	420	350	280	160～180
CrWMn	820～840	油,硝盐	600	540	480	420	350	280	160～180
9CrWMn	820～840	油,硝盐	620	570	520	470	370	250	160～190
9CrSi	850～870	油,硝盐	620	570	510	450	380	300	160～190
CrW5	820～860	水,油,碱	550	500	450	400	320		120～150
7Cr3	830～860	油,硝盐,碱	590	550	500	430	320	200	
8Cr3	820～850	油,硝盐	600	550	510	440	320		
3Cr2W8	1050～1100	油,硝盐	650	600	550	420	360		
4CrW2Si	860～900	油	600	550	500	450	400		
5CrW2Si	860～900	油	570	490	420	370	300		
6CrW2Si	850～880	油	570	520	470	400	320		
5CrNiMo	860～890	油,硝盐		550	500	420			
5CrMnMo	860～890	油,硝盐		520	460	380			
Cr12	960～1000	油,硝盐	650	600	520	470	250		
	1000～1040	油,硝盐	750	700	650	600	550		
Cr12MoV	960～1000	油,硝盐	740	670	620	570	530		180～200
	1050～1130	油,硝盐	780	720	650	610	560		
30CrMo	870±10	油	440	400			200		
35CrMo	860±10	油	540						
42CrMo	860±10	油	580	500	400	300		180	
38CrSi *	870～900	油	550	520	450	400	330		

附表 2　冷作模具用钢的热处理工艺

代号	材料牌号	热处理工艺			
		淬火温度/℃	HRC	回火温度/℃	HRC
GD	6CrNiMnSiMoV	870～930 油冷		175～230 空冷	59～61
8Cr2S	8Cr2MnMoWVS	860～900 油冷	62 - 65	200	58～62
	Cr2Mn2SiWMoV	840～860 油冷	60～63	200	60～62
	Cr6WV	950～970 油冷	62 - 64	200	58～62
DS	5CrNiMnSiMoWV	880～900 油冷	61～63	180～200 200～220 350	58～60 56～58 53～55
	Cr4W2MoV	980 油冷 1 020 油冷 1 060 油冷		200 回火 2 次 200 回火 2 次 520 回火 3 次	60～63 61～62 62～63
CH - 1	7CrSiMnMoV	880～920 油冷	62	180～200 250 300 350 400 450 500	62 61 59 57 54 52 50
	8Cr4W2Si2Mo VNiA1Ti	1 070～1 090 油冷		530 回火 3 次	60～63
	Cr5Mo1V	950 油冷		200	61～62
	6Cr3VSi	950～970 油冷	60～62	410～430	48～52
D2	Cr12Mo1V1	1 020～1 040 油冷		200	61
D12A1	5Cr4Mo3SiMnVA1	1 090～1 120 油冷		510 回火 2 次	60～62
CG - 2	6Cr4Mo3Ni2WV	1 080～1 120 油冷	63	540 回火 2 次	60～61
LD	7Cr7Mo3V2Si	1 100～1 150 油冷	63～64	550 回火 3 次	59～62
GM	9Cr6W3Mo2V2	1 100～1 160 油冷		520～560 回火 3 次	64
ER5	Cr8MoWV3Si	1 120～1 150 油冷		520～550 回火 3 次	64
LM1	6W8Cr4Vti	1 190～1 210 油冷		550～580	61～63

续表

代号	材料牌号	热处理工艺			
		淬火温度/℃	HRC	回火温度/℃	HRC
LM2	6Cr5Mo3W2VSiTi	1 170～1 190 油冷		530～560	61～63
6W6	6W6Mo5Cr4V	1180 油冷		570 回火 3 次	62
	7W7Cr4MoV	1 080～1 120 油冷	65～66	570	60～63
65Nb	6Cr4W3Mo2VNb	1 120～1 160 油冷		540 回火 2 次	62
75Nb	7Cr4W3Mo2VNb	1 120～1 170 油冷		560～580 回火 2 次	62
钢结硬质合金	GT35	960～980 油冷	69～72	180～200　2 次 400～500	68～71 61～64
	TLMW35	1 020～1 050 油冷	67～68	180～200 2 次	68～69
	TLMW50	1 020～1 050 油冷	68～70	180～200　2 次 500	67～68 67～70
	R5	1 020～1 050 油冷	70～73	180～200　2 次 450～500	68～69 67～70
	T1	1 240～1 260 油冷	68～72	500　3 次	70～72
	D1	1 210～1 230 油冷	69～74	500　3 次	67～69
	GJW50	1 000～1 020 油冷	69～70	180～200 2 次	66～67
	DT	1 000～1 020 油冷	68	200	64～68
玻璃成型模用钢	4Cr13Ni	1 000 空冷		700 回火 2 次	25
	SMR1－86 合金铸铁	铸态	240HB	660 时效 8 h	216 HB
	3Cr3Mo3V	1 020～1 070 油冷		670～700	290～ 375 HB
	3Cr3Mo3Co3V				
	稀土蠕铁	铸态			225HB

附表 3　热作模具用钢的热处理工艺

代号	材料牌号	热处理工艺			
		淬火温度/℃	HRC	回火温度/℃	HRC
H11（美）	4Cr5MoVSi	1 000～1 020 油冷	55 - 57	580～600	48～50
H12（美）	4Cr5MoWVSi	1 025 - 1 050 油冷	53～55	560～580 600～620 630	48～50 45～47 44
H13（美）	4Cr5MoV1Si	1 020～1 050 油冷	53～56	550～650 2 次	32～48
HM1	3Cr3Mo3W2V	1 050～1 080 油冷	55～57	300 500～580 600 620	55 56 53 51
HM3	3Cr3Mo3VNb	1 060～1 090 油冷	47～50	570～600 600～630	47～52 42～47
ER8	4Cr3Mo2MnVB	1 000～1 070 油冷	52～57	450～500 580 620 660 700	50～51 50 46～47 41～43 35～36
Y10	4Cr5Mo2MnVSi	950～1 050 油冷	50～56	550 620 650	50～51 42～45 39
Y4	4Cr3Mo2MnVNbB	1 050～1 100 油冷	58～59	600～680 700	49～52 38～40
HD	4Cr3Mo2NiVNb	1 130～1 150 油冷		560～590 650 680	54 47 39～41
GR	4Cr3Mo3W4VNb	1 160～1 200 油冷		600～630 2 次	50～54
RM2	5Cr4W5Mo2V	1 100～1 150 油冷	58～60	550 600	58～60 55
7Mn15	70Mn15Cr2A13V2WMo	1 180～1 200 水冷	20～22	700,4h 空冷	47～49

续表

代号	材料牌号	热处理工艺			
		淬火温度/℃	HRC	回火温度/℃	HRC
	5CrW2Si	900～920 油冷	56	200 300 400	54 52 50
	5Cr2NiMoV	960～1 000 油冷	55～60	510～550 590～610 620～640 630～650	40～45 38～42 35～40 32～37
CG～2	6Cr4Mo3Ni2WV	1 100～1 130 油冷		630　2 次	50～53
012A1	5Cr4Mo3SiMnVA1	1 090～1 130 油冷		560～580 620 640	53～57 48～50 45～46
	4CrMnSiMoV	870～930 油冷		470～610 610～630 620～660	44～49 41～44 38～42
	3Cr3Mo3V	1 020～1 070 油冷		670～700	290～375 HB
	3Cr2W9Co2V	1 130～1 180 油冷		670～700	290～375 HB
PH	2Cr3Mo2NiVSi	990～1 020 油冷		370～400 1 次加工后 525～550	40～45 47～49

附表 4　橡塑制品成型模用钢的热处理工艺

代号	材料牌号	热处理工艺			
		淬火(固溶)温度/℃	HRC	回火(时效)温度/℃	HRC
LJ	OG4NiMoV	渗完碳后 850～870 油冷		220 表面 心部	58～62 27～29
P20	3Cr2Mo	840～860 油冷	50～54	600～650	28～36
P4410	3Cr2NiMo	860 油冷		650	36
PMS	10MnNi3MoCuA1	840～900 空冷	31～33	490～510 时效	40～44
8Cr2S	8Cr2MnWMoVS	860～900 油冷	62－64	550～620 650	40～48 34～36
SM1	5CrNiMnMoVS	800～850 油冷	57～59	620	35－40
SM2	20CrMnNi4Mo1 A12S	870～930 油冷 再 700×2 h 油冷	42－45 28	加工完毕 520 时效 6～10 h	39～40
4NiSCa	4CrNiMnMoVSCa	840～900 油冷	56～57	200～300 400～500 550～600 650	52～54 45～46 40～43 33
5NiSCa	5CrNiMn MoVSCa	860～920 油冷	60～63	200～300 400～500 550～600 650	54～57 48～50 43～46 36
	25CrNi3MoA1	880 油冷 再 680×5 h 回火	48～50 22～23	540×6 h 时效	39～42
06Ni	06Ni6CrMoVTiA1	850　油冷	24～25	520±20，6 h	43～48
PCR	Ocr16Ni4Cu3Nb	1 050 油冷	32～35	460～480	40～45
铍铜合金	QBe2.5～2.7	800 急冷		315 时效 2～3 h	38

附表 5 常用钢结硬质合金的淬火、回火工艺

牌 号	淬火加热温度/℃	淬火后硬度 HRC	回火工艺规范	回火后的硬度 HRC
GT35	960～1 000	69～72	180～200℃×1.5 h×2 次	68～69
TLMW35	1 020～1 050	67～68	180～200℃×1.5 h×2 次	65～66
GW50	1 050～1 100	68～72	180～200℃×1.5 h×2 次	68～69
GJW50	1 000～1 020	69～70	180～200℃×1.5 h×2 次	66～67
TLMW50	1 020～1 050	68～70	180～200℃×1.5 h×2 次	67～68
R5	1 020～1 050	71～73	180～200℃×1.5 h×2 次	68～69
T1	1 240～1 260	70～73	500℃×1 h×3 次	70～71
D1	1 210～1 230	72～74	500℃×1 h×3 次	67～69

附表 6 特殊高速钢及低合金高速钢的牌号、代号及热处理工艺

牌 号	代 号	淬火温度/℃	回火温度/℃	热处理后硬度/HRC
W10Mo4Cr4V3A1	5F～6	1 220～1 250	540～560	66～69
W12Mo3Cr4V3Co5Si	Co5Si	1 200～1 240	550～570	67～70
W6Mo5Cr4V2A1	B201	1 210～1 240	520～540	66～68
W6Mo5Cr4V2A1	501	1 190～1 215	540～560	67～69
W6Mo5Cr4V2Co5	M35	1 210～1 225	530～550	67～69
W12Cr4V5Co5	V5Co5	1 223～1 250	540～560	66～68
W12Mo3Cr4V3N	V3N	1 230～1 250	540～560	67～69
W2Mo9Cr4VCo8	M42	1 170～1 190	530～550	67～70
W12Mo3Cr4Co3N	Co3N	1 200～1 230	530～560	66～69
W2Mo2Cr4V	D101	1 160～1 190	540～560	62～65
W3Mo2Cr4VSi	301	1 180～1 200	540～560	62～65
W4Mo3Cr4VSiN	F205	1 170～1 190	540～560	62～65

注:以上各种高速钢材料的淬火温度为刀具淬火温度。在生产模具时,采用的淬火温度应低 40～70℃。